THE PACIFIC

唐纳德·B.弗里曼 著

王成至 译

透 视 水 半 球

太平洋史

Donald B. Freeman

中国出版集团

东方出版中心

图书在版编目（CIP）数据

透视水半球：太平洋史 / 唐纳德·B.弗里曼
著；王成至译. —上海：东方出版中心，2020.1
（新知史）
ISBN 978-7-5473-1533-0

Ⅰ.①透… Ⅱ.①唐… ②王… Ⅲ.①太平洋－文化
史－研究 Ⅳ.①P721

中国版本图书馆CIP数据核字（2019）第195724号

上海市版权局著作权合同登记：图字09-2019-801

透视水半球：太平洋史

著　　者　唐纳德·B.弗里曼
译　　者　王成至
责任编辑　赵　明　王卫东
封面设计　陈绿竞

出版发行　东方出版中心
地　　址　上海市仙霞路345号
邮政编码　200336
电　　话　021- 62417400
印 刷 者　山东鸿君杰文化发展有限公司

开　　本　890mm×1240mm　1/32
印　　张　11.375
字　　数　275千字
版　　次　2020年1月第1版
印　　次　2020年1月第1次印刷
定　　价　48.00元

目 录

致　谢

————

　　我感谢在研究和写作这本书的过程中给予慷慨帮助的许多个人和组织。我尤其要感谢的是以下机构的工作人员：位于布里斯班市的奥克斯利图书馆（Oxley Library）和昆士兰档案馆；位于堪培拉的澳大利亚国立大学亚太研究院；旧金山航海博物馆；英联邦皇家协会（Royal Commonwealth Society）；剑桥大学图书馆；英国国家图书馆（British Library）；帝国战争博物馆；位于维拉港的瓦努阿图国家图书馆，我为这本书从其收藏的历史材料、地图和照片中获取了许多信息和材料。在剑桥大学图书馆理事会的善意许可下，我复制了英联邦皇家协会的照相底片。在马塞兰·厄邦（Marcellin Abong）馆长及其在瓦努阿图考古项目的同事马修·斯普里格斯和斯图亚特·贝德福德（Matthew Spriggs and Stuart Bedford）的许可下，我复制了瓦努阿图国立博物馆的藏品。许多版画是埃利泽·勒克吕（Elisée Reclus，旧译埃利赛·邵可侣或雷克吕斯）作品（1891 年）的复制件。卡罗琳·金（Carolyn King）是位于多伦多的约克大学地理系的制图师，她为本书提供了精制的地图。我的妻子道恩·弗里曼（Dawn

Freeman）理应得到我最深情的感谢，多年来在太平洋地区到处收集材料的无数旅行中，她提供了令人鼓舞而耐心的帮助。

不用说，我独自为本书中的任何错误、遗漏或其他缺陷负责。

唐纳德·B. 弗里曼（Donald B. Freeman）

引　言

　　本书研究的是太平洋在人类历史上的作用。无论是在空间还是在时间的意义上，本书的范围都是非常宽泛的：它阐述的是世界上最大的海洋——实际上是个水半球——在生活上对居住在其岸边或邻近地区的人类的影响，那些人占地球上所有人类居民的三分之一以上，而其有记录的历史延续了许多个世纪。这是"海洋史"系列研究丛书的最后一本，这些书均由已故的杰弗里·斯卡梅尔主编，他是著名的航海史学家，著有关于大洋探险和帝国主义扩张的许多学术著作，对于这个千年里海洋在人类事务中所发挥作用的更为重要的方面，他的理解也是敏锐的。为表示敬意而把这本书献给杰弗里是我的荣幸。

　　强调这两点很重要。这本书并不完全是探险中的重大事件、在太平洋范围内的征服与开发的一部常规编年史，在其中太平洋只不过作为人类活动的叙事的永恒背景。它的目的也不是作为太平洋历史的百科全书式的概述。恰恰相反，遵循本丛书先前各册所确定的模式，本书采取了主题式的跨学科方法。从历史的开端到现在，把太平洋作为变动不居的环境，它有选择地分析了太平洋对人类居住、勘探、互动与开发的重要方面的复杂作用与影响。取决于主题而非时间的方法有利于综合与分析来自不同学科的解释性的观念和信息，例如用人类地理学、地球和环境科学、人类学、社会学、政治学和经济学加以解释的观念和信息。这些观念与信息有可能提供全新的洞见和观点，而且让我们重新了解在历史事件解释上存在的争议。

　　焦点在于人类活动与太平洋物理方面的相互作用，比如说其浩瀚的绝对规模、通航能力、人迹罕至、多样性和易变性、其众多不同环境的规模的生产力或危险性。例如，太平洋的浩瀚与如此多样的话题有关，比如说，在帆船时代里，在非常漫长的太平洋航行过程中，坏血病对海员的影响；而"距离的暴君"转化为从遥远的市场上得到诸如茶叶、小麦和羊毛之类的宝贵商品所涉及的成本和时间。它有助于解释快速帆船的演变，例如"大剪刀"旨在缩短航海时间，或者，就随处可见的太平洋纵帆船而言，旨在容易由更少的船员加以操控，他们需要的给养更少。通航能力的问题再现于对这类事件的讨论之中，例如搜寻那条西北航道、在多风暴的合恩角周围航海的危险、建设和扩大巴拿马运河。遥远与偏僻凸显在这些讨论之中：安置流放罪犯的地点、叛变者和逃犯的脱逃与追捕、为原子弹试验场地而在太平洋选择"安全的"地区。资源的多样性涉及的研究有：鲸和鱼群存量的勘察、热带产品与矿物、跨越太平洋的现代贸易体系。太平洋环境的危险性包括海啸、热带病和猛烈的气旋风暴。

　　本书分为八章，每章讨论太平洋的历史作用的一个方面。为了阐明这些方面，本书采用了精选的案例研究法，其中大多数案例取自丰富的再版图书和现在能够加以利用的因特网资源，这些使作者有可能合成这个水半球的历史作用与影响的全面景象。本书凸显了近期学术研究对于我们加深理解太平洋文化的原史与历史的跨度①和演变。新的研究改变了我们的观念，解答了令人困惑的问题，消除了关于各种各样的人民和文化如何、何时和为什么占据太平洋以及他们与其千差万别的环境如何互动的许多谜团。例如，只是在最近 20 年里，科学家才充分认识到厄尔尼诺现象在人类历史上所起到的深远作用，那是

---

　　① 　proto-historic and historic spread，其中，"原史"指某个地区的史前社会与邻近地区的团体接触并利用书写创立提及其邻居的记录与文件的时期；或某个社会开始利用书写创设关于自身及其作为的记录、档案和文本的时期。——译者注

典型的太平洋现象；充分认识到在全球变暖的时代里海平面上升正在如何重塑环境，构成对环太平洋人口密集地区的周边社会以及太平洋海盆之中的脆弱社会的挑战。只有现在我们才能了解，对于我们的全球未来，环太平洋地区作为一个经济的发电站而兴起的性质和意义之所在；从而使我们明白，作为我们迅速扩张的全球贸易的动脉，太平洋海上航线的重要性何在。目前人们更为热切地研究环太平洋亚洲地区经济体扩张的影响，本丛书之前各册的一些作者把这个地区称为"海上亚洲"，因为中国重新作为全球经济强国而崛起，而且在这个范围内有极大的可能性成为未来的领袖之一。相对而言，我们对围绕太平洋的"火之环"的动态和环境影响的了解也是近期的事情，"火之环"是板块构造和伴生的地壳压力的产物。因此，试图阐明太平洋在历史上的作用的任何研究完全不能无视环太平洋地区的物理、政治和贸易地理与历史的相互作用。这种分析补充了人们更为熟悉的探险、殖民、太平洋人民之间的贸易与斗争的重复主题，太平洋本身在其中作为对互动的挑战性的障碍或促进因素。

虽然太平洋显然是一股巨大的力量——无论它是消极的还是积极的，影响着人们的命运并改变他们建设其社会和经济的努力的结果，但这并不意味着太平洋的环境在任何意义上决定了人类的活动。恰恰相反，它提供了一系列的特殊机遇和约束或障碍，它们影响了人类在其定居、勘探和开发环太平洋地区和太平洋当中的岛屿环境里的土地和资源上进行的选择。

经过了许多个世纪，人类对太平洋特性和规模的意识才得以成形。由中国人和其他太平洋地区的人民最早记录下来的观念是太平洋环绕已知世界的巨大空间的一部分。对太平洋特定部分的具体知识当然是各种不同的有文字之前的人们所获取的，在这个区域内，他们是最早的探险家和定居者，而他们传递其知识的形式是有关神话人物面对非常真实的冒险的英雄传奇和伟大事迹。例如，波利尼西亚人的传统故事往往可以被解读为口传历史，这些故事讲述的是祖先的开拓，他们是能干而自信的航海家，有能力在任何方向上一次性出航几个星期或几个月，从岛上看不见其踪影。人们不再当真怀疑波利尼西亚人的先人面对盛行的信风从"近大洋洲"向东发展，延伸了其先驱澳斯特罗尼西亚人（亦作南岛人，即南太平洋群岛人，生活在西起马达加斯加东到太平洋诸岛的区域内）、美拉尼西亚人和西密克罗尼西亚人开辟的路径。事实上，太平洋土著人民到达并移民于这个大洋半球的几乎每一个地势高的（火山）岛，还有许多能够支持人类定居的较大低岛（环礁）①。有证据表明他们曾经接触过美洲沿海地区。然而，他们的传奇具有独特的而不是泛太平洋的地区性质。

包括中国、日本和东南亚拥有制海权的社会在内，在环太平洋亚洲地区的许多更为"发达"的当代社会具备在太平洋上进行范围更广泛的探险的组织和技术能力。但是，尽管有大量证据表明他们与亚洲的"南洋"（即中国人和日本人分别称为"Nanyang"和"Nanyo"的"南海"）的沿海社会早就有过交往，我们缺乏可靠的证据表明他们冒着风险，非常深入"东方的虚空"，抑或如果他们确实曾试图在太平洋上进行雄心勃勃的探险，他们对这些遥远的地区造成了任何明显或持久的影响。中国的宇宙观视汉民族居住的地方为"中央之国"，即世界的中心，其周围向西是蛮荒之地，向东是一片混沌的泽国。这在一定程度上解释了他们不愿意冒险远离其祖国的安全与文明。以神

---

①　high island 直译为"高岛"，low island 直译为"低岛"，括号内的注释系从原文译得。后文分别直接译为火山高岛和环礁，大部分地方按纸面直译，如 high volcanic islands 译为"火山高岛"。据维基百科，"高岛"与"低岛"相对而言，后者因珊瑚礁的沉积或隆起而形成，但两者与"高度"没有必然关系，一些"高岛"仅仅高出海平面数英尺，而"低岛"可能高出海平面数百英尺，如瑙鲁岛和巴纳巴岛（大洋岛）。high 在地理上指的是高纬度（即离赤道较远），low 则相反，英语中可能一词两义。——译者注

道教为基础的日本宇宙观认为山地、火山、大海和森林是神仙的王国，这些神仙有可能对凡人的侵犯怀有敌意。这也可能有助于解释日本人未能在更早的历史阶段里背井离乡而远行。尽管如此，正如前文所指出的，就像充满探险精神的欧洲人那样，中国人和日本人确实拥有"南海"的概念，在两种语言里都有这个地区的名字。

至少从希腊—埃及的托勒密时代以来，有文字的西方社会设想世界的南方部分是由"平衡"位于北半球的亚洲和欧洲大陆的大块陆地所构成的。除了也许预期在南半球存在的干燥土地与北半球一样多的可能性之外，这种想法更多地源自哲学和准宗教的推测，而不是任何科学论点。正如随后章节所讨论的那样，这种对存在广袤的南方大陆即"未知的南方大陆"（澳大利亚国名的来源）的信念是一些欧洲国家的探险家及其资助者一再尝试发现这个资源丰富的大陆的基础，他们坚定地相信在南方地区存在着这块土地。

从这种人们普遍相信存在一块广袤的南方大陆得到的推论之一是大多数欧洲人不可能对一片辽阔的大洋占据同一片地域具有任何概念。在欧洲人第一次冒险向西航行时，他们心目中的地球远远小于其实际体积，因此，哥伦布和追随他到新世界的那些人相信他们已经抵达了印度群岛，即亚洲海岸之外的岛屿。换句话说，那时人们认为大西洋是欧洲和亚洲之间的主要水体：即"大洋海"（Ocean Sea），哥伦布自称为"大洋海元帅"。达连①的土著人被误称为"印度人"，他们告诉探险家巴尔沃亚在巴拿马的西南部存在着一片海水。当他看到这个水体并称之为"南海"时，巴尔沃亚显然并不知道其真正的规模：

---

①　Darien，巴拿马东部延伸至哥伦比亚西北部的历史地区，1510 年西班牙试图在这里建立居民点，即达连安提瓜圣玛丽亚区，是欧洲人在南美建立的第一个殖民地，1513 年巴尔沃亚由此出发开始其著名的太平洋探险，同年他到达巴拿马地峡西岸，成为"发现"太平洋的第一个欧洲人。后面提到的"印度人"在英语中与"印第安人"是一个词（Indians）。——译者注

他与他的随从不可能对他们看到的世界上最大的大洋有任何感觉。"南海"之名继续经常用于太平洋，直至 19 世纪。

由于 18 世纪英国和法国的"陆地理论家"提出的有力论点和展现的坚定信仰，在太平洋早期探险的整个岁月里，人们自信地认为南半球的水域只不过是围绕传说中的大陆即"南方大陆"的边缘海，尽管自西班牙大型三桅帆船在菲律宾的马尼拉与墨西哥的阿卡普尔科之间航行的时代以来，西班牙人怀疑在其菲律宾殖民地以东的北太平洋并没有巨大的大陆块或者群岛。因此，只是大约在像詹姆斯·库克这样的 18 世纪伟大探险家的时代，人们才认识到历代所设想的"南海"是一片浩瀚的大洋。即便在那时，人们还是不清楚其南部疆界何在，直至 19 世纪末：迟至 19 世纪 80 年代，南极地区的地图在南极洲大陆的位置上展示的是"南极群岛"，比如说在埃利泽·勒克吕所撰写的世界地理巨著上的那些地图便是如此。因此，直到差不多一个半世纪之前，神秘和误解笼罩着浩瀚的太平洋，或者说它的大部分区域，而这种情况有助于在很多方面塑造（或扭曲）对它的态度。

20 世纪的地理学家奥斯卡·施柏特说"太平洋"这个名称最有可能源自麦哲伦及其船员的经历，他们是第一批领略其浩瀚的人（施柏特 2004：8）①。在 1520 年，麦哲伦的随船纪事安东尼奥·皮加费塔记录了他的指挥官对太平洋平静表面的惊讶，那与现在以其姓氏命名的海峡的风暴肆虐形成了鲜明的对比。已知的第一张描绘太平洋并标明这个名称的地图往往被称为"卡斯蒂廖尼地图"（Castiglioni Map），是迭戈·里别罗（Diego Ribiero）在 1529 年绘制的，其依据是从麦哲伦探险队的幸存船员搜集起来的粗略信息。理查德·伊登

---

① 1519 年麦哲伦从西班牙起航，穿过南美洲现在以其姓氏命名的海峡，在 1521 年到达菲律宾，后来他在宿务岛上被杀，其船队剩余的生还者在 1522 年绕过非洲返回西班牙，从而完成了首次环球航行。——译者注

（Richard Eden）在 1555 年第一次使用"太平洋"这个名称（不过，他也经常称之为"南海"）。对太平洋这个名称的接受程度以及对其性质的理解程度在缓慢地增加，在欧洲如此，在其他地方甚至更为缓慢：从先前存在的地图或文字中找不到可靠的证据表明在麦哲伦之前的非欧洲人对这个大洋半球具有现实的概念。因此，施柏特主张"太平洋"是欧洲人创造的理念（施柏特 1978：32）。

因此，无论在这个地区的居民还是在穿越该地区的旅行家的头脑里，对太平洋地域的全面理解只是多年来逐渐形成的东西。虽然各种太平洋文化的不同观点使得关于太平洋的观点如何随着时间推移而形成和变化的情形错综复杂，其中包括亚洲的、波利尼西亚的、美拉尼西亚的、密克罗尼西亚的、美洲印第安人的、因纽特人的（尤指加拿大北冰洋地区和格陵兰岛的爱斯基摩人）和欧洲的文化，但我们都应该加以考虑，从而尽可能减少文化偏见。因此，关于太平洋及其历史作用的观点不断变化构成了在本书中一再出现的主题。不言而喻，在当前这个经济全球化的时代里，太平洋的概念和定义不同于之前数百年，并且因占据该地区和就此写作的那些人的文化或政治视角而不同。了解这个大洋半球的物理规模、环境的多样性和易变性是理解它在人类历史上的作用的先决条件。那就是下一章的焦点。

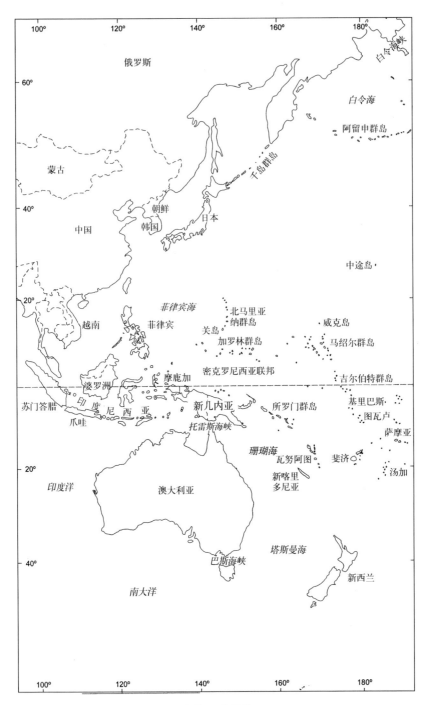

地图1 太平洋

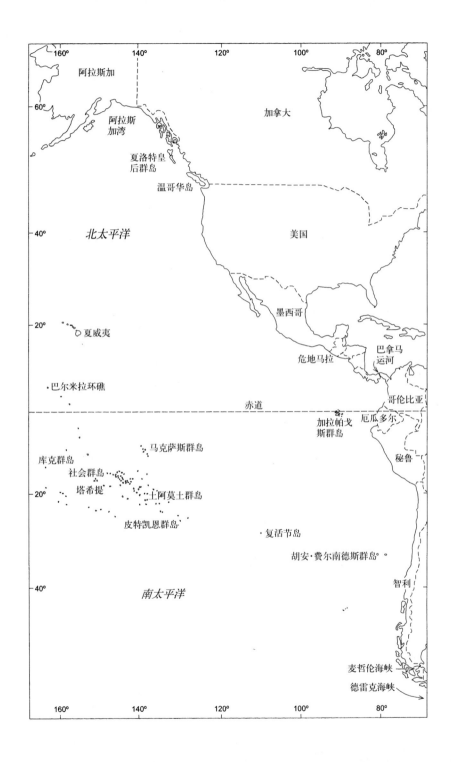

160°　　　140°　　　120°　　　100°　　　80°

阿拉斯加

60°

加拿大

阿拉斯
加湾

夏洛特皇
后群岛

温哥华岛

北太平洋

40°

美国

墨西哥

20°　夏威夷

巴尔米拉环礁

危地马拉　　巴拿马
运河

赤道

哥伦比亚

加拉帕戈
斯群岛　厄瓜多尔

马克萨斯群岛

库克群岛

秘鲁

社会群岛

塔希提　土阿莫土群岛

20°

皮特凯恩群岛

复活节岛

胡安·费尔南德斯群岛

南太平洋

40°

智利

麦哲伦海峡

德雷克海峡

160°　　　140°　　　120°　　　100°　　　80°

第一章　了解太平洋：环境的影响与效应

正如在《引言》中所解释的，我们把太平洋当作具有复杂环境的水半球来理解的当前水平是历经数百年才形成的：直到相对而言的近期，传说和谣言随处可见。研究人员承认，对于影响这个大洋的物理过程以及它与周边大陆和岛屿上的人类和其他生物群落的相互作用，我们的了解还有很大的差距，某些错误观念依然残留在人类对待它的态度中。为了增进我们对太平洋在人类历史中的强大作用的理解，为了随着知识的推进而改变态度，那要求我们了解这个大洋半球的自然环境的一些关键方面。本章关注的是这些最为显著的物理影响力，包括地理的、气候和海洋学的、地壳构造上的影响力，而且关注它们之间的相互作用，以此作为动态的背景，随后用于讨论太平洋的历史和开发。

一、地理上的影响

地图 1 全面描绘了太平洋的当前地理，包括海洋和陆地的特征、现代民族国家和尚未独立的区域。这幅参考图也许有助于讨论重要的地理方面，例如，与其他大洋和大海相比，太平洋的巨大规模；从人类文明的最早所在地无法通航到太平洋以及与其相距遥远（使之成为探险和移民的最后和最与世隔绝的边远地区之一）；一批小型的社会，它们往往四分五裂，与世隔绝，在太平洋上构成了众多奋斗中的民族国家。这些国家大多数以前是殖民地，包括一些因殖民主主义而被迫团结起来的无法和谐相处的团体，比如说巴布亚新几内亚和所罗门群岛，许多国家面对着不确定的未来。正如前文所指出的，讨论太平洋历史的地理影响力，一个不可或缺的部分是考虑到环太平洋的东部和西部地区，考虑到太平洋海盆内部的火山岛和环礁构成的群岛。讨论这种浩瀚而多元的地理疆域必然需要对其加以细分。本书采用了将太平洋分为三个部分的办法：中南太平洋、环太平洋亚洲地区和环太平洋美洲地区。决定包括周边陆地和大洋海盆特征的依据是一个简单但重要的事实：不同时理解环绕太平洋海盆的地区，这些区域随着时间推移有助于塑造太平洋的人类历史，就不可能理解曾经并继续影响太平洋的事件和历史影响力。尽管如此，这里所使用的三块地理划分法只不过为了方便起见，并没有假设每个部分是独特的，或一个部分的事件和势力与其他部分毫无关系。

1. 太平洋的浩瀚与遥远

太平洋是世界上面积最大而且最深的大洋。它的表面积约为 1.663 亿平方公里（6 420 万平方英里），差不多占地球表面积的三分之一，其包含的地表水占地球地表水总量的 45％以上。从太空看，太平洋是一个水的半球。它的东部环带是几乎延绵不断的大陆屏障，即南北美洲，从北极圈差不多延伸到南极圈；而其西部边界由东亚和东南亚的海岸、几乎延绵不断的印度尼西亚和美拉尼西亚的列岛、澳大利亚东海岸构成。在人类到达围绕南极洲的南部大洋之前，在太平洋环带罕见间隙大于 500 公里的个别地区。南纬约 40 度向北进入太平洋的航道或开阔水面极少，而且狭隘。只有一条渐狭的海峡（白令海峡）将其与北冰洋连接起来。少数狭窄的海峡将其引向印度洋，其中多数为浅峡，比如说马六甲海峡、巽他海峡、龙目－望加锡海峡①、萨格温海峡（即丹皮尔海峡）和托雷斯海峡。只有人工开凿的巴拿马运河使其直接与加勒比海和大西洋连通。从南纬约 40 度向极地进发，在西面穿过巴斯海峡和塔斯曼海，或者在东面经由德雷克海峡、麦哲伦海峡或勒美尔海峡是最常用的进入太平洋的航道。

因此，从其他水体进入太平洋总是困难而迂回曲折的，而这有助于解释为什么在不到 200 年之前这个大洋的辽阔地区依然在很大程度上是未经勘察的边远地带。这张参考图表现了对太平洋巨大规模的认识：它从北到南的长度为 14 500 公里（从白令海峡到南极洲海岸的玛丽伯德地［Marie Byrd Land］），而东西向的最宽距离为 17 700 公里（从东面的巴拿马到西边的马来西亚半岛）。

数千年来人类在穿越浩瀚的太平洋并在其无数星罗棋布的岛屿和周边陆地上定居所遭遇的挑战是在本书中一再出现的主题之一。不过，并非所有海员都能同样善于应对这些挑战。正如以后各章将要讨论的，虽然因坏血病和意外事故导致许多人死亡，这个大洋的绝对规模令一些早期的欧洲探险家感到畏缩，但在其他人看来并没有如此可怕，比如说波利尼西亚人，在数个世纪的时间范围内，他们自信地冒险穿越辽阔的太平洋水域，以便找到新的岛屿家园。对其遥远、不易通航和空旷的不同感觉也是塑造西方探险家和殖民者的各种态度的因素，而且近年来影响到军事战略规划人员的态度。一些可能的殖民者因其遥远而避之不及，比如说荷兰人，他们在早期得出结论：深入南太平洋的遥远范围进一步探险是得不偿失的事情。

在移民的岁月里，相比遥远的澳大利亚或者是像新喀里多尼亚那样的太平洋岛屿，大多数欧洲人感到邻近的北美殖民地是风险较小的

---

① Makassar 在 1973 年后改名为 Ujung Pandang，即乌戎潘当，印度尼西亚苏拉威西岛主要港口。——译者注

定居之地。他们往往认为这些地方是永远流放的地点，而且出于这个明确的原因，由英国和法国政府分别选择这些地方作为放逐刑事犯和政治犯的地方。对于希望从自己的过去脱身，或者逃避追究其责任的有关当局的报复或惩罚的那些人来说，浩瀚的太平洋提供了找到某个岛屿作为躲藏之地的机会，除了最执着而专注的追逐者外，没人能把手伸向那些岛屿。坐船遇难者、海滨流浪汉、逃亡者和自愿背井离乡者的故事孕育了这样的感觉：太平洋是一个有可能在其中迷失而无法脱身的地方。

对英国、美国、法国和以前的苏联来说，太平洋的浩瀚和遥远成为军事试验的理想区域，比如说测试像原子弹和热核弹头以及弹道导弹这样的武器，也是处置危险材料的理想区域。例如，虽然核试验已经有十多年未进行了，但在 2008 年 2 月美国选择了北太平洋的某个部分作为击落失效的间谍卫星的首选之地，这颗卫星含有危险的肼燃料，美国声称那些碎片会"无害地"落入这个浩瀚的大洋。为这种危险做法而利用"偏僻的"太平洋是合适的，这样的想法必然不会得到马绍尔群岛居民的赞同，他们因身处被打中的间谍卫星的轨道之下而担忧。可以举出许多其他例子说明太平洋的规模和遥远影响人类感觉与行动的方式。例如，与太平洋物理规模相辅相成的是环太平洋地区海岸线非常漫长，而其周边群岛的数目众多。这些地理因素导致与海洋及其探险有关的活动会成为许多太平洋周边文化的一部分，这些文化对太平洋的感觉和态度有着显著的差异。

2. 难以通航和与世隔绝

航海家、贸易商和移民者难以从地球的其他地方到达太平洋，这是最为明显的影响太平洋历史的地理因素之一，以后各章将会阐明这种因素。在过去的岁月里，无论是物理上还是政治上的因素都限制了人们向太平洋通航，造成通往太平洋的少数海峡、港口与河流会成为各国激烈竞争的对象。在环太平洋的亚洲地区内，马六甲海峡、巽他海峡、龙目—望加锡海峡、丹皮尔（萨格温）海峡在香料贸易和早期殖民地扩张的时代里被认为是战略重地。流入西太平洋周边海域的少数大河（如亚洲最长的河流长江、黄河、黑龙江和湄公河）以及人们所青睐的港口（例如香港、海防、上海、澳门、横滨和阿瑟港）数百年来在该地区重大冲突中起到了显著的作用。在这部分周边陆地的河谷和相邻的沿海平原上生活着大约三分之二的亚洲人口。

　　为了从太平洋西部和东部的周边大陆地带的内部进入太平洋，各国发动了战争，而且为之政治关系紧张，沿哥伦比亚河的俄勒冈地区①就是一个例子，而先前阿塔卡马沙漠的玻利维亚通道是另一个例子。对具有战略意义的巴拿马地峡和巴拿马运河的控制一直是一个问题，造成美国的武装入侵，最近一次发生在曼努埃尔·诺列加执政时期。在全球变暖和极地冰盖融化的时代来临之际，关于加拿大在北极的岛屿、关于很快就可能成为大西洋和太平洋之间全年通行船只的一条国际航道的通道与海域的主权看来注定会成为未来几十年里纷争不断的问题。在韩国和其他地方的造船厂里已经在建造准备在北极水域里使用的能破冰的穿梭油轮。

　　距离的暴君：太平洋版图的星罗棋布和四分五裂

　　相比全球的其他任何地方，太平洋各国受制于内部交流与贸易的困难最为明显，从最强大的到最脆弱的国家莫不如此，这些困难是由其散布广泛、星罗棋布和海岛性质的领土成分所造成的。在某些情况

---

　　① Oregon country（通常作 Oregon Country，1848 年后演变为 Oregon Territory［俄勒冈准州］），涵盖从加利福尼亚州边界到阿拉斯加州和太平洋直至落基山脉的大片地区，包括如今的华盛顿州和爱达荷州。1792 年在船长罗伯特·格雷（Robert Gray）在哥伦比亚河口之探险后，美国宣布拥有其主权，但 1818 年到 1846 年英国和美国共同拥有该片地区；而现在的俄勒冈州在 1853 年确定边界，在 1859 年作为第 33 州加入联邦。——译者注

下，正如随后各章将会阐明的，这使得这些四分五裂的国家的政府和发展极其困难。哪怕是最强大的太平洋国家，即美国，其本土与遥远的阿拉斯加州和夏威夷州之间的交流与互动的成本巨大。同样，在由各种岛屿构成的国家里，即在日本、新西兰、菲律宾、印度尼西亚和巴布亚新几内亚，政府服务的提供、贸易互动、旅客水面通航涉及巨大的经济成本，还有政治和社会的困难。当星罗棋布的民族国家既小且穷时，这些问题便被数倍放大。在诸如斐济、所罗门群岛、瓦努阿图、基里巴斯、北马里亚纳群岛和马绍尔群岛之类由星罗棋布的岛屿构成的小国家，有时因数百公里的大洋而隔绝，而且受制于缺乏充分的交通纽带。遥远的皮特凯恩岛是"邦蒂"① 叛乱者的避难所，如今它几乎像 1767 年菲利普·卡特雷特发现它时那样与世隔绝，难以接近。差不多有 50 名最初的"邦蒂"叛乱者及其塔希提人同伴的后代依然生活在那里。作为残存的英国在南太平洋统治的最后一块领地，皮特凯恩岛依然是在地理上与世隔绝的象征。

3. 太平洋区域的地理变化

在讨论和阐述人类在像太平洋这样辽阔而多样的环境中的活动时，把这个大洋区域设想为三个地理分区可以省时省力。第一个分区是"中南太平洋海盆"，其构成是深海平原，上面是非常深的海水，加上浅的大陆岩床，如塔斯曼海和珊瑚海，还有火山岛、珊瑚岛或陆边岛，构成美拉尼西亚、密克罗尼西亚和波利尼西亚，这些岛屿在其辽阔的表面上星罗棋布。因此，中南太平洋的地理疆域包含了一个巨大

---

① Bounty，英国海军舰名，1789 年 4 月 28 日部分船员哗变，将船长威廉·布莱（William Bligh）及其 18 名追随者放在小船上任其自生自灭（他们漂流到荷属东印度群岛的帝汶岛后获救），叛乱船员烧了该船以灭迹，随后他们在塔希提岛和皮特凯恩岛上定居。——译者注

的区域，差不多相当于整个太平洋地区的一半，向赤道的南北延伸。在中东部的主要群岛是波利尼西亚大三角（Polynesian Triangle），它混杂有火山高岛和珊瑚环礁。在这里我们发现马克萨斯、甘比尔和土阿莫土群岛，列岛与社会群岛（Line and Society islands），奥斯垂和库克群岛（Austral and Cook islands）、汤加、萨摩亚、纽埃和托克劳群岛，外加赤道以北的夏威夷和菲尼克斯（一译凤凰）群岛。在西部是美拉尼西亚，即像巴布亚新几内亚那样的群岛，外加其海外领土新不列颠岛、新爱尔兰岛和布干维尔岛，在地理上，它们被视为大陆的碎片，由古老的晶质岩构成，新喀里多尼亚和斐济的主要岛屿维提岛和瓦鲁阿岛就是例子。这些陆边岛的地貌特征与许多大洋当中的高纬度火山群岛形成鲜明对比。在中北部是密克罗尼西亚，那里更多的是火山高岛、低的环状珊瑚岛或隆起的珊瑚平台，包括马绍尔群岛、基里巴斯、密克罗尼西亚联邦和北马里亚纳群岛。

第二个主要的地理分区是"环太平洋亚洲地区"，包括西伯利亚、朝鲜/韩国、中国和越南的沿海地区和近海岛屿，还有其边缘的大海（鄂霍次克海、日本海、东海、黄海、南海、东京湾、泰国湾、爪哇和班达海、菲律宾海）。也包含在上述地区中的更为遥远的群岛，它们沿着亚洲大陆架的西部边缘，从萨哈林岛（即库页岛）、千岛群岛、日本列岛、中国台湾和菲律宾到印度尼西亚。这些地区展现了独特的亚洲文化面貌。此外，最东面的是澳大利亚的沿海地区、近海岛屿、礁石和边缘海，欧洲的文化在那里占据优势。

太平洋疆域的第三个主要的地理分区是"环太平洋美洲地区"，包括阿留申群岛、阿拉斯加和加拿大的西海岸（以及诸如夏洛特皇后群岛和温哥华岛之类的相关岛屿）、美国的太平洋海岸、墨西哥和中美洲地峡。从哥伦比亚到合恩角，南美洲在太平洋的沿海地区有着与北美洲不同的地理历史，尽管如此，它依然是这个地理分区的一部分。像加拉帕戈斯群岛和胡安费尔南德斯群岛这样的近海群岛也包含在其中。

环太平洋美洲地区的文化主要源自欧洲，西班牙的影响力在南部绝大部分地区超过土著的美洲文化，而盎格鲁撒克逊人的文化超过沿西北海岸的美洲印第安人和因纽特人文化的影响力。到了南端，太平洋环带继续延伸，越过德雷克海峡，包括南极半岛和南极洲的邻近海岸。虽然这些地方没有永久的定居点，但正在日益变得重要，因为科学家研究了南极环境在当前全球变暖这个时代里的变化，例如冰川的融化、臭氧层的波动，还有磷虾、企鹅、海豹和鱼群的缩减。

二、气候—海洋的影响

大致了解气候与海洋的显著影响使我们更容易把握对诸如人类居住、资源利用和特定历史事件之类的话题的讨论。例如，洋流既有助于又阻碍了航海，而且影响到对诸如鱼群和鲸之类资源的利用。在太平洋，重要的气候和水文地理影响包括大气与洋流循环的互动不断变化，改变了盛行的信风模式以及暖流和寒流。现在人们认识到这些是全世界气候变化的重要机制之一，因人类工业活动而加剧。气候变化对降雨和温度状况都造成影响，在太平洋内部及其周围，它对生物群落和人类社会的影响在 21 世纪日益显著。气候变化正在威胁的恰恰是珊瑚礁的存在，例如大堡礁，而且加剧了海平面的变化，使热带疾病和害虫侵入温带地区，加速了后文加以讨论的厄尔尼诺/拉尼娜现象的循环。人们现在认识到厄尔尼诺/拉尼娜现象本身是气候变化的重要成分。只是到目前人们才正在充分理解其全面影响，还有它在诸如持久干旱、毁灭性的洪水和灾难性的风暴之类事件中的作用。

1. 太平洋的水文地理

太平洋海盆的水体几乎覆盖了地球表面的三分之一，其水流在不同温度和盐度的层面之间不停循环。太平洋表面盐度在地球各大洋当中最低（大西洋的表面盐度最高）。太平洋的酸度水平在历史上相当低，其目前正在上升的速度有可能很快危及一些海洋物种，比如对太平洋环境如此重要的珊瑚。第八章对这些与太平洋开发有关的环境威胁详加讨论。

流涡（亦称涡流、涡旋或环流，系洋流的循环系统）不仅分别从赤道地区的南面北部将热带太平洋的温暖表面区域的太阳能传播到高纬度地区，而且在水体表层与深海之间传播太阳能。这种垂直的混合被称为热盐环流，而且它是古气候学家华莱士·布勒克尔（Wallace Broecker）称之为"全球大洋传输带"的一部分，这条传输带由温暖的表面洋流构成，它们带着热量向极地运动，随后在高纬度陡降，形成了寒冷的深水洋流（Broecker and Peng 1982；Linden 2006：29）。因此，无论是东西和南北的运动，还是不同温度和盐度的大洋水流的混合都涉及大洋热量在北半球和南半球的迁移。在北半球，顺时针方向的大洋流涡由北赤道暖流、日本洋流（又称黑潮）、北太平洋洋流（漂流）和加利福尼亚洋流构成。在南半球，逆时针方向的流涡由南赤道洋流、东澳大利亚暖流、西风漂流、洪堡（秘鲁）寒流构成。沿着赤道分离这两种流涡的是赤道逆流，而无数的支流或沿岸流（"feeder"currents）在太平洋的不同地区参与不同盐度和温度水体的混合。表层洋流随时可能暂时减速，甚至改变方向，对环境和人类具有深远的影响。

（1）太平洋洋流与全球的热平衡

太平洋是全球热量分配系统的非常重要的部分之一，这些热量是地球的大气层、海洋和陆地区域的所有部分从太阳那里得到的。就本书的背景而言，了解复杂的太平洋热量分配系统是重要的，原因有几个。首先，这种系统在确立季风和信风的"正常"模式上发挥了至关重要的作用，在太平洋有那么多的人依赖这种模式生存。其次，热能在这个大洋半球扩散和循环的方式对生物多样性和人类环境的变化具有深远的影响。只是最近人类才开始明白和理解一些环境的影响力所具有深远的影响，比如说下文所解释的厄尔尼诺/拉尼娜现象。第三，在全球变暖的情况下，这个热量分配系统能够在一些地区造成灾难性的迅速变化，而其他地区受到的影响非常小。

　　虽然地球每天接受的太阳辐射量基本上是恒定的，但它在水域、大气和陆地各处的分配是多变的。地球在其自转轴上的倾斜（相对其绕行太阳轨道的倾斜度是 23.5 度）确保了南北回归线之间的热带地区得到最强烈的辐射。南半球的仲夏就是太阳光基本上直射在南回归线上的时候，南回归线在地球每年运转的那个时期向着太阳倾斜。南半球的仲冬发生在地球运转带着它到背对太阳的"一面"而北回归线得到太阳直射的时候。因为太平洋半球大部分是水，而水能比土地更为有效地保持并且更为缓慢地释放太阳的热量，所以，它在重新分配全球太阳热量中的作用大于人们从其表面积上可能会预期的作用，正如我们已经了解的，其表面积约占地球表面积的三分之一。太平洋是个非常深的大洋，因此，它所蕴含的热能总量是巨大的。

　　总之，全球热循环的模式取决于土地和水域的布局、大气和大洋循环的纬度带、地球在其自转轴上的倾斜度、洋流的形成和高低层大气的气流形态，还有土地、水和空气吸收、传送和散发来自太阳辐射的热量的不同能力。

　　过去人们认为太平洋的长期气候模式相当稳定，至少在当前这个地质时期里如此，即相对温暖的全新世或第四纪，它大约始于一万年之前，此前是气候更为寒冷的漫长时期，那是伴随更新世的最后一段冰期而来的。在更新世内有四大冰川期，最近的一次（威斯康星冰期）始于埃姆（Eem，一译"伊缅"）间冰期之后①，那是个短暂的温暖时期，约在 13 万年之前（Linden 2006：41）。在更新世时期，南极洲、北美和欧亚大陆北部的大陆冰盖封存了那么多的水，以至于海平面比现在低了很多，这种在更新世状况的证据可以在无数地点和各种表面下找到。这些证据的来源包括目前被淹没的原始贝丘遗址，它们先前在干旱地区内；沙丘的形成；处于困境的种群，它们以前是相互依存的植物和动物种类；早期人类跨越陆桥移民的证据；珊瑚环礁的上升。

正如我们所讨论的，最近的科学发现质疑了这种观点：太平洋和其他地方的环境是稳定的，或者只是逐渐变化。例如，目前的海平面只是在过去 6 000 年保持稳定，在太平洋环带和岛屿上有丰富的证据表明海平面在更新世和全新世初期的剧烈升降，即高于和低于现在的水平。根据这些最新的研究成果，太平洋在有可能迅速而极端的环境变化中起到某种核心作用。换句话说，太平洋在人类历史上起到的作用更为复杂，不能只是讲述人类在这个大洋范围内的定居与探险。它也表明，如果打算了解太平洋在人类历史上所发挥的完整作用，必须在全面的叙述中包括太平洋周边陆地，还有太平洋海盆本身，就像本书这样。

---

①　更新世，又称为冰川世（Glacial Epoch，福布斯，1846 年），其中各地对冰期的划分并不统一，北美分为内布拉斯加、堪萨斯、伊利诺和威斯康星 4 个冰期，苏联时的欧洲部分为敖德萨、白俄罗斯、中俄罗斯、瓦尔代 4 个时期，欧洲为贡兹（Günz）、民德（Mindel）、里斯（Riss）、武木（Würm）4 个冰期，甚至再向前认定多瑙（Donau）、拜伯（Biber）冰期。1934 年李四光确定的中国东部冰期序列为鄱阳、大姑、庐山、大理。每两个冰期之间的时期被称为间冰期，以北欧为标准分为克罗默（Cromer）、霍尔斯坦（Holstein）和埃姆间冰期，对应于北美的阿弗顿（Aftonian）、雅茅茨（Yarmouth）和桑加蒙（Sangamon）。因此，这里的冰期是北美名称，间冰期是北欧名称。——译者注

（2）大气环流模式

太平洋表层水传输的热量也分散到上面的大气层。温暖的水蒸发，与此同时加热它上面的空气，而受热的水蒸发为气柱上升，造成的低气压带有着不同的名称：无风带、热带辐合带或季风槽，它随着季节性变化的最为强烈的表面加热带向北向南移动。更冷、密度更大的空气从赤道带北面和南面被吸入热带辐合带，造成的季风随着热赤道（最大的表面加热带）根据季节变化向北向南移动而逆转。

季风与信风

和全球任何其他地方相比，亚洲在气候上受季节性季风环流的影响最大。大陆地块（北面的中亚，南面的澳大利亚和非洲）在冬季变冷和夏季变热造成在它们上面的气团交替地或热或冷，像个巨大风箱那样发挥作用，在冬天排出寒冷、通常干燥而且下行的、高压的空气，随后在夏季那半年吸入空气，造成它变热并在低压环流中垂直上升。这种上升以季风性暴雨的形式在受热的土地或海洋表面上释放大气水分。亚洲大部分地区在农业灌溉和城市供水上依赖这些季风性的——即季节性改变方向的——南北风系，由于地球自转，季风在一定程度上朝东西方向偏移[①]。

在低压季风槽中，受热空气的上升气柱在南北纬方向上的高层大气里扩散。它们随着中纬度的冷却而干燥的反气旋失去其水分并下降，只有在南北低压环流带里才进一步朝极地方向再度上升。因此，从太阳得到的热量在纵横方向上散播，靠的是对流气流和旋转而摆动的风系，它们既靠近表面（信风、气旋和季风摆动），又在高层大气

---

① 指季风在由于地球自转而产生的地转偏向力的作用下，气流运动在北半球向右偏移，在南亚地区，夏季不是吹南风，而是西南风，在冬季则是东北风。东亚的情况更为复杂，在热带季风区（南海到西太平洋一带）冬季为东北风，夏季为西南风；在副热带季风区（东亚大陆－日本－朝鲜半岛一带），北纬30度以北在冬季为西北风，以南为西南风，夏季则盛行东南或西南季风。在南半球大气流动会向左偏转。——译者注

中（急流，jet streams）。尤其是在西太平洋，上升气团转移的大洋热量造成了低气压，使大洋表面升高，加剧了向西吹的信风的影响，这种信风对早期航海者来说至关重要。这些风从东方推动温暖的表层水穿越太平洋，造成从沿着美洲大陆边缘的深海涌出的富含营养的冷水取而代之：这是太平洋渔业的一个重要因素。

在南北半球中，在赤道地区和寒冷的高纬度地区之间有三个独立的大气环流系统出现在纬度带上。邻近赤道季风带，垂直移动的对流气流称为哈德利环流（又译为哈德来或哈德莱；以乔治·哈德利命名，他在 1735 年第一次提出了大气循环的理论；Emanuel 2005：42）。这些环流为地球上的大部分地区提供了降雨：全球降水总量的约 40％在赤道南北 15 度的范围内落下。降雨量最大的三个地区之一在西太平洋。哈德利环流也具有水平循环的成分，被称为沃克环流，以发现它的这位英国-印度的科学家的名字命名①。这种空气循环是地心引力结合地球由西向东的自转而造成的，导致在赤道地区（中纬区）的地球南北气团出现环形、旋转和扭曲的运动。这种合成力量被称为科里奥利力，以 1835 年第一次描述它的法国数学家、物理学家古斯塔夫-加斯帕德·科里奥利（Gustave-Gaspard Coriolis）的名字命名，它是在太平洋对生命来说如此重要的气旋和反气旋的成因。

朝极地方向运动的哈德利环流是高压系统，冷却、回旋、下沉的空气由西向东在中纬度上连贯运动，被称为费雷尔环流。在这些环流中，旋转而下沉的气流在其向赤道弯曲时吸取大洋水汽，形成的信风在帆船时代对几代航海者和商人非常重要。这些风在中纬度上盛行，因为费雷尔环流相当稳定地向西连贯运动，在北半球顺时针旋转，在

---

① 原文为 the British-Indian scientist，通常应当译为英国籍印度裔科学家；但吉尔伯特·沃克（Gilbert Walker，1868－1958）是英国人，只是在印度出任气象台台长（1904－1924, 3rd Director General of Observatories in India）。——译者注

南半球逆时针旋转。它们发生在印度洋和大西洋上，也发生在太平洋上。在赤道区的任何一边，它们是彼此的"镜像"：在北半球是东北信风，在南半球是东南信风。奇异之处在于南太平洋热带地区的信风并不像在北太平洋或全球其他大洋的信风那样稳定：强劲的西风有时在数百公里宽沿着赤道汇聚带（一译会聚区，即热带辐合带）的区域里遭遇，约在东经 160 度。事实证明，这种信风反复无常的情况对航海家来说至关重要，而且显然帮助了波利尼西亚人民在东太平洋地区的早期定居，来自环太平洋亚洲地区的移民流顶着盛行——但不完全恒定——的信风到达东太平洋地区。

在中纬度高压环流的极地象限（poleward quadrants）里，尤其是在南太平洋，急剧的气压梯度促使汹涌的气流进入另一个低压环流带内，导致几乎是不间断的大风在南纬 40 到 50 度朝正东方向运动（北半球的大陆阻止了这种情况在亚北极区发生）。这些南部大洋地区得到"咆哮 40 度"和"狂暴 50 度"[①] 的名称是名副其实的，那是忍受其滔天巨浪和骇人狂风的水手所赋予的名称。这些低压环流的空气上升，在高层大气中进一步冷却，在两极上空下沉，形成环绕高压区域的第三条循环带，这个区域以极地高压而知名。在高层大气中，高速气流带（即急流）遵循全球的摆动路线，帮助热量重新分配和地面气象系统运行。这些急流往往在冷热气团之间形成边界，而它们的路线随着季节而或北或南摆动。然而，在某些情况下它们可能改变其正常路线，在全球某些地区造成异常而极端的气候条件，有时影响到历史事件。

太平洋的热带气旋

热带气旋常见于三大洋，在南北半球低到中纬度的广泛纬度带中

---

① 　the roaring forties and the furious fifties，其中"roaring forties"亦称为"咆哮西风带"或"中纬度风暴带"，通常指南纬 40 到 50 度之间盛行强劲西风的海洋地带。——译者注

发生。迄今为止，在太平洋发生的热带气旋的数目最多，在北半球主
要集中在中美洲、亚热带的西太平洋、菲律宾海和南海沿岸地区。在
亚热带北边的大西洋和加勒比海、孟加拉湾和阿拉伯海一带，热带气
旋集中程度较小。在南半球，热带气旋最集中的地方是珊瑚海、北澳
大利亚的近海水域和亚热带的远至莫桑比克海岸的印度洋。在大西洋
和南美大陆的太平洋沿岸，热带气旋的缺乏是显而易见的，而在赤道
南北约 8 度的范围内存在着环绕地球的连续无气旋的海洋带。在这个
热带地区里不存在形成循环气团的可能性，因为科里奥利力的扭曲作
用不足够有力。与之相反，那里是一条经常平和、方向不定的微风
带，还有剧烈、局部化、不旋转的暴风雨和雷暴。这条（无风）带随
着热带辐合带的季节性变化而向南北移动。

　　在赤道南北约 8 度的范围之外，尤其是在北半球的西太平洋和南
海，还有南半球的珊瑚海，巨大而剧烈的热带气旋经常在季风槽地区
内形成。此后这些气旋随着季风消退并开始改变方向而在热季里积
聚。当这种情况发生时，通常在夏至以后，在太阳光线直射下的大洋
表面急剧升温，而热量和水分以持续的垂直柱体转移到上面的大气
中，造成能够变得非常强劲的热辐射狂风（heat-cell storms）。在科
里奥利力造成的这种大气旋转的影响下，这些扰动沿着槽线移动，成
为毁灭性的低压气旋狂风。一旦气旋中的风速持续超过约每小时 120
公里（每小时 75 英里），这种热带气旋就成为一级飓风。五级飓风中
的风速可以达到每小时 300 公里（每小时 190 英里），例如在 1979 年
10 月 1 日西北太平洋上发生的那次飓风。在中国海，这种剧烈的狂
风被称为台风，它们往往向西和极地方向移动，通常在陆地上或靠近
高纬度的更冷的水域上丧失其强度。在南太平洋形成气旋的主要地区
从西经约 140 度延伸至澳大利亚大陆，而且其范围从南纬 8 度到 30
度。在普遍或"正常"的气候条件下，东太平洋的气旋微乎其微。在

经常受到气旋影响的地区里，潮水汹涌和洪水暴发以及非常强烈的阵风可能造成巨大的破坏。通常情况下，太平洋的潮差不大，但在气旋之下，气压下降到如此低的地步，以至于大洋表面被抬高，加剧了风力推动的波浪，从而形成风暴潮，它们能够将水平面提高到常规的数米之上，给太平洋沿岸和岛屿的生态系统和社会造成灾难。

厄尔尼诺-南方涛动现象

那种方向相反的气流和水流模式以厄尔尼诺/拉尼娜而知名，它扰乱了南北太平洋的盛行东风，最近几十年里这种情况的发生日益频繁。只是在最近人们才认识到这些扰动对太平洋和其他地方的气候变动的强有力影响，而且人们现在认为它们对历史上人类在太平洋范围内的活动具有深远影响。虽然在相关背景下将详细讨论这些特定的影响，但重要的是了解厄尔尼诺/拉尼娜现象的物理特征才能得到对其真正影响力的判断。

关于太平洋的厄尔尼诺事件的记录已有数百年的历史。秘鲁渔民首先使用"厄尔尼诺"（小男孩）这个名称，他们在秘鲁北方靠近派塔市（Paita）的沿岸地区生活，依靠寒冷、富含营养物、向北流动的洪堡寒流捕捉鳀鱼（又称"秘鲁沙丁鱼"，主要用来制造鱼粉）和大型鱼类，这些鱼群是他们的食物来源和经济生计。在 16 世纪，那里的渔民注意到约在圣诞节时节（Corriente del Niño，即基督"圣婴"的生日），每三到五年，有时频繁一些，有时较少一些，通常寒冷的表层水被向南流动的、温暖的逆流取代，抑制了营养物的上涌，造成捕鱼量突然减少。厄尔尼诺平均持续数周或数月，但有时温暖的逆流更为强劲，或持续更长时间，因此对东太平洋的气候模式和洋流造成更大、更持续的影响。捕鱼量的减少不仅影响到渔民的生计，而且对东太平洋的捕食鱼群的海鸟和海洋哺乳动物种群是巨大的灾难。这种现象也在沿秘鲁海岸造成通常干旱的地区骤降暴雨，而干旱发生在太平洋的其他地方，扰乱了农业生产并造成严重的食物短缺。虽然人们普遍认识到厄尔尼诺现象，但它的成因一直是个谜团，以至于多年来科学研究人员对准确预测这些事件无能为力。然而，人们知道破坏性的气候异常事件与厄尔尼诺现象有关，例如增大了在夏威夷和塔希提岛发生破坏性飓风的可能性。在厄尔尼诺现象期间，这种增大的可能性可以高于平时三倍。

虽然不像厄尔尼诺事件那么频繁，但另一种与之相对的效应不时扰乱"正常的"气候模式和太平洋洋流系统。人们在 19 世纪中叶观察到这种效应，那时第一次可以得到在太平洋范围内及其周边的可靠的气候记录。它被称为拉尼娜（小女孩）现象。在开始对大规模的地理范围制作气候模型之前，即约在第一次世界大战之前，人们并未认识到有害的涉及辽阔地域的气候事件实际上通过厄尔尼诺和拉尼娜现象之间的某种摆动而联系起来，可以认为厄尔尼诺和拉尼娜现象是巨大的、摆动的大洋钟摆的对立极端。

1924 年，在印度工作的气象学家吉尔伯特·沃克利用其庞大的气候学工作人员处理关于气温和气压、降雨、风和其他变量的全球数据并绘制其模式。沃克断定全球气候模式像杠杆式天平那样运作，一个地区的上摆靠另一个地区的下摆来"平衡"。他注意到这种巨大天平的"枢轴"影响着整个太平洋环带和海盆，他将其称为"南方涛动"，这个枢轴大致位于太平洋中部的国际日期变更线（Katz 2002：97 - 112）。沃克相信这种涛动是气候神秘摆动的关键，从干旱到洪水再到干旱，使太平洋的许多地方并且很可能也使世界其他地方遭灾。例如，在 1877 - 1878 年，中国、印度和澳大利亚蒙受了可怕的旱灾，造成庄稼和牲畜大量死亡，因此造成亚洲的普遍饥荒。在两年内华北地区几乎没下过雨，导致超过 900 万中国人被饿死。与此同时，通常干旱的秘鲁和智利的沿海地区遭遇毁灭性的洪水，冲毁了道路和村庄，庄稼绝收，导致大片地区永远失去表层土壤。但是，虽然现在能够以准确的数据记录预示一次厄尔尼诺或拉尼娜事件的这种复杂天气现象的到来，但其解释依然不明确，而且在 1957－1958 年之前还是如此，那一年是第一个国际地球物理年①，来自各国的一队队科学家实际观测了一次厄尔尼诺事件的开始。他们能够取得大气和海洋温度的必要观察值和环流数据，使其能够更好地理解厄尔尼诺-南方涛动（"恩索"）背后的复杂机制。

挪威籍美国科学家雅各布·皮叶克尼斯（Jacob Bjerknes）在 1969 年提出一套理论解释全球各队科学家所观察到的现象（Matthewman 2002：186－189）。这种现象造成东西太平洋永久存在重大的环境差异，对它的解释基于对太平洋的洋流结构和热盐层的了解，基于对其上大气层和急流的了解。

厄尔尼诺和拉尼娜现象的成因和破坏性影响

解释"恩索"并因此解释许多令人困惑的在历史上影响数百万太平洋人民的环境灾难的理论始于这种观察：明显不同的温度和含盐水平的大洋水体并不容易混合。在热带的太平洋地区，受热的表层水随着其温度的上升而变得更轻，更为迅速地扩张，它由被称为温跃层的温度明显更低的界线与更冷的次表层水分离，温跃层通常自东往西向下倾斜，在靠近秘鲁和加利福尼亚的海岸造成只有几米深的温水表层，但它在靠近婆罗洲和马来西亚的地方深达数百米。温水表层厚度的差异是东北和东南信风的主要气流向西运动的产物，它们实际上驱散了东太平洋的温水表层并在西太平洋将其积聚起来，有时在那里把海平面提高半米之多。以类似于浮动冰山的方式，在太平洋正常水平面下隆起的暖水层在其下有着垂直程度更大的暖水，在表面之下延伸

———————————

① 1957 年 7 月到 1958 年 12 月。——译者注

的深度达数百米，迫使温跃层在西太平洋下降。只要盛行的信风继续吹，这种温水层就会沿着西太平洋的大陆边缘和岛屿继续积聚。相比之下，在东太平洋，温水层向西移动带动太平洋深处的冷水上涌，在表面取而代之。这种汹涌的上升流从深处带来海洋微生物和养分，为丰富的鱼群提供营养，尤其是历史上沿秘鲁海岸大量存在的庞大鳀鱼群。这种冷流影响着东太平洋的大气温度，造成高压状况，从而驱使信风向西穿越太平洋。

然而，每隔几年，盛行的东北和东南信风因沃克环流衰竭或反转逆行而减弱，沃克环流的通常特征是在更冷的东太平洋上出现大气高压，在更热的西太平洋上出现低压。如果没有盛行的信风使温暖的西太平洋表面保持在异常高的水平上，太平洋试图重新确定"平坦的"大洋表面，而温暖的表层水"下沉"回流到东太平洋。随着温水层在西部越来越薄，温跃层回升，造成冷水到达西太平洋的表面。在其表面之下数米，因暖水东流的推动，巨大而移动缓慢的水波向东行进，被称为开尔文波，它提高了东太平洋的洋面和水温，沿着南美通常干燥的亚热带海岸，在大气层中造成低压、充满水分的气旋环流。反之，在目前更为寒冷的西太平洋上方的空气形成高压的反气旋，它们降温而下沉，导致东亚和澳大利亚不出现降雨的季风，而是出现干旱的状况。秘鲁沿海地区的表层水升温抑制了富含营养的深层海水上涌，赶走鳀鱼和大型鱼类，还有捕食它们的海鸟，导致沿海渔业资源暂时枯竭。然而，在1972－1973年，正如第五章将会详细讨论的，秘鲁的鳀鱼渔业彻底崩溃。成年鳀鱼不再产卵，因为太平洋的厄尔尼诺暖流使其得不到浮游生物的食物来源，而过度捕捞消灭了成年鳀鱼群，没有留下在这次厄尔尼诺终止之后能够传宗接代的小鱼儿。

在厄尔尼诺事件期间，热带气旋在夏威夷、塔希提岛和东太平洋的其他地方变得更为频繁，但在澳大利亚东部海岸一带或中国的南海就不那么常见。例如，在 1981 – 1982 年异常强烈的厄尔尼诺事件期间，一系列几乎在当地史无前例的气旋袭击了塔希提岛，给椰子和香蕉的种植园造成严重破坏，毁灭了许多住房，令旅游业瘫痪（图 1）。

图 1 1981 年，由一次与厄尔尼诺有关的热带气旋在塔希提岛首府帕皮提毁灭或破坏的许多建筑之一。

然而，在数周或数月的时间之后，开尔文波迫使厄尔尼诺暖流萎缩，由以罗斯比波（Rossby wave）而知名的一类反流取而代之，罗斯比波推动暖水向西太平洋回流，尽管其速度慢于开尔文波。这使得秘鲁海岸以外恢复冷水的上涌，从而结束厄尔尼诺事件，造成更为正常的气候条件恢复。然而，东太平洋赤道地带的冷却和西部的升温偶尔继续达到发生拉尼娜现象的程度。环太平洋美洲地区经历了特大的洪水、气旋风暴和其他异常的天气事件。在那种时刻，沿太平洋美洲环带的急流改变了它们在赤道南北的主要模式。在凉爽的东太平洋赤道地区上空，"封堵的"高压单体造成极地的急流转向更低的纬度。

在北半球，这种拉尼娜现象导致的极地急流向南转移与加拿大西部冬季降水越来越多有关。当它与减弱的太平洋急流在美国中部遭遇时，它在大平原造成严重的冬季天气——如在 2008 年 1 月强烈的拉尼娜事件期间出现的毁灭性的、突如其来的龙卷风，在内华达等山脉造成严重的降雪，还在美国西南部和墨西哥北部造成严重的干旱。

在许多历史事件中可以找到"恩索"的影响力对人类在太平洋事务造成的后果。特大洪水与干旱、在通常不见其踪迹的地区内发生的异常频繁而强烈的热带气旋、渔业的衰竭以及海鸟和哺乳动物数量的锐减全都与"恩索"在太平洋的特定国家给人类造成的厄运和灾难有关。"神风"分别在两个场合下在其入侵日本的路上毁灭了蒙古人的舰队，那很可能是这种"恩索"效应造成的。波利尼西亚顶着盛行的东风穿越太平洋迁徙很可能集中在厄尔尼诺西风和逆流造成向东航海更为迅速而且危险性更小的岁月里——可以肯定这种时候成功的可能性更大。反之，拉尼娜现象在太平洋中部造成的干旱有可能刺激毛利人向西迁移到新西兰。

风向突然和意外的逆转使一些太平洋探险家免于船毁人亡，比如说弗朗西斯·德雷克爵士，1580 年他所乘坐的"金鹿号"（*Golden Hind*）在苏拉威西岛近乎奇迹地逃过了一次灾难。但它们可能对其他人攻其不备并造成人员死亡，拉佩鲁兹（一译"方济亚公爵"）的两艘船在离开植物学湾（一译"博特尼湾"，在澳大利亚）后可能就是遭遇了这种情形。众所周知的"当纳团队"① 的悲剧：1846 年他们在移居加利福尼亚的过程中遭遇了不合时令的暴风雪，那很可能是拉尼娜造成的后果之一。1877－1878 年新喀里多尼亚土著的卡纳克人

---

　　① 　the Donner party，通译为"当纳聚会"，不确。1846 年夏天，87 人在乔治·当纳（George Donner）的带领下想迁徙到加州淘金，但遭遇严重雪暴，甚至发生人吃人的情况。第二年春天救援队在当纳湖（原名特纳基湖）找到他们时只有 47 人幸存。——译者注

民反抗法国殖民者是与厄尔尼诺有关的干旱造成的。1997－1998 年厄尔尼诺沿环太平洋亚洲地区导致普遍的干旱，加上印度尼西亚不明智地清除森林，以便让油棕种植园扩大面积，造成史无前例的森林大火，浓厚的烟雾笼罩了整个地区。2007－2008 年的拉尼娜事件在东澳大利亚部分地区中止了持续 10 年的干旱，导致普遍的洪水。同一起事件还与中国在农历新年之时创纪录的降雪有关。一般说来，在拉尼娜期间，台风在日本南部、菲律宾、中国台湾和华南地区登陆的可能性会提高 20%。

太平洋气候的山形效应

在火山高岛或沿太平洋环带，充满水分的信风与多山地形结合，造成山岭的"迎风"坡（正对信风的那面）出现暴雨，而其背风面出现"雨影"，这种现象被称为"山形效应"。当带雨之风遭遇火山或其他高山的山坡时，它们被迫上升，在此期间降水。随着气团越过山岭，在背风面更为干燥的下沉空气往往造成半干旱的状况。这种山形效应的经典事例发生在夏威夷的"大岛"上，其上冒纳罗亚山（Mauna Loa）和冒纳凯阿山（Mauna Kea）的迎风面（东面）有着浓密而潮湿的硬叶植被，但在山区和背风地区（西海岸）之间的内陆鞍部是支持大牧场的干燥草地。山形效应也导致俯视美属萨摩亚群岛图图伊拉岛（Tutuila）上的帕果－帕果（Pago Pago）港的大山被恰如其分地被赋予"唤雨巫师"的名称。

全球变暖与太平洋

虽然全球变暖正在对太平洋如同正在对世界上任何其他地方造成的影响一样大，但在北冰洋和南极洲所感到的影响正在加速，快于其他地方。例如，在 1987 年夏季消融结束之际，向北太平洋提供洋流的北冰洋依然有 750 万平方公里（290 万平方英里）的海冰。到 2007 年，在夏季结束时只存有 410 万平方公里的海冰。科学模型预测，以海冰在每个夏季加速流失的这种速度，到 2025 年，在太平洋和大西洋之间，在夏季数月里将存在可以进行商业通航的开阔水道，而到 2040 年在北冰洋将不复存在永久的海冰。

海平面上升以及与全球变暖有关的风暴活动的加剧正在太平洋造成其他令人不安的变化。这些变化包括：由于水温上升，沿大堡礁的珊瑚正在变白；商业性渔业的衰竭，因为许多有益的种类失去了冷水的营养来源，由泛滥成灾的水母造成的暖水"沙漠"取而代之；堰洲岛（barrier island，一译"屏障岛"）的消失和海水在低洼海岸渗入湿地；还有许多对太平洋环境的其他负面影响。

在太平洋周围灾难性火灾发生的频率在增加，原因是温度升高而降雨总量减少。对天然植被的压力正在加大，传统的农民和商业种植园经理每年烧林开荒加剧了这种压力，他们为种植而清理大片土地，因此焚烧丛林地带。在 1997 年和 2002 年，东南亚大片地区被浓密的烟雾所笼罩，除了其他后果，这种烟雾增加了呼吸道疾病的发病率，在能见度降低的阶段里，造成若干涉及船只和飞机的碰撞事件。在 2008 年，大片森林和居住区被加利福尼亚沿海地区的众多火灾毁灭，因为全球变暖延长了每年火灾高发季节的时间。在 2009 年初，澳大利亚东南部创纪录的高温和干旱造成近期历史上最致命的森林大火，许多城镇被整个地消灭了。

太平洋生物群的变化也可以归因于全球变暖。这种情况也许在热带病发病率的增加以及破坏性的植物、动物和虫害的加剧上最为明显。例如，潮湿的热带地区的疾病（如疟疾和登革热），一度被认为蚊子是其载体，目前正在向过去凉爽的地区蔓延。疟疾（疟原虫属）由一些种类的按蚊属（亦称"疟蚊亚科"）蚊子携带，是西太平洋热带岛屿和周边陆地的地方性疾病，主要在印度尼西亚、巴布亚新几内亚、所罗门群岛和瓦努阿图。登革热由埃及伊蚊（亦称"埃及斑蚊"）属蚊子传播，常见于整个西太平洋和热带美洲地区，最近几十年来扩大了其范围，从而包括澳大利亚热带，甚至是亚热带的北部。在太平洋扩散的其他疾病包括日本脑炎（乙型脑炎）、斑疹伤寒和黄热病（黄热病常见于中美洲，而在过去曾经是巴拿马运河建设与营运的主要障碍之一）。

三、地壳构造的影响

太平洋的地壳构造或地质因素也一直是对人类历史的重大影响力。例如，与构造作用力有关的火山活动在太平洋海盆及其周边陆地比在任何其他大洋地域里更为普遍。这种力量在空间上并不是随机分布的，而是集中在"火之环"中，那是偶尔活跃的火山和在地壳构造板块的边界上的地壳俯冲区构成的环状带（地图 2）。下文详细讨论的这个环是太平洋最显著的物理特征之一：地球上地质活动最频繁的地区。许多太平洋上的火山岛及其周边陆地的火山起源有助于解释它们的肥沃土壤和多雨气候，但也造成了人类历史上一些最严重的灾变性事件，例如火山喷发、大地震和海啸。

1. 地壳构造的起源和岛屿的多样性

陆边岛和大洋岛

这项研究界定，中南太平洋的地区由超过一万个岛屿构成，它们为人类、陆生动植物、陆地和海洋鸟类提供了栖息地。那里有成千上万个环礁、沙洲和群礁在低潮时露出海面。重要的是认识到在太平洋存在着形式明显不同的岛屿，它们的地质构造起源不同，它们的环境形成鲜明对比，为人类定居构成了各种挑战和机会。像新几内亚岛、新不列颠岛、新爱尔兰岛和布干维尔岛这样的岛屿是"大陆性的"岛屿，由同样的结晶岩石构成，这些岩石位于那些大陆之下。新喀里多

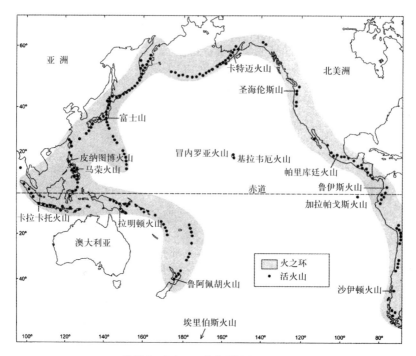

地图 2   火之环。采自 USGS（1999）。

尼亚与斐济的主要岛屿维提岛和瓦鲁阿岛也拥有大陆的岩石类型。它们明显不同于火山高岛，后者基本上是海底火山凸出大洋表面的玄武岩顶端，例如社会群岛、夏威夷、马克萨斯和萨摩亚群岛。非常多的珊瑚岛构成了第三种类型，即低环礁或隆起的珊瑚平台。这些岛屿主要在马绍尔群岛、基里巴斯、北部库克群岛、土阿莫土群岛、托克劳群岛和密克罗尼西亚联邦。

陆边岛要么是大陆的一部分，由于更新世时期之后海平面上升而被从大陆切开，要么是"漂浮的"地壳构造碎片，来自冈瓦纳（假想的南半球大陆）和劳亚（假想的北半球大陆）的超级古大陆，由花岗岩和片麻岩这样的岩石构成。冈瓦纳古陆的主要碎片包括非洲、南极洲、南美洲、印度和澳大利亚，但也包括上面提到的太平洋陆边岛。哪怕是像马来西亚、伊朗、土耳其、伊比利亚半岛和美国东南部沿海地区这样的欧亚和北美（劳亚古大陆）较小部分一度是冈瓦纳古陆的一部分。这些分散的碎片通过其地质的地层和矿物、相对贫瘠的土壤及其动植物的独特类属暴露了它们的传承。在巴布亚新几内亚、布干维尔岛、新喀里多尼亚和主要大陆的周边陆地找到了铜、镍、黄金和其他矿物的宝贵沉积，它们以侵入结晶和沉积岩石的方式存在，随着冈瓦纳古陆在 2 亿年前的解体，构造作用力分离了那些岩石。

　　在太平洋热带地区，构造史不同的岛屿往往拥有富饶的土壤、茂盛的植被、依靠雨水的山间溪流，比如说像夏威夷、波拉岛和塔希提这样的火山高岛。通常受到珊瑚裙礁的保护，这些火山岛提供了发展太平洋文化的宜人环境。珊瑚低岛和环礁也是由于火山作用而存在的，它们作为珊瑚裙礁发展起来，围绕着海底火山口——海底山——或围绕着老的火山岛向洋面生长，那些老火山岛随着时间推移而受到侵蚀，直到它们突出洋面不再超过数米。因为不足以升高到拦截带雨之风，所以低岛和珊瑚环礁往往是典型的"荒岛"，在一年当中的大部分时间里干旱，它们贫乏的水供给取决于季节性的对流风暴，这种风暴与热带季风和汇聚带有关。

　　2. 太平洋洋底：板块构造的影响

　　虽然海洋的最大深度（11 330 米）是在关岛西南的一条狭窄裂缝，被称为"挑战者深渊"①，但太平洋的大部分洋底是平坦的海底平原，平均深度为 4 300 米。在大部分太平洋之下，这种"海底"实际

---

　　① the Challenger Deep，"挑战者"系英国皇家海军舰名，1875 年第一次探得位于马里亚纳海沟的这条缝隙（8 184 米），1951 年名称也是"挑战者"的英国皇家海军舰艇利用回声探测探得深度为 10 900 米，《国家地理》在 2005 年报道探得的最大深度为 11 034 米。——译者注

上是相对单薄、不断移动的、密度大的岩石表层，主要由富含镁的硅酸盐矿物质构成。海底脊突和大洋海沟将其切成片段，形成了围绕地球安排的巨大而刚性的板块马赛克，非常像敲碎的蛋壳。板块的运动难以察觉，但在科学上可以度量，这些板块构成了太平洋基壳和周边陆地，是被称为板块构造的机制的一部分，人们只是在过去的半个世纪里才充分理解这种机制。因为这些构造板块在大洋底下的厚度小于在大陆底下，所以，在一些地方，地壳薄弱处——"热点"——使一股股岩浆有可能通过其喷发，形成海底火山。例如，在复活节岛东北约1 000公里处有个地区拥有许多平顶海山：尚未达到洋面的海底火山。这也许是地球上平顶海山最为集中的地方，拥有1 000多座火山，许多是活火山，而且不断生长，所覆盖地区的面积超过10万平方公里。

太平洋中部的海底扩张和"热点"

在太平洋有一些海底扩张具有局部影响力的地区。最明显的是东太平洋隆起（East Pacific Rise，一译"东太平洋脊"），它从下加利福尼亚①西南延伸，穿越加拉帕戈斯和马克萨斯之间，在澳大利亚和南极洲之间与环绕南极洲的南极洋脊（Antarctic ridge，一译"南极海岭"）相接。与美国太平洋海岸毗邻的构造板块被称为胡安德富卡板块（Juan de Fuca plate），其西部边缘也是典型的断裂（扩张）地区，在那里新的海床正在被挤压出来。这种扩张的动力是来自地球的金属地核和硅酸岩地幔的对流热。在太平洋中部以及在大西洋和其他大洋地区里，热的塑性岩石——岩浆——在这些板块边界线底下和孤立的地壳薄弱处向表面升起，作为熔化的"枕状"熔岩出现，火山喷发物横向扩张，形成了海底隆起，同时继续推动海床的横向膨胀。这些大洋中部的隆起的侧翼往往是复杂的断裂区，由地壳岩石的交替运

---

① 原文为 Baha California，疑为墨西哥的 Baja California。——译者注

动和凝固的压力造成了这些断裂区。就像是一条巨大的地质传送带，地壳从大洋中间的喷发线向外移动，在飘移的地壳中造成了火山活动的新中心。当海底岩浆上涌时被称为热羽流（又称"热卷流"），它们垂直向上，突破洋面，造成大洋中间的火山岛，而在单个热点上的地壳横向运动最终造成了高岛的岛链或群岛，比如说加拉帕戈斯群岛和夏威夷群岛。

加拉帕戈斯群岛以每年数厘米的速度往东南方向移动，而在夏威夷八个主要岛屿所在地区里，地壳板块往西北方向移动，而新的火山活动集中在目前位于夏威夷岛链东南端之下的热点。在夏威夷的主岛上，那其实是地球上最大的盾形火山，有两个活火山口，即冒纳罗亚山和基拉韦厄（Kilauea），两者加起来，单是在过去30年里就为这个"大岛"新增了大约10亿立方米的玄武质岩。这个地壳板块也运送内嵌于其中的更轻岩石构成的大陆碎屑，非常像是与其他大陆碎屑一起被带往碰撞带的刚性冰山。往往靠近地壳板块的边缘，这些展现出次生火山特征，而且部分由新近喷发的熔岩覆盖。围绕着中南部的太平洋海盆，边缘浅海覆盖了澳大利亚和亚洲大陆架的延伸部分，在塔斯曼海和珊瑚海中显而易见。在一些周边陆地的地点，在太平洋底富含镁铁的硅镁层与富含硅铝的大陆硅铝层之间形成了中性岩，即安山岩（andesite），比如在南美洲的安第斯山脉，在那里这种中性岩随处可见。

3. 潜没和"火之环"

邻近构造板块的碰撞往往涉及潜没（又作"俯冲"），其中一个板块的边缘被迫下沉到重叠于其上的邻近地壳板块之下的地幔。这种潜没往往形成深深的海沟，也造成地震和火山活动的密集区域，尤其是在一块包含大陆岩石的板块骑压到由玄武岩构成的邻近板块之上的地方，玄武岩是构成洋底的物质。随着地壳向下翘曲，沉在这个大陆板块之下，它再次熔化，而连续的断层和褶皱的运动造成触发严重地震的巨大压力，有时伴随着海啸。板块运动也造成大陆岩石的裂缝和弱点，通过这些地方，熔化的硅酸岩浆被迫冲向表面，成为爆发的、陡峭的、锥形的层状火山。这些火山如此众多而活跃，以至于它们得到"环太平洋的火之环"（汉语通称为"环太平洋火山带"或"环太平洋地震带"）之称，而这个名称是恰如其分的。

在潜没的地区，火之环内严重的地震和火山活动几乎涉及北、中和南美洲的整个沿海地区，北部环带上的阿留申和千岛群岛的海沟，沿亚洲的太平洋环带的日本列岛、小笠原群岛、马里亚纳群岛、帕劳群岛和菲律宾的海沟，以及克马德克－汤加海沟（Kermadec-Tonga trench）到新西兰东部。近期喷发的对人类生活造成了灾难性影响的火山就散布在这个环带上（地图2）。环太平洋美洲地区的地形在很大程度上可以用南北美洲的大陆构造板块的相对运动来加以解释，在其大部分地方，这些构造板块跨覆辙东太平洋底的大洋板块。从南到北，这块"洋底"由南极洲板块、纳斯卡板块、科科斯板块、太平洋板块和胡安德富卡板块构成。这个大洋板块的潜没沿着南美洲板块、巴拿马地峡远至墨西哥南部的太平洋沿岸、俄勒冈州和华盛顿州的沿岸以及南部的阿拉斯加－阿留申岛链的整个长度而发生。沿着加利福尼亚海岸和夏洛特皇后群岛西边，沿着像臭名昭著的圣安德烈亚斯断层这样的转换断层，构造板块正在滑来滑去。南北美洲大陆板块的起皱边缘一直在抬高，形成了高耸的科迪勒拉山系，例如安第斯山脉、太平洋海岸山脉、喀斯喀特山脉和内华达山脉。一些大河通过南北走向的山脉冲出其路，到达北太平洋，如哥伦比亚河与弗雷泽河（Fraser）。不过，南美洲则没有大河流向南太平洋。

胡安德富卡板块东部边缘的潜没导致其向下弯曲，楔入北美板块之下的岩石再度熔化，在 1981 年造成圣海伦斯火山爆发。最近印度尼西亚群岛的毁灭性地震是印度洋板块潜没到巽他板块之下的结果。太平洋中有一些潜没海沟处于地球上最深的海沟之列，最显著的是先前提到的马里亚纳海沟中的"挑战者深渊"，靠近关岛。正如下文将表明的，地壳下挠和火山活动密集的这些区域在太平洋历史上的意义始终是重大的，而在当前这个时期内仍将如此。

"火之环"：作为人类历史上的因素之一

长期以来，火之环以及作为其最显著特征的尤其众多的活火山对太平洋历史的许多方面造成影响，而且依然常见于来自这个地区的新闻。它们的影响既有积极的，也有消极的。

在积极的方面，正如先前所述，太平洋岛屿和周边陆地有着富饶的土壤，它们的肥沃源自这些火山。这些火山挤压出富含营养的熔岩和火山灰的云团，它们风化成深厚而肥沃的土壤，数百年来能够养育众多的人口。日本土地的肥沃应该归功于像本州岛上的富士山、九州岛上的阿苏山和樱岛山。这些是日本山脉的一部分，那其实是亚洲大陆周边的一块隆起的部分，使多山的日本只有约 15% 的面积可以让人类定居。同样，新西兰的北岛是富饶的，由于有像鲁阿佩胡山（Mount Ruapehu）这样的火山。在菲律宾、爪哇和巴厘岛，密度非常大的农业人口依赖富饶的火山土壤，它们围绕着像马荣（Mayon）、皮纳图博（Pinatubo）、巴都尔（Gunung Bator）和默拉皮（Merapi）这样的火山。

在消极的方面，爆炸性的喷发杀死数以千计的人，摧毁大批地区，甚至改变了全球的气候模式，就像是苏门答腊岛上的托巴火山[①]

[①]　Toba，一译"多巴"，指火山时多用"托巴"，指因同名火山爆发而形成的湖泊时，写作"多巴"（即下文提及的火山口湖）。关于那次"超级"喷发，主流理论的时间下限为 67 500 年，上限为 77 000 年。据说它导致人类减少到只有 1 万人或不过 1 000 对能生育的男女，形成人类进化的一个基因瓶颈，而且造成千年寒冷期（降温 10℃）。——译者注

（发生在公元前 69000 年）、松巴哇岛（Sumbawa）上的塔波拉火山（Tabora，发生在 1815 年）和爪哇西部的喀拉喀托火山（Krakatau，一译"腊卡塔"，发生在 1883 年）的那些异常巨大的喷发的情形。据估计，托巴火山的喷发粉碎了约 2 800 立方公里的岩石，其冲击波遍及全球，使平流层（同温层）中充满灰烬，留下一个面积超过 1 000 平方公里的火山口湖。由于火山灰的浓云在高层大气中多年挥之不去，阻挡了阳光，据说引发了六年之久的影响到整个地球的冬季，导致许多动植物种类的毁灭，而且几乎造成原始人类（即智人）灭绝。在那次喷发之后的数百年里，天气如同更新世的冰川期极点时那样寒冷，或许更冷。一些详尽的例子更靠近现在，这些爆发的影响涉及著名的太平洋火山，虽然它们不像托巴那样造成剧变，但依然在局部造成相当大的破坏，这些例子将用来阐明太平洋"火之环"对人类历史的物理影响的这个要点。

例如，在菲律宾群岛上，已知活火山约有 10 个。在沉寂近 500 年之后，吕宋岛上的皮纳图博火山在 1991 年猛烈喷发，致死 700 余人。它也导致美国在海外的最大空军基地之一（克拉克机场）被废弃。其他危险的火山包括阿尔拜省（Albay）的马荣，它在过去 400 年里喷发了 40 多次，最著名的是 1814 年 2 月的那次，那次它摧毁两个镇、严重破坏了其他两个镇，致死 1 600 人。八打雁省在马尼拉以南，它的塔阿尔（Taal）火山也是非常活跃的，在过去 500 年里喷发了 30 次，1911 年 1 月的喷发尤为猛烈。近年来造成毁灭性影响的其他环太平洋火山包括哥伦比亚的内华达德鲁兹火山（Nevada del Ruiz），它在 1985 年的喷发造成火山泥流，淹没了阿莫罗市（Armero），致死两万多人；圣海伦斯火山，它在 1981 年的喷发造成华盛顿州几十人死亡；新几内亚岛上的拉明顿火山（Mount Lamington），1951 年喷发，还有伏尔甘（Vulcan）和塔乌鲁（Tavurvur）火山口在 1994

年的喷发造成新不列颠岛的拉包尔（Rabaul）市近乎完全毁灭。即便是相对平静的夏威夷的基拉韦厄火山自 20 世纪 70 年代以来也喷发了数次，摧毁房屋，造成许多人流离失所。

除了火山喷发之外，围绕火之环的构造隆起也造成破坏性极大的地震和海啸。例如，在日本，1923 年关东平原的大地震①及其导致的东京城内大火造成了 14 万人丧生，而 1995 年神户地震②致死约 6 000 人，那次遇袭的城市的主要建筑和基础设施在设计时就考虑到抵御地震。这些地震是西太平洋板块潜没到亚洲板块周边之下的结果，其边缘有遍布活跃火山的堪察加半岛、千岛群岛和日本的主要岛屿北海道、本州、九州和四国岛。1906 年，在太平洋火之环的另一边，旧金山的地震和大火致死数百人，就像同年智利的瓦尔帕莱索（Valparaiso）地震那样。

4. 海啸

"海啸"（港口浪潮）这个词来自日语，在国际上用于经常发生在太平洋内及其周围的这种现象，它既与板块构造有关，又与火之环的火山活动有关。这是往往被误称为潮汐波的地震波，它是当一部分海床在潜没过程中或在海底火山喷发的过程中突然向上运动时的结果。不像伴随着诸如热带气旋之类气象事件而来的潮水暴涨或风暴潮，海啸与大气或水文现象完全无关。它们纯粹是构造运动造成的，出于这个原因，它们难以预测。这些地震造成的海浪以每小时数百公里的速度移动，其波长非常长，可以与风造成的波浪相提并论，并且在深海，海啸可能在船下通过而不被察觉。但当它们接近岛屿或大陆海岸

---

① 国内习惯上称之为关东大地震，造成的死亡和失踪人员 14 余万人，后文说法不够严谨。——译者注

② 国内称之为阪神［大］地震。——译者注

的边缘周围的浅滩，一些海啸可能变成毁灭性的激流之壁，高达数十米，在沿海低地泛滥，冲走居民、牲畜和住房，毁坏庄稼。

太平洋史上不时出现与海啸有关的众多灾难。在过去三个世纪里，火之环周围产生的一些海啸跻身于有文字记载的历史上最致命、代价最沉重的自然灾害的行列。

1746 年的地震和随之而来的海啸毁灭了秘鲁的城市利马和卡亚俄，致死 4 000 余人。1883 年，喀拉喀托火山喷发后的海啸对人类生命的毁灭程度超过那次喷发本身，而其影响是普遍的（图 2）。伤亡总人数从未确定，无论其准确性如何。1896 年本州的三陆海岸因一次造成 27 000 人丧生的致命海啸而毁灭。1933 年 3 月 3 日，一次地震摧毁了北海道以及本州岛上横滨和三陆一带的受其冲击的大片沿海住宅区，其震中在东京以北约 200 公里的太平洋之下。同一次地震产

图 2　1883 年因喀拉喀托（Krakatau）海啸而沉没的一艘荷兰明轮船，这次海啸在环太平洋亚洲地带普遍造成人员死亡和财物毁坏。（埃利泽·勒克吕，1891 年，第 89 页）

生的海啸浪潮在七个小时后袭击了火奴鲁鲁（檀香山），10.5 个小时内到达旧金山，22 个小时内影响智利的伊基克（Iquique）市。夏威夷数次受到毁灭性海啸的袭击，毁坏了一些沿海城镇。毁灭性特别大的一次海啸是在 1946 年 4 月 1 日由阿留申群岛处的一次地震造成的，海啸扫平了希洛（Hilo）镇的部分地区，致 98 人丧生，尽管有汽笛的声响发出警告，旨在提醒居民海啸的临近，为他们提供逃避的时间。1960 年 5 月 22 日，连同日本和智利的沿海城镇，希洛镇再度遭到海啸的袭击，那次海啸是有记录以来最强烈的地震造成的：里氏震级为 9.5 级，这次大地震因纳斯卡板块潜没于南美板块之下而造成。这次海啸在智利致 2 000 人、在日本致 122 人、在夏威夷致 61 人丧生。近期北美洲西部海岸的最大地震和海啸之一于 1964 年 3 月 28 日发生在阿拉斯加州的威廉王子湾，在威廉王子湾的科迪亚克岛致 122 人丧生，而且影响到加拿大不列颠哥伦比亚省（卑诗省）、美国俄勒冈和加利福尼亚州的沿海地区。太平洋板块潜没入北美板块是这次地震的成因。新几内亚的北海岸在 1998 年 7 月 17 日受到 3 次地震波的影响，浪潮高达 15 米，在西塞皮克（West Sepik）省致 2 200 名沿海居民丧生。那是海床上相对温和的地震造成的，而地震可能是大陆架上的海底滑坡或沉积物坍塌引发的。2007 年 4 月 1 日，在靠近瓜达尔卡纳尔岛霍尼亚拉（Honiara）市西北 345 公里的吉佐（Gizo），一次里氏 8.1 级的地震引发的海啸淹没了所罗门群岛沿岸的一些村庄，造成人员大量伤亡。这次地震发生在一个潜没区域，澳大利亚板块和其他一些大陆板块碎片在其中潜入太平洋板块之下，那是火之环上尤其活跃的一个部分。

　　虽然毁灭性的海啸在太平洋最为常见，但它们也发生在其他海洋之中，所有近期海啸中最致命的那次就是证据，2005 年 12 月 26 日它在印度洋上发生，造成苏门答腊岛、泰国南部、印度和斯里兰卡的人员大量伤亡，其影响远至东非。

虽然海啸一般是破坏性的，但它们偶尔有益于人类。例如，1856年第一次测算太平洋平均深度的基础就是对某次地震发生的时间、那次海啸抵达遥远海岸的时间、海啸浪潮的移动速度随海水深度的平方根而变化的知识（Strahler 1963：318）。

四、环境影响的相互作用

1. 珊瑚礁、环礁和岩礁

长期以来，太平洋中南部始终是许多珊瑚种类旺盛生长的最适宜环境之一。在南北回归线之间，表面水温难得低于摄氏 17.5 度，那是小型海洋生物——珊瑚虫——生存的最低温度，珊瑚虫构筑了令人叹为观止的礁体、环礁和岩礁，成了太平洋中部和西南部的显著特征。珊瑚虫与海葵、水母和其他腔肠动物有着亲缘关系，它们是在干净、温暖、平缓的海水中茁壮成长的群居生物，通过分泌石灰（碳酸钙）使自己大量附着于任何岩石表面上，甚至是历代珊瑚虫的骨骼上。这些硬化的物质形成了礁灰岩，不仅保护着软体的珊瑚虫，而且能够撕裂哪怕是最坚固的钢壳轮船的底部。珊瑚礁能够形成一些不同的形状，包括屏障结构，如沿着澳大利亚东北大陆架形成的大堡礁，还有在太平洋和其他地方环绕众多岛屿形成的裙礁，无论是高岛还是低岛，是陆边岛还是大洋岛。珊瑚礁在西太平洋早期探险史上的作用显著，最常见的是作为灾难性的船舶失事、生命的悲剧性损失、建立贸易站或帝国殖民地的企图受阻的首要原因。微小的珊瑚虫对人类雄心壮志和命运的这种影响的无数事例将在本书随后章节里加以讨论。

在沿太平洋美洲环带的寒冷海水中，珊瑚礁不那么常见，而在向太平洋倾倒淡水、泥水或受污染之水的大河河口周围完全不见珊瑚礁的踪影，那些状况会杀死娇弱的珊瑚虫。哪怕在通常很适合珊瑚的表层水中，温度和盐度的迅速升高或降低能够造成白化，这个术语用来描述珊瑚虫的暂时死光[1]。人们担心全球变暖可能造成太平洋许多地方的活珊瑚在 21 世纪的头 10 年里慢性萎缩（本意指植物枯死，但根部还活着）。因掠食物种的攻击，比如说棘冠海星（又称为长棘海星）和鹦嘴鱼，两者均以活珊瑚虫为食，在太平洋中一些珊瑚礁的毁灭正在加速，或者阻碍了礁体的生长，那些礁体因风暴或太平洋表面水温变得极暖的事件而受损。在太平洋的部分地区里，珊瑚礁的生长速度现在慢于过去几百年里的任何时刻。

正如前文所指出的，在珊瑚礁围绕某座水下海山构成某种边缘环带的地方，那座海山本身并没有突出洋面，结果就是珊瑚环礁，通常由一条细长的珊瑚带构成，围绕着相对浅的潟湖。坐落于裙礁或潟湖之中，低岛有时因随着时间推移而积累起来的珊瑚碎片和沙砾而形成、硬化，因风浪或海平面降低而抬升。这些岛屿有时获得耐寒种类的植被，从而养活其他形式的地下生物或成群结队的海鸟。永久性程度较低的珊瑚结构——岩礁——是潟湖之内小而低的沙岛，因坚固的外层屏障或裙礁而免受毁灭性风暴潮的侵袭。在诗情画意的南海，环礁和岩礁在许多人的头脑中已经变成同义词了，而且有一些现在实际上是旅游胜地。这些包括北库克群岛的艾图塔基（Aitutaki），那是世界上最大的珊瑚环礁之一。尽管如此，其他环礁成为更为凶险的事态的同义词，比如说法属波利尼西亚的穆鲁罗瓦环礁、马绍尔群岛的比基尼环礁、基里巴斯的圣诞岛（Kirimati，意思是圣诞节），所有这些地方都曾是西方军事列强的核试验场所。本书以后章节讨论这些

---

[1]　珊瑚（碳酸钙）本身是白色的，所谓"白化"指其共生藻死亡，进而导致珊瑚因失去营养而死亡。——译者注

事态。

在太平洋，最大的也是最著名的珊瑚礁是大堡礁，它沿着昆士兰州海岸，从托雷斯海峡向南延伸 2 000 多公里，该海峡在伊利特女士岛 （Lady Elliott Island） 以北，该岛靠近格拉德斯通市。它在北方几乎是连续的，在大陆架边缘从深海升起，而在凯恩斯附近的南部，它由数百个单独的礁体和岩礁构成。在大堡礁和澳大利亚海岸之间是一系列的潟湖和通道，还有陆边岛，比如说惠森迪群岛①和欣钦布鲁克（Hinchinbrook） 群岛，在更新世的最后一个冰河时代告终之际，那里一度是沿海地区的最高点，因海平面上升而逐渐被淹没。在最后一个冰河时代的顶点，沿昆士兰州海岸的海平面比现在低了多达 100米，而且有迹象表明这个地区曾由土著人占据，他们在这块礁成形之时经由某座陆桥从亚洲和新几内亚岛来到这里，而且居住到上升的海平面分离沿海岛屿与澳大利亚大陆之前。在帆船时代，该地区是无数船只的坟场，但仔细的制图使得大堡礁内部的水域对航运来说更为安全。在大堡礁内这条吹北风的航道有了明显的标识，甚至是大型舰船都能通航，使之成为在澳大利亚东部港口与环太平洋亚洲地区之间进行航运的更为直接的路线。

2. 与世隔绝影响下的生物多样性

地球上没有其他地方比太平洋的生物多样性更显著。例如，澳大利亚地区、南美洲和中美洲新热带地区的鸟类都经历了长期持久的生物隔离，拥有地球上最为丰富而多样的鸟类：新热带地区有 86 个鸟类科 （其中 31 个为特有的），澳大利亚地区有 83 个科 （其中 15 个是

---

① Whitsunday，原意为圣灵降临节，因此也有人译为降灵节群岛或圣灵群岛。——译者注

特有的）。以"珊瑚三角区"而知名的这个地区的海洋生物多样性也是世界上最大的，在那里新物种不断被发现，扩大了已经非常丰富的生物多样性。这个地区包括菲律宾群岛的周边海洋和群礁、东印度尼西亚、新几内亚和所罗门群岛。"珊瑚三角区"的核心区域包含了所有珊瑚礁的三分之一，所有相关海洋物种的四分之三，还有全部鱼类的一半，它起到了新物种扩散的贮藏所的作用。在更新世时代期间以及从那以来的海平面涨落交替隔绝了那时重新相聚的各种物种的种群，导致热带太平洋的海洋生物形式的稳定性和承受力，此外增加了其多样性（Glover and Earle 2004：91）。

太平洋海盆的岛屿四散分布，遥远的海上距离也确保了这些孤立点发展出动植物的独特组合，它们非常依赖特定植物、鸟类、昆虫和动物种类到来的几率，那些物种依附在由洋流带来的浮木上，或者靠风吹来。经历了数不胜数的岁月，随着孤立物种的突变和适应其"新的"小环境，这些物种的多样性发展了，正如随后就诸如加拉帕戈斯、夏威夷和豪勋爵岛之类岛屿的情形所讨论的。随着太平洋的人民散布到这个地域，这些形成了他们利用——某些情形下毁灭——的资源环境。不过，最近在"珊瑚三角区"和太平洋其他地方保护海洋生物多样性的国际努力发出了一个关心保护太平洋环境的新时代可能来临的信号。2009 年，美国宣布在北马里亚纳群岛、太平洋中部（从威克岛到巴尔米拉环礁［Palmyra Atoll］）和靠近美属萨摩亚群岛的玫瑰环礁（Rose Atoll，亦作罗斯环礁）周围的水域里创建三个"国家海洋保护区"①。这片辽阔的保护区包含的太平洋水域在面积上大于加利福尼亚州，规定限制在此区域商业捕鱼、石油和天然气钻井、采矿（Regas 2009）。

_____

① 在布什总统任期内宣布。——译者注

如上所述，那些带着冈瓦纳古陆碎片的地壳构造板块缓慢地运动，造成了逐渐的分离，最终从一度是单一物种之中进化出新的植物和动物。随着间距越来越大，发生从欧亚大陆和非洲的"来源"地区迁徙的情况越来越少。澳大利亚这块孤立的大陆和像新几内亚、新西兰、新喀里多尼亚和斐济这样的碎片变得由曾经是单一类属的独特变种所占据。因此，像金合欢树、桉树、普罗梯亚木（山龙眼）和木耳①这样的冈瓦纳古陆的植物种类发展成不同的新物种，它们在冈瓦纳岩石的漂流碎片上适应了变化中的环境条件。

当约瑟夫·班克斯爵士第一次在澳大利亚东部探险时，他在植物学湾收集植物标本，发现数十个科学上的新物种。只有在地壳板块碰撞，造成冈瓦纳古陆和劳亚古陆的大陆岩石碎片非常接近的地方，或者在冰河时代内海平面降低，从而在先前分离的大陆之间形成陆桥的地方，那里才是来自两块古老的超级大陆的动植物区系混杂之处。这种地点之一沿着穿越在巴厘岛和龙目岛之间的龙目海峡的一条线，它被称为华莱士线，以英国博物学家艾尔弗雷德·拉塞尔·华莱士的名字命名，他在 19 世纪 50 年代发现了这条线。他注意到在这条线的两边动物区系存在明显的差异。在亚洲和澳大拉西亚②物种之间的这条动物区系分界线随后由列文·费迪南德·德博福特（L. F. de Beaufort）加以细分，他的线被称为莱德克线，更偏向东面，通过帝汶和阿拉弗拉（Arafura）海，穿越马鲁古群岛和西新几内亚岛之间。现在人们认识到华莱士线和莱德克线同样重要，莱德克线区分的是澳大利亚动物区系向西扩散的陆地疆界，而华莱士线指示了亚洲物种向东扩散的边界。因此，在这两条线之间的地区是冈瓦纳古陆和劳亚古

① aurecaria，疑为 auricularia。——译者注
② Australasia，包括澳大利亚、新西兰、新几内亚及周边太平洋诸岛。——译者注

陆的两种动物生命形式组合的过渡区。至于植物物种，这条分界线还要往西，而且马来西亚和印度尼西亚的几乎整个群岛和半岛地区都是冈瓦纳组合的一部分。

冈瓦纳古陆和劳亚古陆动植物区系相会并重合的第二条边界在巴拿马地峡。在上述两种情形下都有迹象表明，在地质时代的量度上，造成动物区系混合的板块碰撞是相对新近发生的现象。最近的证据表明，约在 300 万年前横跨巴拿马的深海海峡闭合，终结了大西洋和太平洋之间的盐水混合与热循环，扰乱了主要在北大西洋上的大洋和大气的热平衡，从而有可能触发了更新世的冰河时代（White 2000：174）。

五、环境变化的意义

本章简短回顾了太平洋在空间和物理上的显著特征，以某种快照的方式展现了在这个半球内发生的环境条件的持续变化。这些变化不仅包括在地质构造上造成的富饶火山岛的补充和有利的周边陆地环境，而且包括火山喷发和海啸的破坏性结果；对太平洋地区各部分经济发展来说如此重要的可开发利用的矿产资源的侵蚀和堆积；自更新世冰河时代以来不断进行的全球气候变化的影响，其中包括海平面的周期性涨落，那在遥远过去导致陆桥和间距紧密的岛屿"跳板"的形成，迁徙的太平洋人民曾加以利用。

无论以往的环境变化是海平面涨落还是地壳隆起的结果，它们的其他显著影响包括众多升起的珊瑚平台，如塔拉瓦岛（Tarawa）和纽埃岛，它们现在是宜居的太平洋岛屿；还有"沉没谷"，如悉尼港、温哥华港和旧金山港。重要的是了解太平洋风系和洋流的变化起到了全球热平衡的主要机制的作用，而且影响了干旱与洪水的发生。

一个重大变化是"恩索"发生的频率和严重程度看来在加大。全球迅速变暖的当前阶段对整个这片地区的人类居住、农业、城市化、渔业和资源利用具有深远的影响。虽然理解这种环境对过去、现在和未来人类在太平洋地区居住的影响是重要的，但了解不同的文化从中传播和适应太平洋环境的方式同样重要。下一章的重点是人类在太平洋的繁衍，这个过程历经许多世纪，导致丰富而复杂的文化马赛克，哪怕在欧洲人第一次侵入这个地区之前，这种文化图卷已经遍布这个大洋半球的每一个角落。

第二章 人类在太平洋地区的繁衍：从史前时代到欧洲人的第一次殖民

一、太平洋人民的亚洲起源

考古、基因和语言的证据确定亚洲是一块"跳板"，一波又一波人类（可能是早期的原始人类）移民由此散布到太平洋诸岛屿及其东部和东南部的周边陆地。最近在弗洛勒斯（Flores）岛的发现表明少量被称为"弗洛勒斯人"的原始人类约在18 000年以前在印度尼西亚东部居住。在那个时候，东印度尼西亚群岛与新几内亚岛、澳大利亚大陆和塔斯马尼亚岛是一块被称为萨胡尔（亦作莎湖或萨湖）的单一大陆块，有一条或两条岛屿星罗棋布的狭窄通道，比如说沿着以华莱士线而知名的那条裂缝，与被称为巽他（板块）的亚洲大陆地区分离。环太平洋亚洲地区和邻近群岛的一些最早的人类居民是尼格利陀人（矮小黑人），他们是狩猎采集民，体格上类似于东非在森林中居住的万德罗博人（Wandorobo）、孟加拉湾的安达曼人、马来西亚高地的西美阿人（Semai）和特米亚人（Temiar）。根据人们普遍接受的"走出非洲"的假说，在森林居住的尼格利陀人通过连接巽他大陆和萨胡尔的更新世时代的陆桥广泛散布。从萨胡尔，成群结队的尼格利陀人经由狭窄的海峡走到如今的菲律宾和中国台湾。在菲律宾一些地方的考古证据表明这些人可以追溯到22 000年以前。在菲律宾中部依然有大量的尼格利陀人口，尤其是在内格罗斯岛（Negros，因其尼格利陀人口而得名），还有在美拉尼西亚群岛①的部分地区。

至少在 40 000 年前开始，更新世的其他移民带着他们的石器时代文化和万物有灵论分几批穿越一座陆桥到达那块大陆，比如说塔斯马尼亚的巴拉瓦人和澳大利亚的土著居民。澳大利亚的土著居民在基因上类似于印度次大陆上的达罗毗荼人（Dravidian）和中亚的高加索人种。更近的一批移民在不到 10 000 年前的全新世期间到达，他们带来了"丁狗"，这种猎犬类似于印度的"皮狗"和巴布亚新几内亚的"辛格"狗②。欧洲人大约在 1800 年与巴拉瓦人接触，那时他们的人数约为 5 000，表现出类似于尼格利陀人的性格（Windschuttle and Gillin 2005）。当穿越巴斯海峡的陆桥在最后一个冰河时代之后被淹没时，他们变得与世隔绝。那是威斯康星冰期，它大致结束于公元前6000 年。虽然西方学者先前认为他们在文化上是原始的，而且没有猎犬，但最近的考古证据表明，就像澳大利亚的土著居民那样，基于猎杀大型的陆地有袋动物和收集可食用的植物和贝类动物，巴拉瓦人发展了一套成熟的文化。早期白人殖民者带来的欧洲疾病和暴力导致纯种的巴拉瓦人在 1876 年绝迹。虽然沿澳大利亚太平洋海岸的土著部落是半游牧的，但他们在公认的部落领土组织起来。在整体上，当欧洲人到来时，这块大陆曾有超过 50 万的土著居民和 250 种不同的语族。在白种人定居之后，土著居民的人数锐减，但目前正在增加，尤其是在昆士兰的北部。

在亚洲早期移民浪潮之后数个世纪，澳斯特罗尼西亚人民从半岛的马来西亚和印度尼西亚移居于此。澳斯特罗尼西亚的一族到中国台

---

①　原意为"黑人群岛"。——译者注
②　dingo，即澳洲野狗，只能音译处理，一说该物种存在至少 8 000 年，一说是在 5 000年前从印度尼西亚被带入澳大利亚。以下的"皮狗"即 Pi dog，亦作 pye-dog，通译为亚洲野狗，文理不通，也只能音译处理。"辛格"即 Singer。——译者注

湾繁衍，而众多的其他群体（被称为马来－波利尼西亚人）迁居到东印度尼西亚、菲律宾、新几内亚和太平洋更东面的地方。目前超过95％的菲律宾人有一定的澳斯特罗尼西亚血统，例如菲律宾中部的米沙鄢人（Visayans）和吕宋岛上的他加禄人（Tagalogs）和伊洛卡诺人（Ilocanos）。与之有亲缘关系的查莫罗人定居在关岛和马里亚纳群岛。数百个不同的说澳斯特罗尼西亚语的群体（巴布亚语群）定居在新几内亚、美拉尼西亚和波利尼西亚。

当早期的澳斯特罗尼西亚人开始通过"近大洋洲"的岛屿四处闯天下时，显然造船技术已经先进到足以使开放水域的航行能够远达西美拉尼西亚和密克罗尼西亚。在中国台湾，看来至少在5 500年以前，原始澳斯特罗尼西亚人就发展起来了，一些研究人员认为中国台湾是密克罗尼西亚和西美拉尼西亚移民的一个主要来源地区，不过，关于这一点存有一些争议。尽管如此，目前中国台湾人口约有2％是说澳斯特罗尼西亚语方言的土著居民的后裔。在相对近的时代里，许多澳斯特罗尼西亚社会依靠打猎、采集、捕鱼和园艺生活，使用刀耕火种的方法种植粟、稻，后期还有芋、薯蓣和甘蔗。澳斯特罗尼西亚人的家畜往往由狗、猪和鸡构成，而陶器特征是用绳纹作为装饰。

虽然一些考古学家认为到达"近大洋洲"的第一批人类移民早在28 000年之前，但在这方面令人信服的证据匮乏（Harley，Woodward and Lewis 1998：418）。尼格利陀人可能约在公元前10000年定居于北所罗门群岛，而马来－波利尼西亚群体约在公元前1500年定居于巴布亚岛，约在公元前1000年到达瓦努阿图和斐济一带的群岛。目前，已知至少在所罗门群岛至少使用着15种巴布亚语，而考古学家最近在远至萨摩亚和汤加的许多地方发现了拉皮塔陶器（Storey 2006：8），那是一种装饰风格独特的陶器，常见于美拉尼西亚和西波利尼西亚部分地区（图3）。在持续千年的离奇"暂停"之后，现在可以确定为属于波利尼西亚文化的人们恢复了他们向东深入"远大洋洲"的移民，他们在公元1世纪通过汤加和萨摩亚穿越太平洋中南部散布到马克萨斯岛、塔希提岛、夏威夷、拉帕努伊（复活节岛）和拉罗汤加岛（库克群岛），随后在公元纪年的第二个千年之初来到奥特亚罗瓦①。其他移民流从印度尼西亚和美拉尼西亚向北，进入北太平洋的东密克罗尼西亚群岛。

图 3　修复的拉皮塔（Lapita）陶器，约在公元前1200年制作，2004 年在瓦努阿图特欧玛（Teouma）的一处澳斯特罗尼西亚早期墓地发掘出来。（瓦努阿图国立博物馆）

二、环太平洋亚洲地区的强盛文化

因为亚洲是大多数太平洋人民的来源地，所以考察环太平洋亚洲地

---

①　即新西兰，作者在这里有意使用了毛利人对新西兰的称呼，原意为"长白云之乡"。——译者注

区的强盛文化和社会是适当的，不仅为了评估它们在太平洋历史上的作用，而且为了解释它们的影响力在公元 15 世纪初到 19 世纪末衰退的原因。在更新世时期内及其后太平洋迎来最初移民之时，环太平洋亚洲地区构成的环境极其适合人类定居点的扩张。沿海平原、富饶的河谷和森林密布的高地是以村庄为基础的社会和小型部落国家或以农为本的王国——无论是迁徙农业还是定栖农业——赖以生存发展的场所。旱稻和小麦等作物养活了迁徙到内陆的移民，还有在迁徙耕作制中种植的根茎、果实和蔬菜作物，它们有赖于可以用于刀耕火种农业的林地。在像湄公河、湄南河、黄河、西江和长江这样向东流的亚洲大河之出口的河谷和三角洲，为水淹没的稻田中的水稻（padi，东南亚一带水稻的发音）、养鱼、在干旱地区可以利用的木本作物（乔木作物）变得重要。这些享有可靠的年度泛滥和肥沃淤泥的地方保证了有利的条件用于密集、定期的水稻种植。这些大河在其较低的河段通常是可以航行的，而这激励了水运贸易，同时河口与沿海的渔业养活了无数的小村庄。沿着太平洋亚洲环带，大片水域的沿海地区是潮沼、红树成排的入海口和近海岛屿组成的巨大区域。因此，亚洲人的社会很早就熟悉航海，靠潮水或在接近潮水的地方谋生。他们将某种形式的海洋文明传播到沿着太平洋亚洲环带的岛屿和半岛，最终进一步远至日本、中国台湾、菲律宾、印度—马来的岛屿范围，取代或吸收了某些早先的捕猎—采集文化。

随着在东南亚富饶的火山岛上和冲积河谷中的马来人口的密度增长，更为集约的水稻种植在集体生产和液压灌溉技术的基础上发展起来，使山坡上的梯田能够用于水稻种植。这种集约灌溉的水稻种植源于东南亚，而且早在公元前第一个千年里，水稻种植是像菲律宾伊富高（Ifuago）那样的人民的文化支柱。辅之以水控制的传统方法，水稻梯田如今依然能够在山岭相当多的地区见到，比如说在爪哇、巴厘岛和吕宋岛这样的地方。使用迅捷、适于航海的船只，例如马来式帆船和带舷外浮体的小船，水运贸易变得常见。香料、稻米、西米和干鱼，还有陶器和金属制品，这些贸易形成的网络历经许多世纪。

随贸易而来的是关于人类在宇宙中的地位的新想法。这些观念包括印度教，它信仰的是转世再生及其众多的神灵，还有佛教，它是公元前6世纪出现的印度教原则的分支，往往被说成是人类行为的指引，而不是通常意义上所理解的宗教。这些信仰从印度传入东南亚和印度尼西亚，随着时间推移，它们往往结合当地的信仰形成不同的地区变体。大乘佛教传到越南、中国、朝鲜和日本，在那些地方它影响了先于其存在的主要是泛灵论的神道教、道教和儒教文化。小乘佛教在东南亚更为流行。500年过去后，早期的基督教出现在亚洲的一些地方，而伊斯兰教的出现则在七个世纪之后，随马拉巴尔海岸的古吉拉特（Gujerati①）贸易商传播，通过孟加拉、苏门答腊、马来半岛的港口城市，还有印度尼西亚的大多数香料岛屿，传播到菲律宾南部。沿着穆斯林商人控制了多个世纪的丝绸之路，中亚也感到了它们的影响力。基督教在菲律宾北部、韩国和东亚的其他地方占据优势，不过，那是更为新近的改变宗教信仰的结果，由西班牙或葡萄牙天主教或者北欧和美国新教的传教士实现。

贸易是在西太平洋传播宗教和技术的主要文化媒介，与此同时，它使得某些港口城市和货物集散地及其统治精英的富裕令人难以置信。随着河谷政治之间竞争的盛衰，沿太平洋亚洲环带的王国和帝国兴起和消亡。波斯和阿拉伯水手在公元的第一个千年里展开了与中国的兴隆贸易。从约公元前300年以来，南印度朱罗国②商人和来自印

---

①　通用名为Gujarati，印度民族之一，旧译名为瞿折罗人。——译者注
②　Chola（亦作Cola），印度南部的古国，最早见于公元前3世纪孔雀王朝阿育王的碑铭，公元2世纪初对外扩张，10世纪再度兴起，13世纪中叶灭亡，中国史籍作车离、珠利耶、注辇等。——译者注

度尼西亚的马来人精于大洋航行，利用季节性逆转的季风，在水运贸易上相互竞争，足迹远至越南、中国和印度尼西亚的沿海地区。他们的帆船构造精良，包括用柚木制作船体、两到四张帆的柯蓝迪亚（Colandia），能载重 400 吨。他们收购马拉巴尔的胡椒、斯里兰卡的肉桂、暹罗和爪哇的稻米和干鱼、德尔纳特（Ternate，在印尼）的肉豆蔻种衣、弗洛勒斯的香木，然后将它们运往远至现代中国北部的沿海地区（以 This 而知名），回程携带丝绸和瓷器。

最终，一些大帝国沿着太平洋环带兴起，事实证明，相比其取而代之的，其命运更为持久，影响力更大。其中显著的有中国、日本和朝鲜，相比在亚洲的太平洋舞台上的其他国家，它们的实力及其对太平洋环带的主宰或许更牢固地与太平洋的历史作用交织在一起。

1. 中国争当海洋强国

在过去的 4 000 年里，汉族为主的中国一直是世界上人口最多的民族国家，无论是在经济、政治还是文化上，其势力遍及环太平洋亚洲地区，这得益于中国人熟练掌握水上运输、青铜和冶铁技术，还有贸易。一批又一批来自中亚的移民迁往东部，以便利用肥沃的黄土高原种植粟，并且在封建的社会制度中将自己组织起来，华夏文明由此诞生。使用图形符号在象牙、木板或竹片及以后在宣纸上的文字交流有助于其行政和贸易系统的组织。马拉车辆和青铜工具使其在战争、交通、农业以及城市与运河的构建上占有地区性的绝对优势。第一个大型城市（根据现代标准）约在公元前 1800 年修建于中国，在一个非常长久的朝代期间，即商朝，它看到其他城市在 500 年或更长的阶段内发展起来。再经过 9 个世纪，封建地主控制了中国的四面八方，在那段时间里，集约的灌溉农业迅速发展起来，使城市人口有可能增长，使运河系统有可能将粮食从其生产地区运送到蓬勃发展的城市。

金属货币、玉器和铁器制作、书写全都可以归功于蒸蒸日上的华夏文明，它采纳了一套基于泛灵论和祖先崇拜的宗教。孔子是这一时期非常有影响力的一位学者，人们相信是他把注重家庭的思想赋予中国，在公元前 479 年他去世之后，那种思想确保了中国在 1 000 多年里作为文明社会的卓越地位。

此时此刻，中国约由十几个相互关联的政体构成，它们有着共同的文化和民族属性，处在富饶的渭河与黄河的冲积河谷之中，周边是更为虚弱的国家，它们在"中央之国"的西面和南部。在西北，位于中国不断受到蛮族入侵的方向上，是一个高度军事化的国家，即秦国，它不仅保护中国其他地方不受可能来自中亚的游牧民族的入侵，而且在公元前 221 年把松散的汉族国家的集团统一起来，受一位秦国国王的统治，他是中国的第一个皇帝，即始皇帝。现代中国的国家名称来自这个强大的秦帝国。

意味深长的是，秦始皇修复和延伸了先前并不连续的防御墙，即长城，它为中国提供了可靠的防线，用以抵挡掳掠的游牧部落，他们来自西方①。这使中国拥有发展商业文明、使用新的单一货币所需的安全，从而面向沿海城市，它们与环太平洋亚洲地区的其他国家进行贸易。中国瓷器、丝绸织物、陶器、茶叶和精美工艺品的需求量极大，增加了中国的财富，中国把立国之本坚定地放在灌溉的稻谷农业上。秦始皇的陵墓靠近陕西省的西安，1974 年由一位农民发现，令人一窥在他于公元前 210 年去世之时中国的军事力量。保护秦始皇遗骨的大队兵马俑在 1979 年第一次展出，它们的所在地其实已经成为当代旅游的一处名胜。据估计，这个考古场所有多达 80% 的地方依然没有发掘。

---

① 原文如此。——译者注

由于秦始皇的后裔没有存活下来，新的朝代接替了秦朝，即汉朝。汉武帝是一位强有力的汉朝皇帝，他使用契约劳工①和征召的军队巩固了中国的国力，他的军队包括装备精良的骑兵，配备有大规模生产的铁铜武器。在公元 2 年，根据高效官僚系统进行的人口普查，中国有近 6 000 万人口，而它的贸易关系延伸到整个已知世界，包括印度、阿拉伯世界和罗马帝国。中国丝绸纺织品交换罗马金银币在同时代的各种资料中得到充分的记载，比如斯特雷波和老普林尼的著作（Freeman 2003：70 – 71）。

中国社会在唐朝（618 – 907）变成一个精英管理的社会。行政和征税的基础是士大夫阶层，他们控制生产并抗衡商人阶层的力量。尽管如此，在唐朝水运贸易扩张，广州港作为一个重要中心出现，伊朗、斯里兰卡和马来船只经常进出广州港。唐朝的首都是长安，有100 多万名居民，是那时世界上最大的城市。一条 1 700 公里的运河从长江流域向长安运送稻米等供给，长江流域从此开始主导中国经济。唐朝的学者和官僚照例使用宣纸和墨汁记录和传递信息。这一切自公元 2 世纪以来就在中国应用。天文学和数学的研究以及造船技术的进步意味着中国在这一时期内发展了海外交往和海上扩张的能力与兴趣。因此，早在公元前 2 世纪的汉朝，中国已经作为太平洋周边的强国而兴起，而在唐朝历代皇帝的统治下，兴盛的中国艺术、手工艺和文学向南洋（中国南海地区）周边的地区传播。中国征服了红河三角洲直到其南方的土地，把它变成安南府，在公元 10 世纪唐朝末期之前，安南不曾独立于中国。

与印度和东南亚的交往提供了新奇观念和思想的来源，包括一种形式的佛教，即大乘佛教，它结合的一些信仰令人想起印度教。道教

---

① 即"募民"。——译者注

基本上是一套自然主义的或泛神论的信仰系统，它也在中国复兴，而且向邻国输出，比如日本和朝鲜。

中国对太平洋事务的影响力在宋朝（960－1279）达到顶点，那是重新统一和繁荣的时期，开始形成一支远洋航行的庞大商业船队和一支护卫的海军。与南洋的交往包括漂洋过海的大型中国平底帆船的航行，这些船用柚木制作，拥有许多水密舱，五根或更多桅杆，龙骨可以根据水深升高或降低，平衡的尾舵或舵桨（橹），还有非常大的货舱。一些船拥有容纳多达 1 000 人的空间。

为了帮助航海，天文学和地图绘制受到鼓励。公元 1054 年，宋朝的天文学家目击了第一次有记录的超新星爆发，那次爆发形成了蟹状星云，如今依然清晰可见。中国的制图师也制作了准确度惊人的太平洋亚洲环带沿海地区的地图，其中包括测深，即描绘适合其大型平底帆船的可航行通道，虽然那种船有着平底结构，但它要求深水，以便安全航行，尤其是在满载时。

在西方人知道地球磁性之前多个世纪，中国人就发明了指南针。将指南针与天文导航结合使用，加上对季风的知识，他们成为技术娴熟的长途贸易商，冒险远至东非沿海地区。尽管如此，宋朝时的中国社会相当保守，或许是对其智力与技术成就过于自信。

公元 1279 年，元灭南宋。元朝的统治者粗野而没有学识，对待汉族人尤其野蛮，尽管人数上汉族以 50 比 1 超过蒙古人，但他们的控制如此彻底。在成吉思汗的统帅下，蒙古人将其可怕的统治伸展到大部分欧亚大陆，足迹远至土耳其、东欧和印度支那，1253 年他们从云南省赶走了傣族人。在忽必烈汗（成吉思汗孙子）的统治期间，马可波罗到达中国。在他于 1299 年第一次出版的"游记"里，他为后人记述了 13 世纪中国的情景，那些记叙既富有洞察力，又详尽，但它并没有正确认识到宋朝的文明程度，马可波罗认为那是"大汗"

创造的文明。虽然陆地战争与征服使蒙古人全神贯注，但忽必烈在1274 年和 1281 年两次积聚了庞大的舰队，用以攻击日本。人们曾经认为"神风"（kamikaze）的干预是每一次入侵失败和蒙古人舰队遭受毁灭性损失的主要原因，实际上"神风"是异常剧烈的台风。虽然1292 年忽必烈入侵爪哇的企图同样不成功，但他在公元 1277 年到1287 年那 10 年里对缅甸和印度支那（安南和占城，大致在今越南中部的古国，自称占婆）的陆上战役更为成功。在丧失了其舰队之后，蒙古皇帝形成了对海上贸易的反感，而且对利用海上力量作为扩展和巩固其势力的方式不再抱有期望。

如今我们知道了"恩索"（第一章里所探讨的厄尔尼诺/拉尼娜现象）的频繁而普遍的影响，从而使我们对推动在中国的蒙古王朝加速灭亡的事件有了新的认识。"神风"式的台风非常可能是拉尼娜的产物，我们知道，它沿着黄海的北方海岸并在日本海造成极端而且不合时令的暴风雨天气条件。一方面，约在公元 1333 年，可怕的饥荒使中国人口减少到约 8 000 万，那是在当时形成影响西太平洋的严重干旱造成的，是与厄尔尼诺有关的典型特征。在此之后，很可能在1351 年变回拉尼娜的状况，导致黄河流域的洪水空前泛滥，扫平整个城镇，毁灭庄稼，造成 100 多万人死亡。1356 年，随着经济以及蒙古人对这个国家的控制日渐疲软并最终崩溃，在荒芜的播种水稻的中国南方地区和长江流域爆发了农民起义。

新的中国皇帝在南京夺取了政权，即洪武皇帝，他在 1368 年将蒙古人从其华北和西南地区的要塞逐出，迫使他们逃往其祖先发迹的地区，即蒙古。因此，从明朝（1368－1644）开始，汉族中国人时来运转。他们在 1402－1421 年重新修建了北京，使其成为令人赞叹的帝国首都，而且进行了长城和大运河的延伸和修复，大运河修建于公元前 5 世纪，全长 1 750 公里，贯通长江和黄河流域。明朝的统治使得中国的海上力量和南海（南洋）的贸易扩张在 1403 － 1433 年登峰造极。

　　明朝海上力量的兴衰

　　当洪武帝在 1398 年死去之时，在其后裔当中发生了权力之争。他的儿子朱棣在 1402 年躲过了一次暗杀，并在一群强大的宦官武士的帮助下掌控了局势，宣告自己为皇帝，定年号为永乐。他压制传统的士大夫统治阶层，依靠宦官核心管理其帝国。在早期从云南省驱逐蒙古人期间，年少的穆斯林宦官郑和被朱棣家庭收养，而且随着这位皇帝巩固其对中国的掌控，他很快成为受信任的技艺精湛的一位将军。随着朱棣开始实施其雄心勃勃的计划，复兴中国，使其成为世界主要强国之一，他指示郑和监督一个庞大的造船项目，旨在使中国成为海洋帝国的中心。这会包含东亚和东南亚各国，用中国海军的力量保护它们，与所有承认中国霸权的那些国家建立贸易和朝贡关系。虽然郑和来自中国西南地区，没有航海经验，但他是一位卓越的组织者，在他的监管之下，大规模的造船事业在明朝前首都南京附近的长江沿岸启动。2003 年的考古挖掘在南京附近发现了至少 34 个造船平台和干船坞，人们认为它们能够以大批量生产系统的方式建造非常大的船只。这些设施有可能实现郑和的目标：建设一支由 60 艘巨型宝船组成的船队，每艘约 120 米长、50 米宽。考古学家在这个地方发掘出巨舵和巨锚，加上长江边的干船坞，证明了在郑和船队中的船只的巨大规模。

　　因此，中国在 15 世纪作为重要的太平洋强国短暂出现，那时朱棣的雄心勃勃的计划振兴了长江三角洲的大型贸易城市，建立了与朝鲜和日本的良好关系，而且派出中国平底帆船组成的庞大船队到南洋完成长途考察的使命。

　　这些中国船队的目的地之一是马六甲（时称满剌加）这个商业中

心，它是公元 1400 年前后在马六甲海峡上形成的。这个新兴的贸易中心在其诞生的岁月里地位并不稳固，因为当地主要强国暹罗、亚齐（Pasai，在苏门答腊岛北部）和爪哇对在具有战略意义的马六甲海峡中建设一个与之竞争的港口没那么热情。1403 年，舰队司令尹庆[①]指挥的一支中国船队访问了马六甲并向其酋长提供了永乐皇帝的保护，以换取忠于中国的保证、贸易的承诺和向中国朝贡。这种与中国的结盟是马六甲这个新港口在一个不友善地区里存活所需的保险。1405 年，一支更为强大的中国船队第二次访问该地，这次是在舰队司令郑和的指挥之下，使马六甲走上了在未来强大而富裕的道路，尤其是因为有从郑和船队登陆的一大群中国移民，他们建立了一个社区，当地人称为三宝山（Bukit China，又名"三保山"），这地方如今依然繁荣[②]。

　　这个华人的永久定居点是中华帝国为数不多的有意在海外殖民的行动之一。它表明，在中国与印度、阿拉伯的海湾地区和遥远的欧洲的贸易生命线上，中国对这个在具有战略意义的马六甲海峡的贸易中心的重视。这条水路容易受到海盗的拦截，而马六甲的防御基地对保护中国贸易交通来说至关重要。在离开马六甲之后，郑和那由 62 艘船和约 30 000 名人员组成的庞大船队继续前往印度，构建与古吉拉特和其他穆斯林贸易港的关系。这支船队的装备非常适

---

　　①　原文如此（Admiral Yin Ch'ing，后文亦以此称郑和，也译为舰队司令），尹庆系太监，出使两次（1403 年和 1405 年），均在郑和下西洋之前，关于他到马六甲的情况，我国史籍记载为"明永乐元年十月，遣中官尹庆使其地，赐以织金、文绮、销金帐幔诸物，其地无王，亦不称国，服属暹罗，岁输金四十两为赋。庆至，宣示威德及招徕之意，其酋拜里米苏刺国大喜，遣使随庆入朝，贡方物"。又："永乐三年九月，满刺加遣使至京师，帝嘉之，封为满刺加国王，赐诰印、彩币袭衣、黄盖，复命庆往，其使者言，王慕义愿同中国列郡岁效职贡，请封其山为一国之镇"。郑和第一次下西洋的时间是 1405 年 7 月 11 日（明永乐三年六月十五日）。——译者注
　　②　不知道作者的资料来源，据说《马来纪年》的记载是在 1409 年明朝皇帝（明成祖）将汉丽宝公主嫁给马六甲苏丹曼速沙，派出 500 多名宫女作为随从，苏丹将公主安置在一座设有城堡的山上；当然，郑和下西洋时曾驻扎在该处。——译者注

合长途的海上航行，因为它包含了特地建造的船只，用以装载牲畜、大量水供给、生产黄豆芽的苗圃，那些黄豆芽有助于在巨轮上航行的数千名海员当中控制坏血病。这些中国海员在星图和原始但依然有效的指南针的帮助下航行，那些星图是由陆标和航行指示构成的路线图。

在郑和的监督管理下，中国瓷器在印度被用来与来自马六甲的香料和阿拉伯的乳香树脂进行交易。在同一年（1405），沿着如今是肯尼亚和坦桑尼亚的海岸，中国船只首次出现在东非的港口，过去几十年来，在那些地方的考古挖掘发现了中国的青花瓷碗和与中国交易的其他证据。在其所访问的每一个港口，郑和船队寻求从当地统治者那里得到朝贡和善意的保证，而且向特使提供随船回中国的航行，用以巩固政治关系。在 1416 年甚至有一头活着的长颈鹿（在汉语中被称为"麒麟"）被运回中国，呈献给永乐皇帝。这位皇帝用这只异国动物使其动摇不定的支持者相信他的力量，把它献给神灵和祖先。虽然这些充分记载的航行已经非同凡响，但像加文·孟席斯（Gavin Menzies）那样的一些研究人员认为，有证据表明舰队司令郑和的船队在太平洋和印度洋上的航行都更为雄心勃勃，足迹甚至更远（Menzies 2003：38）。不过，大多数主流考古学家和历史学家认为这些主张不靠谱。

在贸易和朝贡而非征服与战争的基础上，中国牢固地建立了它的海外贸易帝国，在这种情况下，看来中国注定会在 15 世纪里成为世界贸易大国之一。如果中国继续行进在其牢固确立的航线上，那么随后的太平洋史很可能出现非常不同的变化。但这一切并未发生。1424年，在一系列自然灾害被解释为上苍对这位皇帝的政策感到不满的征兆之后，永乐皇帝死了，后在其继承人的统治下，中国开始向内发展。虽然在 1430 年的一个短暂时期内，永乐皇帝的孙子振兴了他的贸易网络，但在 1433 年，在其第七次也是中国人最后一次大规模下南洋的路途中，郑和在印度海岸之外的海上去世。从此以后，中国精英阶层当中的保守分子重掌大权，他们反对在那些贸易船队上花钱，不赞成从野蛮之地进口货物。那些庞大的船队被遣散了，而造船和航海学校逐渐倒闭。中国切断了它之前的贸易和结盟关系，甚至禁止其人民到海外旅行。虽然明朝在 1567 年最终取消了中国人从事外贸的禁令，但在郑和手下发动的贸易势头到那时已经消失了。

从 15 世纪到 20 世纪，中国基本上不曾向广袤的太平洋地域进一步传播技术，这种情况一直是争论的话题，而许多人试图提供令人满意的解释。正如现在所设想的，造成这种情况的原因在于永乐皇帝的个性、那个时期在汉族精英当中盛行的阴谋和迷信、永乐之后明朝各位皇帝的因循守旧，还有从 17 世纪到 20 世纪初统治中国的清朝君主的排外态度。在清朝统治的时期，中国与其同样排外的邻国日本容许在西太平洋上形成一个海洋强权的真空，新近扩张的欧洲殖民强国迅速充斥其中。然而，这情形是太平洋传奇在欧洲扩张时代的一部分，后文将加以讨论。

2. 早期的日本：社会动荡与内向

日本不仅仅是太平洋亚洲环带的一部分，而且在地质上它也是"火之环"的一部分，它的活火山多于新西兰或菲律宾。北海道、本州、九州和四国多山，只有一条狭隘而不连贯的沿海地带适合定居。虽然日本地表只有不到 15％是可耕地，但通过密集栽培和灌溉的技术，日本人民使其非常富饶。早期的日本人并没有建造能够从事海外贸易的航海船只，相反，他们把精力集中在岛际贸易上，在受到保护的内海里使用小舢板或类似于中国小型平底帆船的帆船，内海位于本州岛和四国岛之间。狭隘而且相当浅的日本海将日本列岛与中国大陆和朝鲜分离开来，在过去的千年里，它并不能阻止一批又一批的入侵者，正如前面所谈论的，像蒙古人那样的入侵者有过一些壮观但失败的企图。

最早的人类定居者最有可能从西伯利亚来到日本列岛，阿伊努人（虾夷人）是最早到达日本的这些人的残余人口，他们在北海道的北方岛屿里形成了一个少数民族。他们在基因上不同于日本的主流人口，与中亚古老人民的关系更为密切，西高加索种群也是从中浮现的。一些生理特征（例如男性面部多毛）常见于在这两类群体。相形之下，大多数现代日本人的祖先也许来自东南亚，但无疑通过朝鲜半岛跨越了那些主要岛屿，可能早在5万年之前。一个被称为"大和"的好战氏族很可能是如今日本人的祖先，他们向北方迁徙，占领了大阪附近的地区。他们带来了神道教，相信万物有灵，但包含强有力的半神半人（在20世纪中叶之前，人们认为日本天皇就是其中之一）。约从公元4世纪以来一直有中国人和朝鲜人迁居日本，他们对那些大和统治者造成了影响。这种影响包括他们为其首都奈良选择的城市规划，他们使用的书面文字基于中国的书法。这些新移民也在公元7世纪把佛教带到接纳他们的这片土地，而这种思想的好战一面立稳了脚跟，使佛教僧院中心拥有政治上和精神上的势力。在公元790年，日本的原始居民阿伊努人反抗他们的统治者，但被无情地镇压下去。在公元794年，日本首都迁往京都，在1869年之前它一直是日本的都城，尽管其间政治和军事力量在天皇家族与相互争斗的封建领主团体之间变来变去，那些封建领主就是大名。世袭的武士阶层让他们留在权位之上。

在15世纪末，日本因自相残杀的战争而动荡，而且它的社会因大名军阀而四分五裂，那些大名攫取了该国许多地区的控制权。因为外部势力在日本的文化和社会中造成了巨变，无论那些势力是宗教的还是技术的，所以，这是日本极其动荡而骚乱的一段时期。在 17 世纪中叶，葡萄牙的贸易商抵达日本，随之带来了使争权夺利的大名之间的战争发生革命的火器。葡萄牙人也通过耶稣会传教士引入了基督教①，他们挑战了之前存在的宗教权力结构。

　　许多世纪以来，日本既影响了外国文化、宗教、经济和政治，也受其影响。神道教是其土生土长的宗教，公元 6 世纪末第一次在文学作品中遭遇挑战，反映了公元 5 世纪后从东亚大陆跨越日本海传入的佛教和道教的影响。历届日本政府把神道教作为统一日本国的指导思想加以培养。它在日本与其他亚洲宗教共存，例如佛教和儒教，一段时间里甚至还有基督教，全都反映了漂洋过海而来的宗教和文化对日本社会在文化和哲学上的影响。在大化改新（公元 646－710 年）时期，政府的中国模式尤其影响巨大，那时唐朝的皇帝兼并和集中控制了东亚的大片地区，从朝鲜半岛直到如今的越南。

　　织田信长是在名古屋地区的一位大名，他受到葡萄牙耶稣会老师的影响，用日本仿制的葡萄牙火枪武装其军队，夺取了京都的权力宝座，推翻并屠杀了在那里执掌大权的佛教徒。他的继承人丰臣秀吉，也是一位亲耶稣会的将军，他在京都巩固了政权，拓展贸易，一度树立创造海外帝国的野心。1592 年丰臣秀吉出动一支舰队对付中国，但在朝鲜半岛的一系列冲突中被击败。然后他转而对付耶稣会，这些传教士在贸易上已经变得强势。在他死的时候爆发了继承权位的斗争，胜利归于一位德川家族的幕府将军（军阀）德川家康，他在1600 年成功地统一了日本。之后不久首都被迁往江户（如今的东

---

　　① Christianity，葡萄牙人传入日本的是罗马天主教，只是基督教的一支，在日本传教过程中，基督教分支以及西方列强之间自然也有斗争。——译者注

京），通过在新的首都将其对手的家庭成员扣为人质，德川家康保持着对难以驾驭的幕府将军的控制，随后其继承人德川秀忠也是如此。1609 年日本军队从其南部的萨摩半岛占领了琉球群岛中的冲绳岛，琉球先前是向中国朝贡的地区，日本因此受益，与清朝时期的中国进行非官方的贸易。与此同时，德川秀忠严厉限制日本的人口流动，而且在 1644 年驱逐了所有的外国传教士，他认为他们是威胁，因为他们成功地使日本人皈依基督教（Frost 2008：49）。

在持续动荡、宫廷阴谋诡计与背信弃义的氛围中，高潮是 1636 年以失败而告终的叛乱，德川幕府取缔了大多数对外贸易，禁止日本人到海外旅行，迫害日本的基督教徒。幕府将军驱逐了所有外国商人，荷兰人除外，他们殷勤地帮助幕府在长崎的原城屠杀当地的天主教徒。此后荷兰人垄断的对日贸易在长崎港的出岛进行，而且荷兰人被允许每年到江户一次，以便向幕府将军送礼。出于保持其垄断的利益，荷兰人忍受了那些日本君主的轻蔑和羞辱的对待。这种排外的封建统治得到了武士阶层的支持，一直持续到 19 世纪，那时德川幕府开始失去其对日本社会的控制，尤其是对日益强大的商人阶层的控制，尽管他们努力排除外国势力。

因此，在日本非常外向的时期之后，它拥有大型捕鱼和贸易船队，还有在 16 世纪入侵朝鲜和劫掠中国沿海地区的舰队，日本在从 1609 年持续到 1868 年明治维新的德川幕府时期转而向内。在这近 250 年实行的闭关锁国的时期内，日本的工业和造船技术基本上停滞不前。不过，自明治维新以来，日本认识到它的安全、繁荣和未来的发展取决于它作为海上强国的力量，取决于它参与——乃至于控制——在太平洋内部及其周围的远洋贸易。在它击败俄罗斯之后，它作为海上强国的实力在 20 世纪得以确立，而且持续到第二次世界大战，它的海军在与另一个 20 世纪的太平洋强国即美国的冲突中被摧毁。从此以后，它在世界各大洋里保持着和平的姿态，用其商船队把原材料和燃料运回国内，并把其出口商品运往全球市场。

3. 朝鲜与台湾：中国和日本敌对的牺牲品

长度为 600 公里的朝鲜半岛目前分为两个部分，北方是走强硬路线的共产主义国家，朝鲜民主主义人民共和国，南部是亲西方的大韩民国，在其漫长的历史上，作为一个拥有独特文化的国度，它经历了众多的动荡与巨变。其北方和东方的大部分地区多山，因此，在该半岛最早定居的社群是航海者和渔民，这一点不足为奇。大约公元前 2000 年，农业成为朝鲜半岛迅速增长的人口的支柱产业，而其人民的繁荣昌盛吸引了邻近的中国的注意，中国的领土在公元前 109 年扩展至朝鲜半岛。从那以后，中国和后来日本的势力以及不时爆发的战争一直是朝鲜史的标志。其北方多山的部分产生了一系列的穷兵黩武的国家，它们与南方的关系紧张，南方是更有经商头脑和亲华的实体，如新罗，尽管如此，新罗在公元 936 年为好战的北方国家高丽所灭①。当蒙古人入侵中国时，他们也征服了朝鲜，而且实际上忽必烈汗利用朝鲜人的航海经验建造其舰队，该舰队试图入侵日本，但以失败而告终。

---

① 这里的简述容易引起误解。新罗相传于公元前 57 年立国，公元 503 年始定国号为新罗，它确实利用中国（唐朝）消灭了高句丽和百济，但为占领高句丽和百济的故地与唐朝开战，而且取得胜利，所以不知道为什么作者认为朝鲜北方各国好战，而新罗亲华。新罗、高句丽和百济并存时在朝鲜史上被称为"三国时期"，9 世纪末统一的新罗（朝鲜）分裂为"后三国"，即新罗、后百济（农民出身的将领甄萱创建）、后高句丽（新罗王族的弓裔创立，918 年被豪族出身的王建推翻，成为以王城为都的"高丽"）。935 年王氏高丽吞并新罗，936 年灭后百济，重新统一朝鲜半岛，1388 年王氏高丽派出攻打中国（明朝朱元璋）的将领李成桂发动兵变，1392 年李成桂称王而宣告王氏高丽正式灭亡，史称李氏朝鲜（韩国称为朝鲜王朝），1910 年为日本所灭。后文中作者用日文译音称呼李氏朝鲜（Chosen，朝鲜音译当为 Goryeo，以后演变为 Corea 和现在通行的 Korea；一说朝鲜国之名为朱元璋所定；目前朝鲜国名音译为 Chosen，而韩国为 Hanguk，对外名称均用 Korea，所以不加区分时译文一律作"朝鲜"）。——译者注

当明朝的统治者把蒙古人赶出中国时，朝鲜一度不再受外国的控制，无论是艺术还是技术都迅速发展。定都于当今首尔这个地方的朝鲜国成为环太平洋亚洲地区的粮仓之一。朝鲜学者修改了中国的书法，从而形成了书写和印刷的独特形式，其特征是只有 28 个字母，而不是数以百计的汉语书面文字。当日本大名的丰臣秀吉在 16 世纪末试图入侵朝鲜时，他的舰队受到朝鲜铁甲船——世界首创，以"龟船"而知名——的攻击，溃不成军。这些龟船是朝鲜海军将领李舜臣的发明，它们是用橹划动的小型装甲平底船，水线以上的船体布满铁钉①。它们帮助朝鲜抵御了丰臣秀吉的一再攻击，直至丰臣秀吉死后，日本将其注意力转向国内问题，放弃了进一步入侵大陆的企图。然而，日本海盗一再侵犯中国福建、浙江和广东省，而且倭寇占领了黄海周围的朝鲜和山东的沿海地区，虽然在 17 世纪倭寇是清朝极其关切的问题，但他们对预防倭寇无能为力。在清朝时期，朝鲜半岛总体衰败，宗派内讧，在 18、19 世纪之交的普遍饥荒中达到顶点。疾病暴发和没完没了的政治斗争破坏了进步的任何希望。西方殖民主义在环太平洋亚洲地区的扩张时期，朝鲜对待外国人的排斥态度导致它与欧洲和美国的势力冲突，本书后面加以讨论。

一片混乱的朝鲜国在形式上依然是受清朝统治下的中国保护的国家，在 1894－1895 年，它成为以中日甲午战争而知名的那场冲突的导火线。在其附庸国朝鲜政府的请求下，中国在 1894 年派出军队，平定朝鲜南部的东学党起义。在军事和工业上复兴的日本认为这种举动违反了中国和日本在 1885 年签署的《中日天津条约》（又称《中日天津会议专条》或《朝鲜撤兵条约》），该条约旨在保证如

———————————

① 李舜臣只是将龟船"复活"，设计及建造者为罗大用，从技术上说就是在朝鲜主流船只即板屋船（Panokseon）上装铁甲。——译者注

果任何一方在朝鲜半岛上进行任何干预必须得到对方同意①。到 1895 年初，日本控制了朝鲜半岛及其政府，还有在山东和在辽东半岛的地域。在马关②签署的结束那场战争的条约中，日本要求中国放弃它在朝鲜的利益，向外再开放四个口岸，将台湾岛和澎湖列岛割让给日本。

长期以来，台湾也与欧洲人积极做生意。当清朝在 1644 年统治了全中国时，一位明朝的将军郑成功将其军队撤到台湾，利用这个岛屿作为基地，发动对大陆的攻击。虽然他在 1662 年将荷兰人从其热兰遮城的立足点赶走③，但在他死后不久，台湾在 1683 年被清朝收复，成为中国的一个省，直到甲午战争后 1895 年日本从无能的清朝统治者那里攫取了这个岛屿。

4. 菲律宾

菲律宾群岛有超过 7 100 个岛屿，其中约 1 200 个岛屿有人定居。在赤道和北回归线之间的亚洲大陆架边缘，它形成了火之环的一部分，处于婆罗洲和中国台湾之间。它的陆地总面积约为 30 万平方公里，略小于日本。两个最大的岛屿相加构成了菲律宾约一半的陆地面积，它们是吕宋岛和棉兰老岛，吕宋岛包含了该国城市化程度最高、最发达的部分，而棉兰老岛的人口密度略低，是森林密布的"边远"之地，是该国穆斯林少数民族的家园（罗马天主教是 9 600 万菲律宾

---

① 即"朝鲜若有变乱重大事件，两国或一国要派兵，应先互行文知照"。——译者注
② Shimonoseki，又作下关，因此，原名《马关新约》的《马关条约》在日本被称为《下关条约》或《日清讲和条约》。此后的"放弃利益"即：中国从朝鲜半岛撤军并承认朝鲜的"自主独立"；中国不再是朝鲜之宗主国。此外，中国割让的是台湾岛及所有附属各岛屿、澎湖列岛和辽东半岛。——译者注
③ 原文为 Hollandia Castle，可以译为霍兰迪亚城堡，但霍兰迪亚通常指如今的印度尼西亚东部港口城市查亚普拉（Jayapura），而荷兰当时在台湾的两大防御要塞，一是位于大员的热兰遮城（今台南市安平古堡），二是位于台江内陆赤崁地方的普罗民遮城（今台南赤崁楼），1662 年荷兰人退出之前，郑成功用炮击毁的是热兰遮城的乌特勒支碉堡。——译者注

人当中的主要宗教）。小型的核心岛屿往往被统称为维萨亚
（Visayas）。如前所述，它们是少数民族尼格利陀人的家园，在文化
和心理上"与这个岛国的主流人口截然不同，后者与印度尼西亚群岛
的马来人有关"。

在沦为殖民地之前，菲律宾的社会沿着松散的封建界限组织起
来，个别宗族形成被称为"村落"（barangays）的自治邦，由一个宗
族首领或者说达都（datu）统治，世袭贵族支持。大多数菲律宾人要
么是信仰泛灵论的农民，要么是渔民，但存在的事实上是奴隶的下层
阶级伺候那些贵族。在欧洲人到来之前，他们与中国大陆和东南亚的
穆斯林地区以及印度有着根深蒂固的贸易关系。由于这种贸易接触，
伊斯兰教在全体菲律宾人当中传播。然而，在那里经常为控制贸易和
土地而进行两败俱伤的争论和斗争，不幸的是第一个到达那里的欧洲
人因卷入其中而丧命，他就是费迪南德·麦哲伦。1542 年路易·洛
佩斯·德比利亚洛沃斯吞并了这个群岛并将其命名为菲律宾群岛，以
示对西班牙国王菲利普二世的尊敬。1571 年米格尔·洛佩斯·德莱
加斯皮占领了马尼拉，将其建成殖民地的首都和主要港口（图 4），
开始了西班牙持续 300 多年的统治时代。

5. 印度尼西亚

印度尼西亚群岛约有 3 000 个岛屿，包含了地球上居住人口最为
密集的一些地区。在大约 2.3 亿印度尼西亚人当中，超过一半生活在
爪哇岛上。当代印度尼西亚这个国家在 300 多年里曾经是荷兰的殖民
地，其主要的民族群体是爪哇人、巽他人和马都拉人，他们都有自己
的语言、文化和艺术。众多其他民族团体占据着这个群岛的其他岛
屿，比如说有着其独特的印度文化的巴厘人、龙目岛的萨萨克人、婆
罗洲的迪雅克人等。这些都是先前谈到的一批又一批向东迁徙的移民

图 4 西班牙占领菲律宾时，就在西班牙—美国战争期间被占领之前不久，马尼拉港口的景象。（埃利泽·勒克吕，1891 年，第 262 页）

的后裔，例如在公元前 3000 年到 1000 年抵达的原初马来人（Proto-Malays），还有澳斯特罗尼西亚人或者说德太罗—马来人①，他们在公元 1000 年之前涌入这些岛屿，带来了灌溉育稻的知识。到公元 1 世纪，马来人的世界通过贸易与印度、印度支那和中国大陆联系起来，印度教、佛教、随后是伊斯兰教信仰由此进入马来人的生活。到公元 8 世纪，以贸易为本的政体势力强大，比如说在爪哇中东部信印度教的马打蓝；信佛教的夏连特拉（Shailendra，沙伦答腊，又称山帝王朝），他们在爪哇高地建有壮观的神殿，即婆罗浮屠；苏门答腊岛的什利维加亚（Shrivijaya，一作 Srivijaya，唐代称为室利佛逝，亦作三佛齐国）。它们在当地是重要的国家。在 14 世纪，根据地在爪哇的满

---

① Deutero-Malays；不妨译作"次抵马来人"，指公元前 3000 年从亚洲大陆移居印尼等地的马来人。——译者注

者伯夷（Majapahit）王国控制了印度尼西亚群岛的大部分地区。爪
哇北部的沿海城市与苏门答腊岛北部、马来西亚的马六甲、印度东部
建立的贸易关系引进了现代绝大多数印度尼西亚人遵从的伊斯兰教信
仰，尽管几个世纪来信仰天主教的葡萄牙人和信仰新教的荷兰人在政
治上统治着这个一度被称为东印度群岛①的地区。在大多数历史时期
内，信伊斯兰教的苏丹统治着对欧洲如此重要的由特尔纳特岛
（Ternate，一作德那地）和蒂多雷（Tidore）组成的香料群岛②，尽
管对这个生长香料的地区来说是后来者的基督教在苏拉威西岛、安汶
岛和东帝汶岛的一些地方站稳了脚跟，那些地方在文化上与附近穆斯
林的紧张关系始终挥之不去。

三、人类在环太平洋美洲地区的繁衍

考古学家证实南北美洲的人民是一波又一波来自亚洲的移民，他
们在更新世冰川最大期时跨越暴露出来的陆桥来到美洲。直到约公元
前 18000 年，整个太平洋的海平面低于目前水平多达 100 米，此后缓
慢升高，直到大约 5 500 年之前达到如今的水平。不过，一波又一波
亚洲移民可能远在威斯康星冰川作用约在公元前 6000 年之前退却到
北美西部的低地之前就开始越过阿拉斯加。南美的一些考古证据表
明，早在 15 000 年之前人类就开始居住在那块大陆上。最近在秘鲁
的洞穴堆积中得到的证据表明，差不多在 1 万年之前，那个地区的人
民食用着种植出来的马铃薯和甘薯（Fernández-Armesto 2003：19）。

在威斯康星冰期内，科迪勒拉山系北部冰层覆盖了山脉连绵的西
部海岸，还有从华盛顿州的奥林匹克山脉一带向东到落基山脉东端的

---

① 有时指称东南亚，在历史上主要指印度。——译者注
② Spice Islands，亦称 Moluccas（摩鹿加群岛），指印度尼西亚东部、西里伯斯岛和新
几内亚岛之间的一组岛屿。——译者注

弗兰特山脉和向北到阿留申群岛（当时是连续的陆地突出部分）的西部内陆。然而，育空以北大部分地区、阿拉斯加和西伯利亚极东地区没有冰川，形成了被称为"白令"的陆桥。沿落基山脉地沟的无冰通道将科迪勒拉冰层与巨大的覆盖北美大部分北方大陆的劳伦太德（Laurentide）冰层分开。白令陆桥的无冰地区和走向南部哥伦比亚和密苏里河系的无冰川区域为冻原植被所覆盖，这些植物养活了大批猛犸象、驯鹿和野牛。这条路线位于收缩的威斯康星冰层的侧翼，星星点点分布着有凹槽的投掷利器和动物残骸，同样从这些考古证据判断，这些成群结队的猎物看来养活了穿越这条无冰通道的亚洲移民。到公元前 9000 年，这条无冰通道大为扩展，而气候变暖威胁着居住在冻原的动物种群，例如猛犸象和驯鹿，因为像云杉、桦树、铁杉和桤木（赤杨）这样的林地植被侵入冻土地带，减少了它们的食物来源。

　　在公元前 8000 年到前 5000 年之间，那时目前的草地和森林植被区域形成，像猛犸象和乳齿象这样居住在冻原的大型食草动物灭绝，但野牛、麋鹿、鹿和其他有蹄类动物很丰富。作为猎人—采集者、渔民和原始农民，早期沿太平洋海岸居住的美洲印第安人适应了环境。随着海平面在公元前 3500 年左右稳定下来，沿着鲑鱼洄游的河流，或者在盛产贝类和像海豚、海獭和海狮这样的海洋哺乳动物的沿海地区，渔村四处涌现。从贝丘的规模来判断，这些半永久的村庄相当大。

古代因纽特人和沿海美洲印第安人的文化

　　大约在公元前 8000 年，紧随最早的亚洲移民，阿留申人及其在北方的亲缘群体越过了缓慢沉没的白令陆桥，适应了北极猎人的生活，捕杀迁徙的陆地和海洋哺乳动物及鱼群。考古证据证实阿拉斯加和加拿大北极地区的这些定居者源自亚洲北部。随后一波又一波移民把新的文化产物带到北极，他们被确定为多尔塞特先人、多尔塞特人、图勒人和现代因纽特人。图勒人带来了狗拉雪橇、皮艇和猎杀北极露脊鲸（弓头鲸）的渔叉，而且与欧洲人第一次接触，他们是在公元896年到1500年之间在格陵兰岛和纽芬兰岛短暂居住的挪威人。在靠近北极的地方，食物来源（如迁徙的驯鹿）是靠不住的，而且四散分布，不可能养活大量定居的人群。不过，沿西北太平洋海岸一带，得到食物的可能性更大，而可以大量捕获的产卵鲑鱼、海獭、海豹和贝类使相当密集的人口能够占据这些地区。由于沿海文化的定居生活方式和冰河时代之后不再有新的亚洲移民潮，不同语言的地域就此形成。虽然环太平洋北美海岸的所有沿海人民都是在勉强谋求生存，主要依靠捕获海洋哺乳动物和打鱼，但在欧洲人与之交往时，独特的文化在那里得到充分发展，例如海达、撒利希（Salish）、特里吉特（Tlingit）、瓦卡希（Wakashan）① 和茨姆锡安文化。尽管如此，在这些人民之间及其与内陆人民之间仍有一些贸易交往，主要是交换有用的矿物，例如制作投掷利器的黑曜岩和具有各种实际和装饰用途的贝壳。

太平洋沿海文化的一个典范属于沿海的茨姆锡安人，在与欧洲人第一次接触之际，在靠近斯基纳河、纳斯河和如今加拿大不列颠哥伦比亚省的鲁珀特王子港这个地点，他们居住在多山的沿海地区、岛屿和峡湾。当第一批欧洲人在18世纪抵达时，他们增长到约1万人。大型贝丘标明了众多持续居住或半永久性的村庄的所在地，有亲缘关

---

① 这里的列举有一点问题：前3个和后1个都是民族和语族的共同名称，但 Wakashan 仅仅是语族，为夸扣特尔（Kwakiutl）和努特卡（Nootka）等北美印第安人使用，这两类人主要生活于加拿大温哥华岛上，而其所使用的语言分别是夸扣特尔语和努特卡语。——译者注

系的群体由此前往资源丰富的腹地捕鱼、打猎和采集。这些腹地包括可以捕获猎物或收获当令的浆果和其他水果的沿海和内陆地区。有时，为了举行冬节仪式，茨姆锡安人的部落会聚集起来，举办大型集会。在这些集会上，有雄心壮志的"伟大人物"会慷慨地分配积聚起来的财富，从而提高他们的声望和势力（MacDonald，Coupland and Archer 1987）。茨姆锡安人的冬节是在辽阔地域内扩大奢华的贸易商品的一种方式。在夏天为迎接即将到来的冬季而积聚富余物资之后，独木舟带着加工过的食物，比如晒干的鲑鱼和其他消费品，沿着海岸以及纳斯和斯基纳河谷溯流而上，回到四散分布的村庄。在冬季期间有时也分配从袭击邻近部落中获得的奴隶。

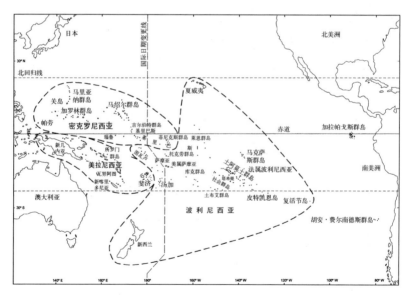

地图 3　太平洋文化的范围。采自 National Geographic（1989：449）和 Harley Woodward、Lewis（1998：Fig. 11. 1）。

再向南，先进的美洲印第安人文化在太平洋沿岸的腹地兴旺发达。引进的玉米在公元前 1500 年后迅速传播，在中美洲人民的膳食中作为一种主食，而样式复杂的陶器从墨西哥向北，沿着如今属于美国和加拿大南部的海岸传播。到公元前 1000 年，城市文明的第一批花朵开始在沿太平洋美洲环带的地方开放，包括修筑土墩的奥尔梅克人的文明。

在危地马拉和伯利兹、洪都拉斯和墨西哥南部的邻近地区，玛雅文明约在公元 250 年出现，随后出现的是墨西哥的阿兹特克人和秘鲁的印加人修建的城市和庙宇，例如库斯科①和马丘比丘②。这些建筑奇迹最终被征服印第安人的西班牙人摧毁或掠夺一空，或者在 16 世纪被神秘地遗弃。令人感到奇怪的是这些发达社会未曾形成类似于太平洋对岸亚洲人民那样精致的航海传统。虽然在哥伦比亚抵达之前，安第斯山区的人民驯养了美洲驼和羊驼，培育了多种马铃薯和红薯，但干旱、崎岖、贫瘠的南美沿海地带不利于发展海洋文化。在巴塔哥尼亚和火地岛的山毛榉林和峡湾中，在南美洲的最南端，原始的猎人－采集者或许在一万年之前移民到这个地区，他们显然与美洲印第安人无关，但在欧洲人首次侵入后，幸存者寥寥无几。

四、太平洋海盆的文化疆域

太平洋的主要文化疆域即美拉尼西亚、波利尼西亚和密克罗尼西亚，对其分类的常用术语由法国探险家迪蒙·德于维尔在 19 世纪 20 年代率先使用（Campbell 1990：14）。虽然太平洋文化疆域（第 3 幅地图）的模式表明它们是大致同质的，但在其边缘出现了文化特征的混合与模糊。尽管如此，这种太平洋文化三分法在许多方面优于一些考古学家偏好的"近大洋洲和远大洋洲"二分法，后者相当含糊

---

①　在秘鲁南部，11 世纪初起至 16 世纪为印加帝国首都。——译者注
②　Machu Picchu，1911 年在库斯科西北发现的古代印加人的堡垒城市。——译者注

（Harley，Woodward and Lewis 1998：418）。除了新西兰、皮特克恩和复活节岛，在美拉尼西亚、波利尼西亚和密克罗尼西亚，几乎住人的太平洋岛屿都处于南北回归线之间，也就是说，在赤道或南北或约24度之内。这些文化疆域的人口动态正在重塑太平洋人民的布局：在新西兰、夏威夷和塔希提岛这样的地方出现了人口的净增长，而在马克萨斯、基里巴斯、图瓦卢和其他地方的岛屿上则是人口净缩减。

1. 美拉尼西亚

太平洋上有人居住的主要岛屿在国际日期变更线的西面，尤其是以居住美拉尼西亚人为主的斐济、瓦努阿图、新喀里多尼亚、所罗门群岛、圣克鲁斯群岛和布干维尔岛，还有新不列颠、新爱尔兰和巴布亚新几内亚。虽然这些岛屿大多数是冈瓦纳古陆的花岗岩碎片，但在靠近澳大利亚地壳构造板块的边缘出现了火山高岛和环礁。在这个地区里，尽管语言种类丰富，以维持生计的园艺、捕鱼和贸易为特征的生活方式多样，一些统一而突出的美拉尼西亚人的文化和体格特征是显而易见的。在基因上，虽然美拉尼西亚人是巴布亚人和各种澳斯特罗尼西亚人的混合，与波利尼西亚人关系不大，但一些岛屿的人口表现出相当新近的人种混合，即美拉尼西亚人和波利尼西亚人与在殖民地时期或其后来到这个地区的欧洲人、南亚和东亚移民的后裔通婚。

显而易见的是，美拉尼西亚文化区是太平洋上第一个在大洋中部接受大量人类移民流入的岛屿区域，它最接近亚洲的人口来源地区，正如前文所指出的，对于人口向东扩散而言，其特征是更新世晚期和全新世早期的陆桥和便利的岛屿"跳板"。语言和种族的极大差异表明，在这个广袤的文化疆域里，即从新几内亚西部向东延伸到斐济的巨大弧形范围内（第3幅地图），人类的迁徙繁衍是一个漫长的过程，基因库的混合与补充或许持续了上千年。一些研究人员认为巴布亚人和尼格利陀人在 2.5 万年之前抵达所罗门群岛，也许还有托雷斯和班克斯群岛，而现代美拉尼西亚人（澳斯特罗尼西亚人）的祖先主要来自东南亚，约在公元前 1500 年到达他们目前所处的范围。

这些人散布的考古证据来自不同的遗址，其范围从新几内亚到瓦努阿图、斐济、汤加和萨摩亚群岛。这些遗址含有大量独特的人工制品，包括各种陶器（拉皮塔陶器），它们可以追溯到公元前 1200 年之前（图 1）。约在公元 1000 年到 1400 年间，更靠近东方的波利尼西亚群体"回迁"并定居在美拉尼西亚的某些地方，例如瓦努阿图和斐济。虽然迪蒙·德·维尔把南太平洋西部的居民称为美拉尼西亚人，表示他们的皮肤黝黑，事实上他们的肤色范围很广，从橄榄色到几乎深黑色，同样，头发可以是笔直而稀疏的，也可以是茂密而卷曲的。正如前文所指出的，种族多样性反映在美拉尼西亚语言的林林总总上：截然不同的方言超过 1 200 种，语言学家认为其中大多数语言属于澳斯特罗尼西亚语族的变体，尽管在巴布亚岛高地和所罗门群岛有一些非澳斯特罗尼西亚的语言，但许多语言学家搞不清楚它们的来源。

(1) 西美拉尼西亚：新几内亚岛和所罗门群岛

许多西美拉尼西亚文化非常注重土地和当地的村庄生活，尤其是在新几内亚高地、新不列颠岛和布干维尔岛上。少数文化表现出航海的传统，对其所居住的世界具有宽广的视野。虽然一些文化形成了与其他人民进行贸易和社交互动的网络，但尤其是在巴布亚新几内亚附近，这些网络由近邻之间的短途贸易关系构成，长途贸易商非常罕见（不过，正如即将讨论的，美拉尼西亚群岛的特罗布里恩德岛民的"库拉圈"是明显的例外）。在新几内亚、新不列颠和新喀里多尼亚岛上山峦起伏、森林茂密的内陆居住的氏族与外部世界没有持续的交往，他们没有任何航海的传统。在整个西美拉尼西亚，在劳动和社会角色上的性别分工显而易见，因此，在大部分时间里男人和女人过着相当独立的生活。信仰泛灵论和巫术，而且对陌生人感到猜疑和厌恶，一直是这些以氏族为基础的许多美拉尼西亚人社会的特征。在历史上，排外情绪有时发展到在未受挑衅的情况下屠杀外来人口，哪怕他们是无助的遇难者。因此，1836 年在托雷斯海峡的奥利岛（Aureed）和默里岛（Murray）上发生了臭名昭著的屠杀查尔斯·伊顿（Charles Eaton）沉船生还者的事件，虽然那是一场悲剧，但并非异常事件（Goodman 2005：6 - 7）。

西美拉尼西亚人的社会大多以刀耕火种的园艺为主，他们靠开辟林地勉强谋生，尤其是在沿海地区的村庄附近，他们保持着一些永久性的菜园，在那些地方种植椰子、甘薯和芋，用来交换其他园艺或动物产品或者鱼。然而，氏族具有高度的地域性，土地的占有是世袭的，要么通过母系要么通过父系传承。在美拉尼西亚的陆边岛上，更高、森林更为茂密的内陆地区往往比沿海的疟疾和寄生虫肆虐的低洼地区更为富裕。

（2）东美拉尼西亚：瓦努阿图、新喀里多尼亚和斐济的文化

瓦努阿图先前是英国和法国共管的新赫布里底群岛，1980 年独立，改用现名。瓦努阿图群岛在珊瑚海中，由 83 个火山岛组成，长度达 1 200 公里，在地质上它是环太平洋"火之环"的活跃部分。从南纬 13 度延伸到 21 度，它包括托雷斯和班克斯群岛，大型的北方岛群即圣埃斯皮里图岛（Espiritu Santo）、马勒库拉岛（Malekula）、庞特科特岛（Pentecost）和安布里姆岛、谢泼德群岛和埃法特岛（其首都维拉港所在地），南方的岛群即埃若曼高岛、塔纳岛和阿内蒂乌姆。这个群岛是詹姆斯·库克船长在其 1744 年第二次太平洋考察时命名的。正如西美拉尼西亚，在瓦努阿图群岛上，对土地的依附、对维持生计的园艺的依赖、性别角色的差异巨大是显而易见的。在社群内，

男人的地位取决于相互的赠礼，在赠礼仪式中，比如说在塔纳岛上的
奈克威尔（Nekowiar）节日中，更为慷慨的行为形成更高的社会等
级。在圣埃斯皮里图岛上，男性的成人习俗包括陆上俯冲的勇气考
验，他们在其中使用了高高的脚手架和藤蔓制作的绳索，它是现代蹦
极跳跃的鼻祖。举办这种仪式的时间处在每年的 4 月和 6 月之间，为
了庆祝薯蓣的丰收，那是勉强谋生的社会所依赖的食物。瓦努阿图因
其早期与欧洲人的接触而遭殃，正如第五章所述，那些欧洲人在 19
世纪利用这些岛屿作为廉价合同劳动力的来源，而且砍伐它的大片檀
香木树丛。基督教传教士和第二次世界大战期间涌入的盟军部队也对
美拉尼西亚文化造成了影响，留下稀奇古怪的宗教实践，塔纳岛上的
"货物崇拜"就是其中一例。

　　新喀里多尼亚岛上的美拉尼西亚人自称是"卡纳克人"，他们的
语言属于澳斯特罗尼西亚语族，社会的基础是氏族，在过去依赖维持
生计的园艺、打鱼和贸易。在卡纳克人当中，土地是社会组织的重要
元素之一，依父系代代相传。女人不能拥有土地，她们习惯上从属于
氏族中的男性权威人物。法国在殖民地时期对新喀里多尼亚岛的控制
带来了卡纳克人生活的巨大变化，而法国殖民者转让的土地和企业开
采镍矿造成了政治上的紧张关系，第八章将加以讨论。

　　斐济是一个巨大的陆边岛群，其中维提岛和瓦鲁阿岛是最大的岛
屿，人口最为密集。斐济本土文化的特征是家庭、氏族和部落的等级
森严的组织，依父系继承土地。虽然它主要属于美拉尼西亚文化，但
受到邻近的波利尼西亚地区的一些影响，比如说选择统治者靠的是世
袭而非精英推举。这个群岛所使用的语言和方言有很多，主要是英语
和保埃恩语（Bauan），后者是该国主要的方言。虽然种田是各氏族的
主要生计，尤其是在大型岛屿的内陆地区里，但捕鱼和贸易也很重
要，而且他们建造了大型双体快速独木舟用于岛际贸易、掠夺和战

争，这种独木舟靠帆航行，被称为德卢拉（drua，意为"孪生"）。当第一次与欧洲人接触之时，仪式上人吃人的现象是常见的，而喝雅蔻纳（yaqona）即卡法酒（kava）是正规仪式的一个重要部分。

在英国殖民时期里，大量南亚人被带到斐济，作为蔗糖种植园的合同劳工，这种种植园依然占据主要岛屿的大片地区。他们的后裔繁殖衍生，在人数上居多，在经济上占据主要部门。斐济与汤加群岛的分界线是劳群岛，它在文化上属于波利尼西亚；斐济在北方与基里巴斯的密克罗尼西亚外围的分界线是罗图马岛，该岛也是波利尼西亚文化区域的一部分。美拉尼西亚的人种特征在太平洋上的进一步扩散并没有超越斐济—汤加地区。虽然附近的萨摩亚群岛在其基因和人种结构上无疑属于波利尼西亚，但最新的证据表明这个地区起到了文化通道的作用，在停顿约 10 个世纪之后，可以确定为波利尼西亚人的人群由此向中太平洋的东部扩散。

2. 波利尼西亚

波利尼西亚语言是使用广泛的马来—波利尼西亚语群的一部分，后者在地理上的分布从印度洋中的马达加斯加岛高地到太平洋深处的角落。许多研究人员在分类上认为波利尼西亚语言属于这个广泛语群的东方亚语系，与美拉尼西亚和密克罗尼西亚的查莫罗语相同。他们的语言和方言源自一些澳斯特罗尼西亚（南岛）和非澳斯特罗尼西亚的东南亚半岛和海岛的语言，其特征是辅音极少，元音和双元音众多，有时靠声门的停顿加以分离（Belich 1996：17）。人们一度认为波利尼西亚人在太平洋中部是后来者，他们征服、取代、消灭或同化了先前的美拉尼西亚居民，而且在同时代发现并定居在太平洋东部的岛屿上，还有像奥特亚罗瓦（新西兰）、拉帕努伊（复活节岛）和夏威夷岛这样更为遥远的边缘地区。然而，最近的研究表明，尽管他们在语言上与更远的西方人群的关系密切，现在被确定属于波利尼西亚文化区域的这些人并非作为来自环太平洋亚洲地区的新近"移民潮"迁居那些地方。看来他们是一个孤立的澳斯特罗尼西亚群体，从公元前2000年到前500年间，在1 500年的时间里占据了紧靠斐济南部和东部的岛屿，此后为移民而进行了更远的航海。

波利尼西亚的文化"标志"包括：公社的生活方式；社会层级、亲缘关系和继承的特殊制度；认为重要人物有"玛那"（mana，波利尼西亚人、美拉尼西亚人和毛利人所信奉的无所不在的超自然力或魔力）——地位和力量的来源——附体的观念；相信存在着一群神祇——神仙或半人半神，其身份和名字在波利尼西亚的不同地区是相似的；相信这些神祇控制着环境的方方面面，指示在人类生活中允许或禁止做什么——塔普（tapu，意为禁忌或忌讳）；用象征性的标识在脸上或身上刺花的做法；牢固的航海传统；独特技艺制作的石器（Campbell 2008）。

波利尼西亚人移民太平洋众多岛屿的显著能力不仅表示他们的文化包含着先进的海洋传统，而且表示那时的太平洋环境相当相似，适合移民者带来的作物和驯养动物（包括红薯或甘薯、甘蔗、香蕉、食草鼠、鸡、狗和猪），也适合移民者自身的生活方式（航海、园艺、打鱼、捕鸟、采集各种海洋和陆地食物）。这是一个明显的事实：在欧洲人第一次探险之时，波利尼西亚文化区域内适宜人类居住而未被占据的岛屿十分稀少，哪怕是那些没有人类居民的岛屿曾是后来被舍弃的波利尼西亚人的早期定居场所，例如皮特凯恩岛和诺福克岛。诺福克岛上保留着詹姆斯·库克在1774年发现它之前的克马德克（Kermadek）岛民的遗迹，波利尼西亚鼠和香蕉树依然在那里茁壮成长。豪勋爵岛在悉尼东北780公里之外，它几乎是独一无二的，因为它至今没有展现欧洲殖民者之前的居住迹象。

波利尼西亚人的来源和散布的证据来自三个相互支持的研究领域：考古学、语言－人种学、口头或艺术的传统。正如第 3 幅地图所示，所谓的"波利尼西亚大三角"占据了太平洋的一大片区域，它的起点在东北角上远至夏威夷，在西南角上是奥特亚罗瓦（新西兰），在东南角上是拉帕努伊（复活节岛）。在其中部，图瓦卢构成了波利尼西亚文化区域的西部边界。

虽然波利尼西亚人是太平洋人民当中最具有探险精神并且在文化上同质的人民，但将其在太平洋东部、中部和南部的散布说成是存心创建一个波利尼西亚帝国的企图，就像后来欧洲、美国和日本的殖民主义和帝国主义分子那样，这是不正确的。恰恰相反，他们的航行更像是维京人（指 8－10 世纪的北欧海盗）或腓尼基人那样的航行，以小群人马自信而有意地寻找建立定居点的新地方。因此，他们的故事更适合在太平洋人民繁衍生息的讨论里讲述，而不是以后某章将加以讨论的帝国主义分子对该地的正式占领。在分布如此广泛的人民当中，如奥特亚罗瓦（新西兰）的毛利人、萨摩亚人、塔希提人、库克群岛的岛民、汤加人和许多其他岛民，语言的相似性是他们有着共同起源的明显证据。虽然假设这些人民因辽阔的大洋而长期与世隔绝会导致重大的语言差异是正常的，但在波利尼西亚情况往往并非如此，表明多个世纪以来在母子殖民地之间也许保持着交往。例如，塔希提人可以理解毛利人所说的大部分语言，哪怕他们各自的祖国被 5 000 公里的大洋隔开。詹姆斯·库克和约瑟夫·班克斯在 1769 年首先认识到这一点，当时随同他们航行到新西兰的塔希提牧师图帕伊埃能够与毛利人交谈。与之形成鲜明对比的是，在巴布亚新几内亚高地的偏僻村庄里形成了数百种完全不同的语言，尽管每个语群与其邻居在地理上更为相近（但显然与长期以来在邻近的美拉尼西亚人当中极大的文化分离、与世隔绝和仇视外人有关）。

最近的 DNA（脱氧核糖核酸）研究断定美拉尼西亚人和波利尼西亚人在基因上并没有密切关系：根据哈代－温伯格（Hardy-Weinberg）的均衡假设，在太平洋向东迁徙的小团体失去了将他们与其澳斯特罗尼西亚先祖联系起来的基因要素。然而，存在一些证据表明在欧洲人殖民之前，波利尼西亚人与美洲人民有过交往。例如，在太平洋岛屿上随处可见的两种甘薯是中南美洲的土产，在奇楚亚语（Quechua）① 中以相同的名称为人们所知（Wright 2004：149）。不过，像拉帕努伊（复活节岛）这样的波利尼西亚岛屿最初由美洲人移民的观念被有分量的相反证据驳倒。

3. 波利尼西亚的核心地带

如前所述，现在普遍认为在基因、语言和文化上可以被确定为波利尼西亚人的族群约在公元前 2 世纪从萨摩亚－汤加群岛的"跳板"开始向东、南和北方蔓延。萨摩亚群岛现在被分为一个独立的国家（先前新西兰的属地西萨摩亚）和一块美国的殖民领地。在欧洲人侵入之前，它曾是一个农业和渔业繁荣昌盛的贸易枢纽。独立的萨摩亚由围绕乌波卢和萨瓦伊主岛的一连串岛屿构成，两个主岛的人口共有近 18.5 万。乌波卢岛是人口最密集的岛屿，阿皮亚是其主要的市镇和港口。萨瓦伊岛的面积大于但人口少于乌波卢岛，在其森林茂密的崎岖内陆有着新近形成的大片熔岩地。它保留着许多萨摩亚传统文化的要素，这种文化的基础是半乡村的社群生活，每个大家族居住四面开放的房屋里，这种房屋在芋田和椰子树当中建成，被称为法雷②。美属萨摩亚集中在有着约 7 万人的图图伊拉岛上。帕果帕果或许是太

---

①　同名民族曾是印加帝国的统治阶级，这种语言现在广泛使用于从哥伦比亚南部至智利的安第斯高地。——译者注

②　fale，类似中国的凉亭。——译者注

平洋中部最好的港口，它也是美属萨摩亚的首都。在其战舰隔离德国
和英国殖民部队期间遭受悲剧性损失之后，美国在 1889 年占领了该
地。美国和欧洲的传教士早期侵入萨摩亚的社会，如今其人口是坚定
而保守的基督教徒。

　　汤加是从未被某个帝国主义强国殖民的少数太平洋群岛之一。它
的波利尼西亚人口多年来由一位传统的君主统治，但在 2008 年其国
王自愿向议会制政府放弃他先前的绝对权力。努库阿洛法是汤加群岛
的主岛，是其政府所在地。邻近的瓦利斯和富图纳地域由法国管理，
其主要人口也是波利尼西亚人。瓦利斯岛民的语言类似于汤加语，而
富图纳的语言属于萨摩亚语。许多当地人最近移居新喀里多尼亚岛，
那里有更多的领取薪资的工作岗位。图瓦卢是一个独立的小国家，波
利尼西亚传统文化在那里依然是主流文化，但这些偏僻的低岛正在受
到侵蚀，原因在于海岸边缘的人类活动结合了海平面可能在厄尔尼诺
活动期间或由于全球变暖的上升。其人口已经在重新定居于太平洋的
其他地方，邻近的基里巴斯的人民也是如此。

4. 人类在东波利尼西亚的繁衍生息

(1) 马克萨斯群岛

　　波利尼西亚文化圈的人群在东太平洋移民的第一个岛屿就是马克
萨斯群岛，移民大约发生在公元 200 年。在社会群岛和库克群岛的定
居很可能发生在第一批移民占据马克萨斯群岛之后不超过一个世纪的
时间内。这些火山"高岛"覆盖着热带森林和其他茂盛的植被，在欧
洲人侵入之前，养活了一个兴盛的农业社会。马克萨斯群岛的最大岛
屿是希瓦瓦（一译希法欧厄），它有连续多个世纪有人居住的证据，
法图伊瓦岛、努库希瓦岛和瓦胡卡岛也是如此。其他一些在欧洲人侵
入之前拥有大量人口的岛屿的人口最近一直在减少，比如哈卡提。目

前马克萨斯群岛的人口总体上在减少。在欧洲人侵入时期以来在一些岛屿上发现的巨型石质平台（当地人称为 marae）和雕像提醒人们注意这里有一个未能经历双重打击而存活下来的文明。第一重打击来自狂热的传教士，他们的基督教皈依者被禁止尊重其祖先的文化，第二重打击是欧洲的疾病，如天花、流感和麻疹，它们在这个群岛的部分地区造成整个人口的灭绝。对马克萨斯人的波利尼西亚文化起源的考古研究正在进行，那些人先前充满活力，乐观外向，但在马克萨斯群岛早期居民的清晰景象浮现之前需要做的工作还有很多。此后，约在公元 300 年到 500 年这些岛屿是第一批航行到塔希提岛和夏威夷岛的移民的跳板。

(2) 塔希提岛和莫雷阿岛

或许没有其他太平洋文化曾经像塔希提岛和莫雷阿岛上的波利尼西亚文化那样唤起欧洲人的想象。阅读第一批遭遇这些文化的欧洲人的日志和日记条目是有助益的，因为它们详细记载了追随第一批探险家不断来到这些岛屿的欧洲人与其接触之前未受影响的生活方式。例如，我们可以从詹姆斯·库克的日志中窥见塔希提人在第一次与欧洲人交往之际的生产场景。在其第一次到达塔希提岛时，库克描述，除了面包果、椰子、香蕉、大蕉、甘薯、薯蓣和甘蔗之外：

> 一种名为伊格梅洛阿（Eag melloa）的果实的味道被认为是最美的……当地人把这种萨洛普（Salop）的根称为豌豆，把也是一种植物的根称为以太（Ether），而其果实在一种像四季豆的荚中，被称为阿胡（Ahu），当烘烤后吃的时候就像是栗子。他们称为瓦拉（Wharra）的果树就像是某种松果，一种树的果实被称为纳诺（Nano），一种蕨根和一种植物的根被叫做西弗（Theve）。

（库克的日志，1769 年 7 月 13 日；引自 Grenfell Price 1971：35）

在其日志的同一页上，库克也谈到塔希提家畜的食物质量：

至于驯养动物，他们有猪、鸡和狗，我们从他们那里学会了吃狗肉，我们当中少数有幸吃到一条南海狗，味道仅次于英国的羔羊，它们的优点之一在于完全靠蔬菜生活，如果那样，恐怕我们的狗肉味道就会大打折扣。

在他的第三次航行中，库克发现并命名了桑威奇群岛（亦作三明治群岛；现在属于美国的夏威夷州），他说当地的波利尼西亚人的家畜包括"猪、狗和鸡，与塔希提人相同"，但野生或者说未驯服的动物包括鼠、蜥蜴和鸟。

(3) 夏威夷群岛

在太平洋北部，夏威夷岛链是典型的火山高岛组成的群岛，最早由波利尼西亚的探险家约在公元前 500 年发现，他们来自马克萨斯群岛，也很可能来自塔希提岛。这里有包括分为贵族、平民和奴隶的社会等级制度、神仙和半人半神的万神殿和"禁忌"（tapu）制，还有移民从其先前的家乡带来的类似主食，语言和文化的特征在夏威夷群岛得以确立。就像波利尼西亚其他地方那样，在随后的数个世纪里，也许在夏威夷和塔希提岛－马克萨斯群岛之间有过无数次往返航行。在夏威夷群岛的每一个主岛上出现了截然不同的王国，而各个王国之间的战争并不罕见。虽然在 16 和 17 世纪也许有西班牙船只访问过夏威夷群岛，但这些访问未曾记载，第一次有记载的欧洲人访问是詹姆斯·库克乘坐"果敢号"实现的，1778 年他在夏威夷主岛的威美亚湾停泊。在 1779 年他死于夏威夷人之手前，库克在其日志里详细记录了从欧洲中心论的视角看到的夏威夷在文化和环境上的特征，之后若干年欧洲的捕鲸者、贸易商、冒险家和传教士蜂拥而至，开始改变这种文化。不幸的是，库克未能在第二大岛毛伊岛发现合适的锚地，该岛由法国探险家拉佩鲁兹在 1786 年第一次访问并加以描述。1790年，在凯帕尼怀（Kepaniwai）之战后，一位强有力的领导人统一了夏威夷群岛，他就是国王卡美哈美哈一世。随后他定都于毛伊岛的拉海纳（Lahaina）。

（4）人类在拉帕努伊岛（复活节岛）上的繁衍生息和随后的人口减少

作为波利尼西亚大三角的最东端，自从 1722 年荷兰探险家雅各布·罗格文发现并在复活节日命名这个岛屿以来，数个世纪里复活节岛对探险家、考古学家和游客来说一直是一个谜团。该岛至少有两个不相干的波利尼西亚定居者团体居住，第一批约在公元前 500 年抵达，可能来自马克萨斯群岛，而后一批波利尼西亚人在文化上与第一批不同。随着越来越多的人口日渐破坏森林植被，复活节岛经历了一场生态灾难。而随着时间的推移这些人结合成为敌对的氏族，为雕刻巨大的石像相互争斗。这些石像以先祖为本，作为保护人，被称为莫埃。石像来自一座死火山的山口采石场，被拖拉到那里，树立在海岸边的平台上。它们变得越来越大，有一些高达 10 米、重 80 多吨。雕刻、运输和树立这些巨型石像的任务耗尽了复活节岛上的资源（Wright 2004：61）。对稀缺资源的争夺导致两批定居者之间的内战，约在公元 17 世纪末的一场凶残的毁灭性冲突中，后者最终被消灭。秘鲁的奴隶贩子几乎使该岛人口完全灭绝。该岛在 1888 年归属于智利。

（5）毛利人在奥特亚罗瓦（新西兰）的定居

关于毛利定居者到达奥特亚罗瓦（新西兰）的时间和情形是有争

议的。一些欧洲学者断定第一批毛利定居者约在公元 1100 年抵达的可能性最大，而想象他们抵达的画卷描绘的是一些饱经风雨、饿得半死的水手，被风远远吹离其预定的航线，因一次偶然的事件发现了"长白云之乡"。然而，目前用放射性碳测定年代能够得到的证据表明，第一批"恐鸟猎人"① 约在公元 1300 年定居，他们是新西兰毛利人的祖先。庞大的恐鸟实际上是一些不会飞的平胸鸟类，看来由于第一批波利尼西亚移民的猎杀而在一个世纪里灭绝。他们的航行很可能并不是被风吹离航线的结果，而是深思熟虑、计划周详、在较长时期内发生的移民。不过，与大多数波利尼西亚移民的其他航行不同，他们的新西兰之旅是从最初在社会群岛（在那里说着相互可以理解的方言）的起点经由库克群岛的拉罗汤加岛向西的航行。毛利人航海者很可能携带的一些常见的波利尼西亚家畜和粮食作物也许不适应新西兰的气候，因此没有存活到现在。例如，在欧洲人到达之际并没有猪，尽管存在许多种红薯。有几批波利尼西亚人也定居在新西兰以东 800 公里的查塔姆群岛上。1835 年，在欧洲人的协助下，好战的新西兰毛利人入侵查塔姆群岛，消灭了那里性情平和的莫里奥里人（Moriori）。

5. 密克罗尼西亚人

密克罗尼西亚群岛位于中太平洋北部，其面积大于美国的大陆部分。充分了解人类在其星罗棋布的岛屿上的定居史还有一段漫长的路要走。可以肯定的是第一批移民并非通过更新世的陆桥抵达，相反，在他们移居西部的关岛、雅浦岛（Yap）和帕劳群岛或东部的澎贝岛（旧名波纳佩岛）、夸贾林环礁和马朱罗（Majuro）时，他们已经是训练有素的水手和航海家。数千年一再发生的移民之旅造就了最早到这

---

① Moa，新西兰所产的类似鸵鸟的巨鸟。——译者注

一地区的欧洲人所觉察的文化多样性。帕劳以西的岛屿很可能最早有人定居，几个世纪后雅浦和马里亚纳群岛的岛民到来。包括土著查莫罗人这种独特的群体在内，这些岛屿的基因和文化构造反映了澳斯特罗尼西亚人的起源。再往东，楚克岛（Chuuk，又称 Truk，特鲁克岛）和澎贝岛由来自东印度尼西亚、新几内亚和瓦努阿图向北迁徙的一批又一批原初波利尼西亚人占据，他们在南马都尔岛（Nan Madol，一译纳玛托）建有古老的石头"礁城"①，19 世纪初在一场飓风之后被废弃。包括马绍尔群岛在内，最东面的密克罗尼西亚很可能由斐济和基里巴斯的海员占据。基里巴斯的人民本是密克罗尼西亚人，尽管如此，他们声称是来自萨摩亚群岛的航海者的后裔。塔拉瓦岛是这个环礁群岛中人口最多的岛屿，也是基里巴斯政府所在地，本地发音是"吉尔伯特"（Gilbert），那是殖民的英国人所取的名称。在第二次世界大战期间，塔拉瓦岛是美国海军与日本占领军激烈战斗的场地。目前基里巴斯的领导人向其他太平洋国家提出，由于担心全球变暖将海平面提高到某个临界点，该群岛的许多较低岛屿会被大量淹没，在此之前那些国家允许其人口移民。具有讽刺意味的是，像基里巴斯、巴纳巴岛（大洋岛）和瑙鲁这样的密克罗尼西亚岛屿是欧洲殖民国家最后正式吞并的地方，却将是率先在太平洋舍弃的地方。欧洲人探险和吞并的叙述是第三章的焦点，它往往造成不幸的后果。

---

① 1595 年葡萄牙人发现该岛荒无人烟，却有人工岛的痕迹，据说巨型石柱有 40 万根之多，与复活节岛的石雕人像一样。——译者注

第三章　在太平洋索取主权：
欧洲人、亚洲人和
美洲人的探险与吞并

即便在它们对其所知甚少的情况下，各大国就对太平洋垂涎三尺。中国所称的南洋，"西班牙湖"，英国、法国和德国在"南海"的殖民地，日本的大东亚共荣圈，目前受美国太平洋舰队保护的"合理的国家利益"：以非常相似的方式，所有这些都在叙述世界强国致力于索求或控制太平洋大片区域的故事。正如本章所强调的，多个世纪以来欧洲人无数次在太平洋探险和索取主权的企图往往是某些对太平洋地理和特性的持久传说和误解所造成的。这些企图也普遍假设"发现"就有无可争辩的权利声明主权、利用资源并征服任何土著居民。

起初欧洲人的注意力集中在环太平洋地区的土地上，传说那里有以黄金或香料形式存在的财富，无论谁征服那些地方就如同中了大奖。邻近的"南海"——哪怕它的界限含糊不清——对帝国主义野心来说是不方便的障碍。随着他们对太平洋环带更为熟悉并开始勘察冲刷其海岸的海洋，欧洲人发现了进一步探险的其他动机。这些激励因素包括据说存在于太平洋辽阔疆域中的广袤而惊人富裕的陆地，即"未知的南方大陆"，还有在其边缘存在可航行的通道的可能性，例如那条西北航道，它们会提供欧洲和东西印度群岛那些盛产香料的岛屿之间更短而方便的航道。这片大洋疆域号称是传教活动的不毛之地，欧洲人侵入太平洋的第二个动机是在其"高贵的野蛮人"当中赢得宗教的皈依者。使主张太平洋区域主权的这些企图披上合法外衣的治国权术的各种手段具有一些共同点，这些共同点是：

- 希望各民族国家——而不仅仅是个别的冒险家——垄断或至少控制和管理大片地区的财富与资源。
- 用高贵无私的外表掩饰这种赤裸裸的盘剥，这种利他主义的特征是把文明和启蒙带给野蛮人。
- 确保当地人接受帝国的统治。
- 如果这一切不可能实现，确保武力强制的手段强大到足以吓阻任何挑战者，无论他们是太平洋的土著居民还是其帝国主义的同伙。

正如第二章所述，人类最早进入太平洋的事件发生在史前时代，它们并非由具有帝国主义思想的国家组织进行，而是由小股的亚洲或澳斯特罗尼西亚水手、渔夫或可能的定居者完成。这些人对太平洋地域的辽阔不可能有充分认识，而且他们不会企图占有太平洋：至少不会以欧洲人采取的方式占据。虽然如前所述，欧洲人侵入的动力在于神秘和误解，但它们导致了非常实用主义的行动，包括吞并殖民的新土地、垄断贸易、征服人民、利用自然资源和劳动力供给、攫取战略优势、获取有可能赚钱的科学知识。虽然可能存在少量证据表明亚洲航海家超越东南亚的南洋地区而进一步远航，但直至19世纪还没有源自亚洲大陆的深入太平洋遥远地域的持久而明确的殖民活动。随着19世纪结束的临近，日本占领了中国台湾和其他一些环太平洋亚洲地带的岛屿地区，而且中国、日本和印度准许——至少没有禁止——签订合同的本国劳动力移民到太平洋的各个岛屿。

一、索取"新世界"

1. 对财富的贪欲

无论对最早在太平洋的欧洲探险家还可以说什么，他们大多是西班牙人（或者是西班牙王室聘用的葡萄牙人、巴斯克人和意大利人），他们是勇敢而大胆的海员。第一批伊比利亚探险家和像意大利航海家哥伦布那样的其他人从早期希腊－埃及制图师托勒密那里借鉴了尚未得到证明的圆形地球的想法，但也采纳了他对地球情形的过小估计。因此，当第一批航海家在 15 世纪末仅仅经过若干星期的航行穿越这个"大洋海"到达"新世界"时，这看起来符合托勒密的估计，所以他们相信他们到达了被认为是靠近印度海岸的"印度"群岛。只是在进一步探险之后，西班牙和葡萄牙的航海家才认识到这些"印度"群岛处在新大陆之外，完全出乎其意料，他们最终以阿梅莉格·韦斯普奇（Amerigo Vespucci）① 命名这片大陆以示敬意。要达到亚洲，他们还必须穿越这片大陆，经过另一处规模未知的海洋。

巴尔沃亚要求"南海"主权

16 世纪初是欧洲人第一次在太平洋环带提出其主权要求的时期，无论在其东部还是西方。1494 年在教皇亚历山大六世的主持下，葡萄牙和西班牙之间签订了《托尔德西里亚斯条约》（Treaty of Tordesillas），旨在防止这两个充满帝国主义思想的天主教国家之间发生冲突。这份条约让西班牙有权在西半球新发现的所有土地上殖民和开发（除了葡萄牙的巴西），使其在环太平洋美洲地区肆意横行。因此，第一个看到这片大洋半球的水域的欧洲人是西班牙的冒险家巴斯科·努涅斯·德巴尔沃亚，而他第一次对太平洋主张主权。巴尔沃亚来自一个高贵但贫穷的家庭，作为在巴拿马地峡的雇佣兵来到美洲，在那些野蛮凶悍、妄自尊大、残酷无情、出身高贵的西班牙征服者当中，他在那里因其对待当地人民的和善态度而出名。从美洲印第

---

①　1454－1512 年，意大利航海家，南美海岸的探险家；America（美洲/美国）是 Amerigo 的英语变体，所以正文说那些探险家以其命名美洲而示敬意。——译者注

安人朋友那里，他得知在西班牙的加勒比殖民地以西，越过山脉，存在着一片巨大的咸海，而在这片海洋的南岸，经过数天航行，有一个巨大而富裕的帝国。在巴尔沃亚的倡议下，他与一小批武装起来的西班牙人和当地的部落人员推进到位于达连的地峡深处，测量了该地的海拔，而在 1513 年 9 月 25 日，在南方的地平线上看到了一片广袤的水域。巴尔沃亚在 4 天后抵达其岸边，宣布这片"南海"① 及其周边陆地是西班牙王室的财产，"从现在到永远，只要这个世界还存在，直到对所有人类普遍进行最终审判的那一刻"。(Otfinoski 2005：45)

巴尔沃亚随后进行了鲁莽并且未经批准的行动，以便到达那个传说中的南方帝国，但他失败了，因为海洋里的木材蛀虫——布洛玛蛀船虫——几乎在其小型帆船放入大海的那一刻就侵袭了其中的木材，迫使他那伙人返回。尽管巴尔沃亚小心地不用木材建造他的小船队，认为这些热带海洋生物不会喜欢那些材料的味道，那时已经知道一旦受到它们的攻击，船身会在数星期内瓦解，但还是发生了这样的事。在船身上使用保护罩的技术当时并没有普及：起初是在船体上安装薄板材，涂上纤维和沥青层，后来用铅或铜板。

巴尔沃亚的相对博爱让位于他对黄金和其他财富的贪求，他下定决心，如有必要就用武力夺取印加帝国。他那不成功而且未经授权的征服之旅走漏了风声，1519 年他在阿克拉（Aclas）的广场上被判有罪并被斩首。

八年后，巴尔沃亚先前的朋友弗朗西斯科·皮萨罗因出卖其同志而得到奖赏，西班牙国王查理五世准许他征服惊人富裕的秘鲁帝国。带着人数虽少但装备精良的西班牙骑兵，使用比巴尔沃亚的更为牢固

① Austral Sea，标题上的原文为"South Sea"，都是一个意思，译文不加区分，但请注意：在并非特指我国所称的南海时，译文一律加引号；此时"南海可能指东南亚地区，更常见的是太平洋的代名词"。——译者注

的船只，皮萨罗洗劫了印加帝国的首都库斯科，运走从其庙宇中搜刮的黄金，估计有 3 吨（Wright 2004：175）。1533 年皮萨罗在利马兴建了新的都城，成为其首任总督。此后他娶了一位受洗过的美洲印第安人作妾，她来自与印加帝国敌对的某个部落，在这个部落的帮助下，他挫败了印加军队对利马发动的反击，在其领导人被皮萨罗的印第安人盟友杀死之后，这支军队四分五裂。就像墨西哥的阿兹特克帝国，在几年内印加帝国因传入的诸如天花、流感、麻疹和黑死病（淋巴腺鼠疫）之类疾病的蹂躏而变得如此虚弱，以至于对西班牙征服者的军事抵抗土崩瓦解（Wright 2004：112）。皮萨罗冷酷而贪婪的掠夺，加上埃尔南·科尔特斯在 1520 年背信弃义，洗劫了阿兹特克的首都特

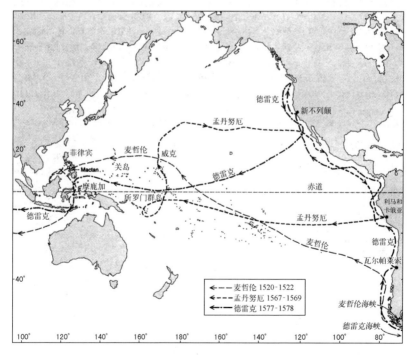

地图 4　麦哲伦、孟丹努厄和德雷克穿越太平洋的航行。采自 Lewis（1977：frontispiece）。

诺奇蒂特兰城，为西班牙占领太平洋环带树立了可耻的先例。在巴尔沃亚首次看到"南海"之后仅仅 20 年，这次征服得以远远推进，而在十年多一点的时间之后，费迪南德·麦哲伦赋予其现代名称——太平洋。

2. 财富之路：欧洲人最早的横渡太平洋之旅

第一次有记录的欧洲人横渡辽阔的太平洋海盆之旅发生在 16 世纪中叶，由葡萄牙、西班牙和英国的冒险家牵头。在巴尔沃亚对"南海"提出无所不包的主权要求之后的 60 年内，在欧洲人依然不了解这个地区的时候，环绕太平洋的尝试不下八次，大多数航行是向西绕过合恩角或者从美洲海岸出发，但有一些人企图从亚洲穿越太平洋到美洲。这里要讨论的这些披荆斩棘之旅有三次：麦哲伦、孟丹努厄和德雷克为开辟路线而进行的探险。鉴于他们几乎完全不知道他们会遭遇什么情况，人们就需要回答一些有关这些探险家的个性和期望的问题。他们深入这个未知世界的动机是什么？太平洋的吸引力为什么如此之大，以至于这些人会冒险横渡它，而且他们用的是设备简陋的小船，其船员因疾病和意外而丧失殆尽，并几近反叛。有迹象表明，在很大程度上，他们的动机全都在于巨大的财富、丰饶的土地、返回欧洲的短程航线的传闻，而且坚信他们的发现会使其富裕且出名：他们认为这些目标值得他们冒着巨大的风险踏上深入这个未知世界的旅程。第 4 幅地图勾勒出其航行的大致路线，他们展开这些航行之时还没有经度的准确记录。他们的发现的重要影响之一是欧洲人第一次形成了对太平洋的观念，尽管这观念依然含糊不清，但它有助于对先前与猜测别无二致的想法赋予实质内容。

(1) 麦哲伦命名太平洋

虽然费迪南德·麦哲伦生为葡萄牙人，但当他在 1519 - 1521 年指挥第一支船队由东至西横渡辽阔的太平洋时，他在为西班牙君主查理五世效力。对西班牙王室来说，在其"新世界"殖民地上添加太平洋及其所包含的土地是其主权的自然延伸。尽管如此，在巴尔沃亚最初发现太平洋之后不到七年，就发生很快被称为"西班牙湖"的这趟横渡的第一次史诗之旅，真是非同寻常。那次动用了两艘武装大帆船——"特立尼达号"与"圣安东尼奥号"——和三艘较小的轻快帆船，后者并不比几个世纪以前第一批波利尼西亚航海家在太平洋所使用的双体独木舟大多少，而且航海性能更差。麦哲伦的船只在西班牙建造，能够逆风行驶，因为它们装备了借鉴阿拉伯人设计的大三角帆。没有这些帆，他们不可能成功地顶着其盛行的西风绕过南美洲。尽管如此，惊人之处在于这些纤弱的船只能够经受横渡太平洋的考验，因为它们的船体构造低劣，几乎需要不断修理。

麦哲伦曾是葡萄牙军队的一员，在 1511 年他们占领了马来半岛上的马六甲。在那里他得知，从印度尼西亚群岛进一步向东有着传说中的香料群岛，即摩鹿加群岛。在失去葡萄牙贵族的欢心之后，麦哲伦放弃了他的国籍，转而为西班牙效力，宣称他有会使摩鹿加群岛根据《托尔德西里亚斯条约》属于赋予西班牙的那部分世界的情报。他说服查理五世相信可以通过较短的航线达到这些岛屿，这条航线尚未发现，但据说存在，包含将新发现的"南海"与南大西洋连接起来的一条通道。

1519 年从西班牙出发，为了搜寻这条传说中的西南通道，麦哲伦耗费了一年时间，沿着南美洲大西洋海岸的每一个有可能的海湾探索，毫无成果。他克服了一些下属哗变和逃跑的困难，此后最终找到了现在以其名字命名的这条海峡。这条狭窄、凶险的通道处在火地岛以北，而逆向的西风和潮流使其穿过该海峡向西的航行曲折而缓慢。他属下的一些指挥官站出来反对他，其中两人被处死，而一艘船的领航员抓住机会使其所在船只返回西班牙，而不是继续这次航行①。幸运的是麦哲伦的破旧船只没有经历排山倒海的海浪和凛冽凶猛的逆风的全部影响，以后的探险家在再靠南一点的地方，在德雷克海峡或火地岛与史坦顿岛之间的勒美尔海峡，遭遇了这些情况。这些更为宽阔的水道此后由英国的探险家弗朗西斯·德雷克与荷兰的指挥官雅各布·勒美尔和威廉·斯考滕发现，最终成为更受欢迎的"绕过合恩角"的路线，尤其是对从太平洋进入南大西洋航行的船只而言。在一年的大部分时间里，向东的船只在"咆哮西风带"自由航行，而事实证明曲折而狭窄的麦哲伦海峡比在其南面但更开阔的那些在合恩角附近的海峡更难以航行。

一俟其剩余的三艘船只在1520年11月到达太平洋，麦哲伦及其船员惊叹于其平静的水域，与他们刚刚穿越的暴风肆虐的南大西洋形成了鲜明的对比。根据这次探险的随船纪事安东尼奥·皮加费塔的记载，麦哲伦本人创造了"太平洋"这个名称。虽然相对而言穿越太平洋海盆的旅行没有危险事件，但对于麦哲伦来说耗费了近4个月的时间才使其状况恶化的船只及其遭受坏血病打击的船员抵达关岛，又用了几个星期到达菲律宾的宿务岛，1521年3月，他们在那里停泊。虽然他们采购了一大批宝贵的香料，对幸存者来说，它们最终会使整个航行非常有利可图，但麦哲伦不明智地干预在麦克坦岛和宿务统治者之间的一场仇杀，1521年4月27日在麦克坦岛上的一次冲突中被杀。最初的五艘船只仅存"维多利亚号"一艘，由起先配备的数百名船员中幸存下来的31人操纵，在麦哲伦的领航员胡安·塞巴斯蒂安·德尔·卡诺指挥下，设法完成了这次环球航行，通过好望角安全

---

① 指"圣安东尼奥"（1520年11月脱逃）；当年10月21日发现麦哲伦海峡，11月28日进入太平洋。——译者注

地返回西班牙。

　　虽然麦哲伦之旅在许多方面是灾难，但它不仅揭示了有关这个世界的一些重要情况，而且助长了对太平洋疆域的猜测和虚构，这种情况此后持续数百年。例如，它证明地球确实是圆的，而且正如其仔细记录的日志条目和西班牙日历之间的差异所表明的那样，由东向西环绕地球航行会失去 1 天。尽管缺乏测量经度的仪器，这次航行对地球的真实周长第一次给出了相当准确的估算。它也使菲律宾成为西班牙的控制范围，但对查理五世来说，根据《托尔德西里亚斯条约》，这次航行而得到的珍贵领土，即摩鹿加的香料群岛，属于葡萄牙主张主权的那部分地球。这次航行丝毫没有消除有关在太平洋里未知的大陆块的谜团。

　　(2) 孟丹努厄搜寻所罗门国王的宝藏

　　欧洲人进行的第一次横渡太平洋海盆并完整返回之旅也涉及追逐神话和贪婪与占有的动机。西班牙年轻的贵族和航海家阿尔瓦罗·德孟丹努厄·德雷瓦拿是秘鲁总督的侄子，当他在 1567 年从秘鲁的卡亚俄出航，向西横渡太平洋之时，他在搜寻拥有丰富金矿的传说之地（第 4 幅地图）。他的副官佩德罗·萨米恩托·德甘博阿（Pedro Sarmiento de Gamboa）是傲慢而凶残的西班牙征服者的缩影，坚信"未知的南方大陆"的存在。萨米恩托和孟丹努厄沉迷于印加人的传说：在太平洋里有块陆地，先前装饰印加庙宇的大部分黄金来自那里。在这次航行中，首要任务是找出太平洋海盆本身所拥有的陆地。孟丹努厄发现并命名了所罗门群岛，他认为那是所罗门国王著名宝藏的所在地。由于冷酷无情的萨米恩托和其他西班牙人粗暴对待土著居民，他们既没有得到迫切需要的食物供给，也没得到所罗门宝藏所在地的线索，而探险队被迫返回西班牙。虽然发现这种贵金属的传说之源以失败而告终，但孟丹努厄充分相信在太平洋存在着一块辽阔而富裕的大陆，因此，他

进行了发现并殖民于"南方大陆"的第二次尝试。第二次航行对追随
他的倒霉的殖民者来说造成了灾难性的后果，随后在西班牙努力殖民
于太平洋的背景下加以讨论。

(3) 德雷克对西班牙垄断太平洋的挑战

英国、荷兰、法国、俄罗斯和其他地方的国民并不感到有义务遵
守《托尔德西里亚斯条约》，而且抓住一切机会挑战西班牙人。英国
探险家弗朗西斯·德雷克在 1577 － 1580 年成为第一个完成环球之旅
的英国航海家。他的动机在于抢劫西班牙的财富和东方香料，而且他
蔑视那份西班牙－葡萄牙的条约。西班牙人满足于他们在太平洋的垄
断地位使海盗对他们的袭击更容易得手：他们在太平洋沿海地区的城
镇没有"堡垒"，而他们的商船几乎不携带防御性的武器。因此，德
雷克得以肆意袭击，随着他指挥"金鹿号"沿着南北美洲的太平洋海
岸向北航行，他劫掠了西班牙人的港口城市瓦尔帕莱索，捕获了满载
金银财宝的西班牙大型三桅帆船"我们的受孕圣母号"（*Nuestra
Senhora de la Concepción*）。他横渡太平洋本身在一定意义上是偶然
事件，因为他也受到这种传说的诱惑：有一条西北通道，使人们可以
在太平洋美洲沿岸和大西洋之间抄近路，减少漫长返程的必要性。

德雷克航行路线的草图（地图 4）表明，在发现他称之为新不列
颠的领土并为英国主张主权之后，他在温哥华岛附近花费了几个星期
搜寻那条西北通道，毫无结果。当他到达北纬 48 度的时候，极冷、
逆风和西北向的海岸趋势令其放弃了这次尝试。为避免无疑会在卡亚
俄附近等待他返回的西班牙战舰，他明智地向西穿越太平洋，通过好
望角回到家乡。

在麦哲伦、孟丹努厄和德雷克航行之后的几个世纪里，西班牙继
续垄断沿着环太平洋美洲地区和跨越北太平洋的贸易，只是受到为数
不多的敌人入侵的挑战，例如 1588 年的卡文迪什（Cavendish）和

1593 年的霍金斯（Hawkins）。每年都有一艘西班牙大型三桅帆船满载商品，从菲律宾的马尼拉离开亚洲，在西风带所在纬度穿越北太平洋，沿北美洲海岸向南航行到阿卡普尔科。尽管偶尔中断，这种每年的货运持续到 1815 年。从 1556 年开始，从波托西和其他地方的矿山开采出来的银子沿着南美海岸运输，卡亚俄港口作为其货运枢纽，这条线路从智利的瓦尔迪维亚（Valdivia）向北延伸，远至巴拿马地峡。在玻利维亚塞罗里科的波托西银矿被开采的这三个世纪里，它生产出来的纯银超过了 4 万吨，使用了数以千计的黑奴和美洲印第安奴隶作为劳动力。就是这一时期，西班牙制定了保守其在太平洋活动和发现的秘密的政策，以期不让其他国家得到任何有用的知识，这种知识会使潜在的竞争对手有意吞并或殖民这块疆域的任何部分。这种秘密是西班牙在驳斥或反对其他国家在它率先探测但没有正式公开吞并的地区里宣告自己的发现上无所作为的源泉，因为西班牙政府对此无能为力。

二、环太平洋亚洲地区

1. 中国、香料群岛和伊比利亚人的权利主张

在 1497 年瓦斯科·达·伽马通过好望角到达印度的航行之后不久，葡萄牙人来到了环太平洋的亚洲地区。到 1511 年，马六甲海峡落入葡萄牙人之手，它是通往香料群岛的入口和环太平洋亚洲地区的贸易中心。1514 年第一批葡萄牙人抵达中国，在那里他们咄咄逼人的举动、一有机会就愿意当海盗的行为搞砸了中国人与信奉基督教的西方的关系。葡萄牙的商人只被允许驻留在一个遥远的南方贸易港——澳门，禁止欧洲势力对其国家或人民造成任何进一步影响的中国人审慎地加以控制。在马鲁古群岛（Maluku，即 Molucca，摩鹿加

群岛）中由德尔纳特岛和蒂多雷岛组成的香料群岛上，穆斯林统治者之间存在争端，通过狡诈地利用他们的矛盾，葡萄牙人得以垄断丁香和豆蔻的贸易，中国和欧洲都需要丁香和豆蔻。1525 年葡萄牙人获得了安汶岛，作为香料的又一处来源，中国人所珍视的有香味的樟脑和檀香由葡萄牙人供应，这些来自他们新近占领的帝汶岛，也来自东印度尼西亚的弗洛里斯群岛和松巴岛。到 1650 年，澳门成为一个繁忙的贸易中心。通过"澳门这艘大船"，每年的贸易"穿梭"将东方的各个港口连接起来。利用西南季风，从印度马拉巴尔海岸的果阿，经由马六甲，这条路线运送着欧洲和印度的货物。在东南亚，葡萄牙人收集印度尼西亚的香料和芳香植物，再到澳门，它是这条贸易路线的枢纽。在澳门，那些货物被用来交换中国的丝绸，再运往日本长崎，用以交换漆器、刀剑和其他精致的金属器皿。随后这些货物被运回澳门，在那里交换黄金、辰砂（朱砂）和瓷器。当这艘"大船"在东北季风期间返回的时候，所有这些商品在葡萄牙人占领的印度果阿的市场上以高价售出。哪怕明朝走向衰亡，由 1583 年占领中国腹地的清朝取而代之，葡萄牙人在这个地区继续进行着贸易。

2. 黄金热：西班牙在太平洋中部殖民地的消亡

虽然此后其他伊比利亚人接二连三在太平洋为搜寻财富而探险，但没人像第一批跨太平洋的航海家那样成功，尽管它是有限的。在一次再现麦哲伦壮举的失败尝试之中，由乘坐"圣莱斯梅斯号"（*San Lesmes*）的伊罗（Hiro）船长指挥，七艘巴斯克船只组成的舰队在 1525 年出发，遵循其路线横渡太平洋到香料群岛。四艘船在通过麦哲伦海峡那暴风骤雨的通道后幸存下来，沿智利海岸寻路向北航行，此后在信风带里奋力西进。在一场风暴中，"圣莱斯梅斯号"与其他三艘船分离，没有到达其预定的目的地。多年后，人们发现在土阿莫土群岛的豪环礁（Hao atoll）上有说西班牙语的波利尼西亚人，认为他们是"圣莱斯梅斯号"船员的后裔。在 1570 年，乘坐"我们的救赎之母号"（*Our Lady of Remedy*），西班牙航海家胡安·费尔南德斯从智利的康塞普西翁（Concepción）前往卡亚俄，在智利以西约 400 公里发现了一个岛群，现在该群岛以其名字命名。他发现的这块殖民地仅仅在两年后就被废弃，留下野羊和兔子作为仅有的幸存者。在乘坐"我们的救赎之母号"航行的下一次探险中，费尔南德斯遇到了肤色浅淡的居民，他们来自东太平洋"富饶而宜人"的地方，可能是复活节岛。这是被保密几个世纪的众多西班牙的发现之一，但在名为"阿里亚斯纪事"的机密文件中有记载。

　　在他第一次航行到所罗门群岛之后 30 年，他依然相信他会在那里找到黄金富矿，阿尔瓦罗·德孟丹努厄带领约有 370 名殖民者组成的团队在圣克鲁斯群岛建立了一个西班牙的殖民地，在路上发现了马克萨斯群岛。不幸的是，他没有能力作为一名领导人，那些殖民者之间发生了许多派系冲突，而且缺乏农业技能，敌对的居民发起致命的攻击，加上营养不良、疟疾和伤寒，导致这个殖民地流产。在孟丹努厄死后，约 100 名幸存者随同孟丹努厄的葡萄牙副手和首席领航员佩德罗·费尔南德斯·德基罗斯返回墨西哥和秘鲁，此人的日记是这次命运多舛的事业的资料来源。

　　人们记住基罗斯主要是因为他随后在 1606 年的太平洋航行中发现并命名了圣埃斯皮里图岛。他在那里建立西班牙的新殖民地的企图以失败而告终，标志是他绑架并无情屠杀当地的岛民，并将他们的残骸挂在显眼的地方，作为对那些"野蛮人"的警告：不要在西班牙人为补给而劫掠当地菜园时对抗西班牙人。这些殖民者也被迫放弃了他们考虑欠缺的冒险，这并不出人意料。基罗斯的船"旗舰号"（*Capitana*）在路上与第二条船"圣佩德里科号"（*San Pedrico*）

分离，后者载运着那个命运多舛的殖民地的幸存者，由路易斯·瓦埃兹·德托雷斯和迭戈·德帕尔多·托瓦尔指挥。当士气低落的基罗斯向东航行时，托雷斯在向西航行，在 1606 年航行到澳大利亚北角和新几内亚南部之间。然而，他并没有认识到这份功绩的意义，甚至没有绘出他的路线，认为南方的陆地只不过是另一个岛屿，而不是澳大利亚大陆最北端的一角。他成功通过这条狭窄而危险的水道，那里多暗礁，潮流难以预料，那是一个重大的成就，尽管很可能他的运气实在太好。他最终到达了菲律宾，但就像很多其他的西班牙探险家一样，他没有机会公开他的航行或其发现的利益：西班牙将其保密多年。这条海峡只是在后来以其名命名，以示敬意。

三、探寻传说中的土地

(1) 英国人与荷兰人在太平洋的冒险

从德雷克以来，英国人与荷兰人深入东太平洋的航行少之又少，其结果是几乎整个环太平洋美洲地区都是没有争议的西班牙领土。除了在合恩角附近进行过一些劫掠外，例如 1615 年勒美尔和斯考膝之旅，荷兰人似乎满足于将其注意力集中在东印度群岛，而且在 17 世纪初若干令人失望的沿新荷兰海岸的冒险之后，他们没有表现出对深入太平洋任何部分的兴趣。虽然他们是第一批有记录的勘察新荷兰的欧洲人，但他们的结论显然是这看来是块贫瘠而恶劣的土地，与传说中"南方大陆"无关。荷兰探险家威廉·扬茨（Willem Jansz）佐证了这一负面判断，他在 1605 年乘坐"达菲肯号"（*Duyfken*）沿约克角半岛的西部海岸航行，此后在 1623 年分别由航海家卡森兹（Cartsensz）和梅利松（Meliszoon）乘坐"佩拉号"（*Pera*）和"阿纳姆号"（*Arnhem*，一作"安亨"）在相同地区进行的探险也是如此。虽然他们几乎到达太平洋和澳大利亚富饶的东海岸，但他们过早因失望而返航。

正如后文将讨论的，埃布尔·塔斯曼（Abel Tasman）在 1642 年对范·迪门地和史坦顿地（新西兰）所作的不利评估加深了荷兰人的失望。1722 年，在受雇于荷兰西印度公司期间，在"非洲战舰"上的雅各布·罗格文看到了复活节岛，如此命名此岛，因为他在那年的复活节日发现了它。但罗格文对存在一块巨大的南方大陆心存疑虑，对看到南太平洋东部有陆地的更早报告不屑一顾。

"绕行合恩角"的危险：英国寻找更安全的路线

17 世纪末和 18 世纪初，西班牙在东太平洋的优势地位日益受到英国的挑战。海盗和私掠者是勇敢踏上"绕行合恩角"那漫长而危险的旅程的第一批英国人。无论他们利用的是麦哲伦海峡、德雷克海峡还是勒美尔海峡，猛烈的逆风减慢了他们的进展。辽阔的大海往往使抢风西行的船只伤痕累累，而且是舰船损伤及其船员死伤惨重的主要原因。有时船只真的被顺着其航线吹回，就像在弗朗西斯·德雷克的"金鹿号"身上所发生的那样，因此，在一年的某些时候，"绕行合恩角"有时耗费几个星期，甚至几个月。虽然英国冒险家到达太平洋时，船只往往严重受损，而且漏水，但由于西班牙的敌意，他们往往找不到安全的地方修理其船只。在这段充满风暴的通道中继续驾驶伤船经常导致随后英国舰队在太平洋内损失船只和人员。

因此，在 1704 年，对灾难即将来临的预感导致亚历山大·塞尔柯克要求把他放逐在胡安费尔南德斯群岛中的一个小岛上，他在那里作为孤独的流放者度过了近五年的时间。此前他是严重漏水的英国私掠船"五港同盟号"（Cinque-Ports）上的水手。事实证明塞尔柯克的恐惧有根有据，因为那艘船确实在南美海岸沉没了，船上的那些人不是淹死了，就是被西班牙人监禁起来了。当伍兹·罗杰斯指挥下的英国私掠船"公爵号"及其姐妹船"公爵夫人号"将其救出时，他的故事就此为人所知。塞尔柯克所在的岛屿当时叫马斯阿铁拉岛（Isla

Más a Tierra，一作马斯蒂拉岛）。后来，当他的奇遇成为虚构故事，丹尼尔·笛福的著名小说使其永存之后，这个岛屿更名为鲁宾逊克鲁索岛。

尽管如此，此后英国人有更多的灾难之旅。在 1741 年，海军准将乔治·安森指挥的六艘战舰因坏血病和经过风暴猛烈的南部海域而损失了大批船员。当安森剩下的船只抵达胡安费尔南德斯群岛时，最初配备的 1 961 人已经有 620 人死亡（Lewis 1977：143）。

多年来在恶劣天气下绕行合恩角的严酷考验无疑在一定程度上造成在向太平洋航行的众多船只上出现法纪丧失和叛乱。例如，在巴塔哥尼亚的沿岸，无论是费迪南德·麦哲伦还是弗朗西斯·德雷克都挫败了叛乱，要么放逐要么处死为首分子。在这个遥远而危险的地区，舰船官员或其经受长期磨难的船员从来不敢对哗变的威胁掉以轻心。由于受英国海军部的官僚主义拖累，威廉·布莱被迫在冬季试图绕行合恩角，他不得不返回并采取更漫长但更安全的路线，经过好望角向东，到塔希提岛寻找面包果树种。正如随后所讨论的，有可能是因为他企图绕行合恩角的时间太长，加上他迫使其船员吃他们认为低劣的食物，造成英国军舰"邦蒂"离开塔希提岛之后发生哗变。

随着更多的英国船只为了发现在"南海"的富有而肥沃的大陆而进入太平洋，加上与印度和东亚的贸易增加，英国开始感到寻找更安全而且更短的海上航线的迫切必要性。在 18 世纪里，"绕行合恩角"与致命危险是同义词，造成为太平洋航行而招募船员极其困难，尤其是在英国港口。在绕行合恩角之前，必须修理船只并再度补给，而英国感到由英国航海家在 16 世纪末看到的福克兰群岛（即马尔维纳斯群岛）会是通往太平洋的航线上一个关键的停泊点，直到能够找到一条更短的路线，它或许会经过北极区。因此，在 1764 年英国派海军准将约翰·"坏天气杰克"·拜伦（John "Foul Weather Jack" Byron）乘坐"海豚号"勘察和吞并福克兰群岛，将其作为英国的一个分站。

传说中的南方大陆：英国的错觉

当 18 世纪中叶苏格兰"陆地"理论家亚历山大·道尔林普（一作达伦蒲）凑巧在伦敦的一家书店发现了西班牙传言中秘而不宣的"阿里亚斯纪事"的一份抄本时，它在不经意间刺激英国人进一步侵入西班牙控制的太平洋地域。这本书的发现看来使道尔林普更加坚信在太平洋的东南部确实存在着一片辽阔的大陆，它有可能富裕而肥沃。他勤勉地收集航海者"观察"陆地的报告，将这些报告与海员日志中有关某块陆地附近的观察"证据"结合起来，例如鸟群、洋流和飘浮的船只残骸。加上从 16 世纪迪耶普（Dieppe）地图中得到的真伪不明的信息，道尔林普在 1767 年出版了一本巨著，题为《1764 年之前在南太平洋取得发现的记述》。这本书号称基于事实，影响了当时地理学家和领航员的思路，直到詹姆斯·库克的航行表明这些"发现"的根据是过度的想象和一厢情愿的见解，没有更大的意义。

与荷兰人不同，在与西班牙敌对的阶段内，受到可能攫取航行在智利和墨西哥之间的水域或横渡太平洋到马尼拉的财宝船的诱惑，英国人坚持在太平洋内进行他们的劫掠。但他们也是早先英国探险家的错误信息的牺牲品。例如，在 1687 年经过合恩角到加拉帕戈斯群岛的路途中，乘坐"单身汉的快乐号"（Bachelor's Delight）的海盗爱德华·戴维斯相信他在西面看到了陆地，但没有靠近它。在该时期的海图中记录了这次观察，赋予其"戴维斯之地"的名称，以后再也没有人看到过这块陆地。

同样，围绕那块南方大陆的存在与否，18 世纪英国深入太平洋的每一次新探险只不过起到了加剧困惑和捉摸不定的作用。随意的导航和制图加重了这种普遍的困惑，而海员不能计算经度起到了推波助澜的作用。因此，英国海军部极其希望约翰·拜伦在 1764 年的航行能够解开这个谜团。他从福克兰群岛向西航行，感到他肯定瞥见了南太平洋中的一块辽阔的大陆，但无法追随这些模糊的观察。事实证明，拜伦在其探索中既没有找到传说中的那块南方大陆，也没有找到同样模糊的从亚洲的太平洋海岸到北海的那条东北通道，这令英国失望。拜伦取得了价值相对小的发现，因为他不幸选择了使其横渡空旷的北太平洋的路线。

得知法国和西班牙正在准备对太平洋进行新的探险，受此刺激，1768 年英国海军部派出塞缪尔·瓦利斯，给他的命令是勘测太平洋并搜寻那块"南方大陆"。他乘坐整修一新的"海豚号"，由乘坐"燕子号"的菲利普·卡特里特陪同。在这次探险的航程中，瓦利斯报告从南大西洋进入太平洋的最佳路线不是通过变幻莫测的麦哲伦海峡，而是通过更为开阔的勒美尔海峡。虽然瓦利斯和卡特里特未能找到南方的大陆，但在 1769 年瓦利斯确实发现了一个有显著吸引力的有居民的群岛，它俘获了欧洲的想象力。那当然就是社会群岛以及说波利尼西亚语的塔希提人民。利用在第四章里讨论的改进技术测量经度，瓦利斯能够向詹姆斯·库克提供准确的经度和纬度测量，避免耗时费力地搜寻塔希提岛。在旅程中库克观察了金星凌日。与此同时，卡特里特因坏天气与瓦利斯分手，发现了一个小岛，他以其海军候补少尉罗伯特·皮特凯恩的名字为之命名。他在其海图上不准确地记录了小岛的位置，后来的事实表明那是"邦蒂号"哗变人员的好运，他们意外地再次发现了这个岛屿，并藏在那里逃避追逐他们的英国海军。

拜伦、瓦利斯和卡特里特的航行是即将展开的更多探险的前兆：在"邦蒂号"哗变者的路线上，像詹姆斯·库克、威廉·布莱、乔治·温哥华和爱德华·爱德华兹这样的名人炙手可热，他们作为太平洋的探险家，大大提高了英国的声望。总而言之，在 1765 年到 1793 年之间，15 艘英国舰船在太平洋探险、发现、占有领土或开发利用太平洋岛屿的资源。对其中许多人来说，一个重要的目标是发现"南方大陆"。

(2) 追逐海市蜃楼：占有"未知的南方大陆"的竞赛

很容易想象，随着一艘又一艘舰船回来，带着"看到"的含糊报告，却没有存在一块辽阔的南方陆地的坚实证据，欧洲所感到的沮丧。事实上，甚至在欧洲人对太平洋领域作为一个大洋半球有任何概念之前，许多航海家纷纷号称自己是第一个发现那块传说中的南方大陆的人，并对其提出主权要求。自公元前 4 世纪起，亚里士多德以来的作家猜想，必定存在那块大陆才能"平衡"北半球的巨大的大陆块。如前所述，埃及-希腊的制图师克罗狄斯·托勒密在公元 150 年猜想，在南方的温带有一块辽阔的大陆，它会使任何拥有它的欧洲国家非常富裕。16 世纪主要的地图绘制者充分相信它的存在，将其轮廓画在他们的世界地图上。赫拉尔杜斯·墨卡托（Gerardus Mercator，一作杰勒德斯或杰勒杜斯，发明了以其名命名的地图投影法）和亚伯拉罕·奥特柳斯（Abraham Ortelius，他绘制了世界上第一批公开出版的地图，题为"寰宇概观"［*Theatrum Orbis Terrarum*］）用这块大陆的轮廓装饰其世界地图，他们称之为"尚无从得知的南方大陆"。贾科莫·加斯托迪在 1550 年制作的一幅地图把称为"未知的火之陆"的大陆块几乎塞满亚洲和美洲大陆之间的太平洋中北部区域。1642 年，荷兰航海家亚伯·塔斯曼在离开范迪门地之后，当他看到他称为史坦顿地的新西兰时，他猜想他到达了传说中的南方大陆的西海岸，相信这与位于阿根廷东南部有着那个名字的嶙峋的岩石露头有关。塔斯曼是有记录的第一个在太平洋西南部探险的欧洲人。

1657 年，在其题为《地球志》的一书中，彼得·黑林完美叙述了这块南方大陆存在的越来越多的证据，雄辩地呼吁为寻找这片陆地而进一步在太平洋航行。然而，如果他们知道太平洋的真实情况，欧洲各国不可能在 18 世纪花费发起众多伟大的探险之旅所需的巨额资金，那些航行戳破了"南方大陆"的谜团。但强有力的人物联合起来，轻描淡写处理先前的失败，宣称发现"南方大陆"只是个时间问题，发现它的人会获得声誉和名望，并且使派他去的国家富裕。

因此，在数百年的时间里，欧洲的航海大国不断派出探险队搜寻传说中的那块南方大陆，其中许多人带回诱人的只言片语指出了它的大致位置和范围。从这些早期尝试逐渐浮现的情景可以断定，如果存在这块未知大陆，它必定四周是海，与所有已知大陆块分离。在英国，由坎贝尔、卡兰德和道尔林普为首的"陆地学派"走得如此之远，以至于宣称"南方大陆"在塔希提岛的西南面，在"割礼角"（布维岛，由法国探险家让－巴普蒂斯特·布维在非洲南部看到）、新西兰的西海岸有海岬，还有戴维斯地（Davis Land）的蜃景——它为此必须是这个样子。一劳永逸地驱散"南方大陆"的谜团还有待詹姆斯·库克。

戳穿谣言：库克的第一和第二次航行

在詹姆斯·库克之前，由于海图不可靠，在太平洋南部和中部的发现和占有的价值令人怀疑：有关太平洋港口的实际知识存在着巨大的差距，并且缺乏足够准确而可靠的手段支持为可能占有该地制作的海图。常见的情况是，在漫长的太平洋航行期间，看到特定海岸或岛屿的时间点也影响到所完成的详细海图的准确性和数量。这是因为在海上航行数月或数年之后，船只往往漏水，迫切需要修理；船员人数减少，幸存者因病而疲惫不堪；食物供给越来越少，实行严格定量；在漫长航行终了之际，船员普遍思乡心切；这一切不利于对看似不毛之地的新领土进行深入勘察。因此，英国探险家威廉·丹皮尔是第一批访问新几内亚和新不列颠加泽尔半岛部分地区的欧洲人之一，他在1700年经过这个地区时显然处于无精打采的心理状态，仅仅凭主观印象勾勒海岸线以为记录，用圣乔治湾这样的名称给其一些地方取名①。

1767年菲利普·卡特雷特再度访问这个地点，他绘制航海图时很仔细，认识到后者的特征是海峡，而不是一处海湾。虽然人们或许可以原谅制图误差和不严格的测量方法，但不能原谅的是一些探险家添枝加叶以及在其航海图上用编造出来的观察数据和"发现"之类来弄虚作假的习性，他们其实根本不曾进行那些观察并得到那些"发现"。在其日志里，詹姆斯·库克对先前的制图师和航海探险家的这种不负责任的做法表示反对：

> 我知道他们（先前的航海探险家）画下了他们从未看到过的海岸线，标注了他们从未测量过的水深，总之，他们如此在乎他们的业绩，以至于在"勘察、计划等"的标题下以假乱真。这些事情迟早会造成恶劣的后果，不可能不使其所有工作声名狼藉。
>
> 引自 Baker 2002：153

库克充分意识到他的三次航行（如第5幅地图所示）的永久遗产不会仅仅是新陆地和海洋的发现与描述。对库克——还有英国海军部——来说，同样重要的是制作精确的航海图；测试新的航海仪器和技术，例如利用月球的角度和精密计时器（天文钟）取得准确的经度测量；找寻在英国及其太平洋地区的贸易伙伴之间的更短的海上航

---

① 作者强调的是丹皮尔的漫不经心，圣乔治在欧洲是常用名称，例如在马耳他就有同名海湾，表明丹皮尔并不看重他的"发现"，否则他会用自己或自己敬重人物的名字为之命名；根据下文，那其实还不是海湾，而是海峡。——译者注

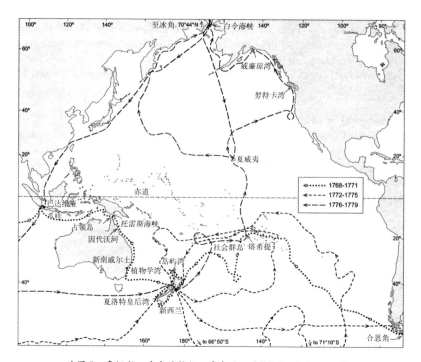

地图 5　詹姆斯·库克的航行。采自 Grenfell Price（1971：xxii）。

线；代表英国君主建立殖民地的行动。库克知道，所有这一切是大英帝国向太平洋扩张的先决条件。

　　库克第一次到太平洋的航行有两个主要目标。第一个目标表面上是对某类天体食——金星凌日——进行经验观察，它是公开宣布的。天文学家埃德蒙·哈雷在 1769 年 6 月 3 日预言了这次金星凌日。这种事件每 243 年才发生四次。但是，除非认为这是纯粹的科学事业，否则就有必要指出，计划在刚发现的塔希提岛进行的这次金星凌日持续时间的经验记录有一个非常实际的目标。它是在全世界不同地点对同一事件进行的观察之一，旨在取得精确的金星凌日的当地时间，准确测量地球与太阳之间的距离和太阳的直径，皇家天文学家内维尔·

马斯基林会借此汇编航海数据。以后领航员可以利用这些数据简化计算经度的费力而耗时的数学过程。因此，对于遥远大洋上的准确航行和发现岛屿与贸易路线的精确制图来说，这种测量至关重要。英国海军部如此看重这一点以至于它向发明计算经度的可靠方法的任何人提供两万英镑的奖金——在当时那可是一大笔钱。不幸的是，库克及其天文学家助手查尔斯·格林因某种视错觉而沮丧不已，库克说那是太阳周围的某种大气或光环，在金星接近日面边缘的时候，它看起来混同于金星的阴影，阻碍了对金星凌日耗时的准确度量。这就使人怀疑马斯基林方法的最终准确性，这种情况令这位皇家天文学家极其不快，同时赋予新近发展起来的使用精密计时器确定经度的另一种方法甚至更加重要的意义。

因此，库克未能实现两大目标的第一个。但英国海军部还给过他一套命令，这是秘密的。随着他离开塔希提岛，库克打开信封，得知海军部要求他验证陆地理论界的推测：在南太平洋中纬度地区，在塔希提岛和新西兰之间存在一块辽阔的大陆。这些命令要求他行进到南纬 40 度，向西航行，直到他抵达陆地（从塔斯曼的日记中得知新西兰的西海岸处于这一纬度上）。

库克向西到新西兰的航行使其经过亚历山大·道尔林普宣称存在的那块大陆的推测位置。作为曾为东印度公司工作过的有影响力的科学家，道尔林普游说英国海军部，试图替代库克领导前往塔希提岛的这次探险。然而，库克是经验丰富的海军军官，而道尔林普是平民，因此，英国海军部拒绝了他的请求。库克因此忍受了这位心怀怨恨的对头的长期敌意和不公正的批评。但对库克来说，当他能够证明道尔林普的"南方大陆"是一派胡言时，那是非常令人满意的报复。库克日志的内容表明，从缺乏通常在辽阔的大陆块附近可以找到的洋流来看，就沿着他到新西兰的指定路线上看不到陆地的情况而言，显然在世界的这个部分不存在辽阔的大陆。英国也因这个（负面的）发现而走出两难境地：它已经在欧洲和美洲殖民地卷入了冲突，如果库克发现了这样一块新大陆，英国就会面临保卫它并向新增的殖民地提供资助的严重压力。

在其第二次（其实还有第三次）航行中，库克的日志条目表明在南半球中纬度地区的任何地方都不存在除已经发现的澳大利亚大陆之外的辽阔大陆块。因此，他成功地戳破了"南方大陆"的谎言。但他在第二次航行的日志表明，他怀疑在南极附近存在一块大陆，那时他第一次穿越南极圈。1775 年 2 月 6 日，星期一，他在日志条目里宣称："我坚信在南极附近有大块陆地，它是覆盖这片'南方大洋'的大多数冰块的来源。"（库克的日志，1775 年 2 月 6 日，星期一，引自 Grenfell Price 1971：184）正如第 5 幅地图所证实的，在解决"南方大陆"存在与否这个问题上，库克的航行表现出他尽心尽力和百折不挠的品性。在他的勤勉搜寻中，库克三次穿越南极圈，1774 年 1 月 30 日到达塔希提岛以南，南纬 71 度 10 分。他非常接近于发现南极洲，只是因为它周围有危险的大块浮冰而失败。

四、搜索神秘的西北通道

除了发现"南方大陆"并主张主权的预期之外，或许早期欧洲探险家在太平洋所寻求的最大奖赏就是传说中的西北通道的位置，那条通道会使其发现者得到从欧洲到香料群岛以及中国和印度市场的捷径。谈到确定这条难以捉摸的水路的位置，热那亚的航海家约翰·卡波特是最早进行尝试的探险者之一，由一批英国布里斯托尔商人提供资金，他在 1497 年试图到达中国。他抵达如今是加拿大新斯科舍省的海岸时，他使其资助者相信他确实到达了东方。1553 年，由卡波特之子塞巴斯蒂安资助，英国公司"商业探险家"派出休·威洛比爵士再次找寻到中国的北方海上航线，未获成功。1576 年，马丁·弗罗比歇（一译法贝瑟）爵士的探险延续了英国对航道的搜寻，下一次探险在 1585 年由约翰·戴维斯进行，毫无成果。1611 年，当他第四次也是最后一次从大西洋出发，寻找这条难以捉摸的航道时，在哈得孙湾，亨利·哈得孙、他的儿子和一些忠实的船员被哗变的船员放逐。在以后的数个世纪里，英国人会继续进行更多次不成功的尝试，其实例不胜枚举。

　　法国和荷兰也进行了寻找从欧洲到中国的北方海上航线的一些早期尝试，同样没有成功。例如，1596 年，威廉·巴伦支在其第三次试图通过向东部航行到达中国时，他因船困于冰中而死亡，那些饥寒交迫的船员不得不上岸过冬，用沉船上的木材搭建一间小屋。1613 年，萨缪尔·德尚普兰试图通过圣劳伦斯河和渥太华河寻找到"中国"的航线。虽然事实并未证明这是长期寻求的通往中国的航道，但它确实在几个世纪里成为法国通往加拿大西部内陆的皮毛贸易路线。这些早期的英国、法国和荷兰的失败并没有使其他人放弃穿越新世界北方海域的路线的想法。

　　英国保持着对该地区一部分的领土主张，那是由哈得孙的海湾公司在 1670 年开拓的，而几代英国航海探险家执著于寻找那条西北通道。在这一时期内，英国也感到尤其迫切，因为西班牙控制中美洲和法国沿劳伦斯河的势力越来越大，危及英国与印度和中国的获利丰厚的贸易。1776 年英国失去北美殖民地反而强化了它对找到一条西北航道的渴望，因为相对绕过非洲并跨越印度洋或经由危险重重的合恩角的漫长而代价巨大的航程而言，这是留下来的唯一可行的替代之道。英国如此重视找到一条通往中国——它与中国的纺织品、茶叶和瓷器贸易不断增长——及其在印度的殖民地的更短路线，以至于国会投票拨付两万英镑的巨额经费，用于奖励北方航道的任何船只的指挥官，该航线在西班牙控制的北美太平洋海岸以北，即北纬 50 度以上的路线。

　　由于从大西洋出发寻找海上航线屡屡失败，许多人开始认为，就找到这样一条水路而言，在北太平洋周边的海岸线勘察也许更为容易。以西班牙为例，它利用在环太平洋美洲地区的据点，在其控制的领土上寻找这条难以捉摸的西北航道。早在 1574 年，西班牙探险家胡安·费尔南德斯·德拉德里罗宣布他在北纬约 60 度找到了这样的一条航道。在 1588 年，另一位伊比利亚人洛伦佐·费雷尔·马尔多纳多宣布他经过了被称为阿尼安海峡的航道，他宣称从哈得孙海峡进入该航道，抵达在阿拉斯加州的威廉王子湾附近的太平洋海岸。虽然两项宣布显然是骗局，但在当时足以使人们相信，诱导他们试图找到那些航道。在 1592 年，胡安·德富卡发现了他认为是在太平洋海岸的阿尼安海峡到加利福尼亚北部的航道入口，在北纬 48 度。他其实是墨西哥总督聘用的希腊水手，名叫阿波斯托拉·瓦勒瑞安努斯。他指挥两条小船，用了近 3 个星期的时间勘察现在被称为德富卡海峡的内部航道，此后返回墨西哥的阿卡普尔科。虽然西班牙禁止公开这些和此后航行的发现，但它显然核查了这些报告，证实沿着其控制的西北海岸的任何地方不存在从太平洋到大西洋的适于航行的水路。因此，在 18 世纪末像英国这样的敌国表现出对这一地区的兴趣之前，在北太平洋环带的进一步勘察上，西班牙人毫无作为。

　　与此同时，俄罗斯帝国也需要找到一条通往东方的安全而可靠的海上航线，而且渴望将其势力范围扩大到太平洋。它派出了四支探险队，填补了对北太平洋环带已有知识的一些重大空缺，同时加剧了对其他地方的误解。虽然米哈伊尔·格沃兹杰夫和伊凡·费奥多罗夫在 1732 年访问了阿拉斯加海岸，但未能驱散在俄罗斯地图制作者当中流行的错误观念：阿拉斯加是个大岛。1741 年 6 月，为进行基本的勘察，由达内·维图斯·白令指挥的"圣彼得号"和由彼得·奇里科夫指挥的"圣保罗号"从堪察加半岛出发。虽然在理论上两艘船理应相互支持，但它们过早分开。奇里科夫在北纬约 56 度抵达北美海岸，而白令及其船员沿西伯利亚海岸搜寻一条西北航道，其船只在科曼多尔群岛（Commander islands，或译为指挥官群岛）的一个岛屿失事，该岛现在名为白令岛。1741 年 12 月，坏血病在这里夺去白令的生命。在次年春天，他的幸存船员返回俄罗斯本土，那是一次英勇的航行。

随后还有其他的俄罗斯探险，例如克列尼岑和列瓦绍夫在 1773 年进行的探险。这些探险导致俄罗斯在 1788 年第一次正式主张阿拉斯加的主权，那时西班牙和英国的探险队也在忙于对附近的阿拉斯加沿海地区和群岛提出主权要求。西班牙未能在这个地区建立一个牢固的据点以维持其主张，从而退出。俄罗斯沿着其海岸建立了六个港口和村庄，远至北纬 52 度以南，从而巩固了它在北美的殖民地，最终其殖民地扩大到阿拉斯加半岛和阿留申群岛的大部分地区。它保有其阿拉斯加领土一个多世纪，1867 年由威廉·苏厄德（一译西沃德或西华德）为美国买下该地。

在哈得孙航行之后的几个世纪里，英国对寻找西北航道的执著并未减弱。它依然控制着哈得孙湾，尽管在圣劳伦斯和大湖地区以南有法国（后来是美国）的竞争。虽然英国皮毛商塞缪尔·赫恩已经证明从哈得孙湾向西没有航道，但英国依然希望在更远处的北方可能存在一条这样适于航行的通道。在 18 世纪和 19 世纪，新的一代英国探险家忙于找寻这条通道，从约翰·拜伦、詹姆斯·库克和乔治·温哥华到约翰·罗斯和约翰·富兰克林。由于 1765 年拜伦的努力被其上级认为太过胆怯，他们对詹姆斯·库克的能力寄予厚望，期盼他像解决"未知的南方大陆"的问题那样，解决西北航道是否存在的问题。因其在太平洋上的两次杰出的发现之旅，库克现在是著名指挥官，深孚众望。

詹姆斯·库克寻找西北航道的灾难之旅

在库克第三次也是最后一次航行中，他的船只是其老朋友"果敢号"，一艘惠特白级的运煤船，自其上次航行以后被改建为海军的小型战舰，还有小一些的运煤船"发现号"。"果敢号"的改建在德特福特完成，改建工作管理不善，有腐败和无能的迹象，以次充好，用不符合标准的材料改建这艘船，比如劣质的桅杆和填缝，毁掉了库克的第三次航行。他对其船只状态的不满意导致他脾气暴躁，那本不是他的性格，可以认为那是造成他死于桑威奇群岛（夏威夷）的波利尼西亚人之手的一个重要因素。在库克离开夏威夷后，"果敢号"的前桅在一场风暴中开裂，导致他返回那里修理前桅，结果是他的悲剧性死亡。

库克发现那条西北航道之旅的开端还不错。在遣返一名叫欧迈（Omai）的塔希提人（在其第二次太平洋航行时由库克的副手菲尔诺带回英国），"果敢号"的库克和"发现号"的查尔斯·克拉克沿西北海岸航行，搜寻65度以北的水域——那显然是西班牙的地盘，看是否有可能通往巴芬湾或哈得孙湾的峡湾或水面。如果发现了这样的地方，他们就会用英国海军部提供给库克探险队的预制船进行全面的勘察。如果在冬天到来之前还不能发现这样的通道，库克的指示是向西航行到堪察加半岛，当春天来临时再寻找一条西北航道。虽然库克没有发现温哥华岛和北美大陆之间的胡安·德富卡海峡，但他进入了努特卡湾（他将其命名为国王乔治湾），沿库克湾北上，在"占领角"为英国王室正式主张北美北部沿海地区的主权。他穿越了白令海峡，他对白令的先前探险有所了解，随后进入北冰洋，在北纬70度44分抵达冰角（Icy Cape）。在这里，从亚洲沿海地区延伸到阿拉斯加北海岸的大块海冰阻止了他的进一步探险。此时此刻，夏季即将结束，库克做出了返回夏威夷过冬的决定。

库克在北冰洋未完成寻找那条西北航道的探险意味着其他人注定会进行尝试，希望自己的运气更好。1818 年，约翰·罗斯在试图通过加拿大以北的北冰洋水域失败后返回英格兰。次年，约翰·富兰克林用危险而艰难的陆上探险开始其对那条西北航道的执著搜寻，他的目的是绘制加拿大北部沿海地区的地图。随后在 1845 年的探险中，富兰克林指挥两条装备精良的船只，"埃里伯斯号"（*Erebus*，或译为"阴阳界号"）和"特罗号"（*Terror*，或译为"恐怖号"或"惊悸号"），抱着对成功的巨大希望启程。因为他是经验丰富的北冰洋探险家，所以在 1847 年之前没人担心他的安全，那时他的妻子组织了一系列搜救的第一次远征。在随后的岁月里，从因纽特人那里以及从威廉·帕里爵士和其他人进行的搜救探险得到的证据表明富兰克林及其船员显然遇难了。最终，富兰克林命运的细节重见天日。他的两艘船被困住并撞毁，而在富兰克林死亡后，幸存的船员离船前往海冰和加拿大北部的冻土地带，似乎不考虑从当地的因纽特人那里寻求帮助的可能性。在他们能够到达某个欧洲人的前哨基地之前，128 人全都遇难。

在 19 世纪，对北方海上航线的搜寻在继续进行，主要是英国人和法国人，以后则是美国人。具有讽刺意味的也许是起初作为一条通往太平洋的神秘航道后来成为现实，许多船只成功地通过北冰洋海域。由瑞典人阿道夫·诺登·希耶德在 1898 年最先开辟了一条西北通道。1905 年，挪威探险家罗尔德·亚孟森乘坐"约阿号"（*Gjøa*）通过一条西北航道，该船的设计意图是压过浮冰，尽可能减少该船被冰撞毁的危险，不能像以往被北冰洋冰块困住的许多船只那样。在

20 世纪中叶之前，他的壮举不曾再现，那时通过这条西北航道的第二次航行得以完成，这一次穿越北冰洋的航行自西向东。这艘船是加拿大皇家骑警队的双桅纵帆船"圣劳殊号"（*St. Roch*），它在 1940 年 6 月从温哥华出发，在因被冰困住而度过两个冬天之后，在 1942 年 10 月到达大西洋沿岸的哈利法克斯。

特殊设计的极地破冰船的出现以及在冷战期间北极所具有的战略价值意味着有许多水面舰船和潜水艇在随后的几十年里通过了北冰洋。在北极圈迅速变暖的当前，商业货运利用穿越加拿大和阿拉斯加北部的四季通航的水道至少是一种显而易见的可能性。那些船会遵循美国破冰的超级油轮"曼哈顿号"所开辟的路线，该船在 1969 年的返程是从费城到阿拉斯加的普拉德霍湾。虽然对开采阿拉斯加的石油而言，那次航行起到的作用是确定海上运输的经济性不如输油管线，但以目前夏季海冰收缩的速度，最早在 2025 年，北大西洋和太平洋之间的一条深水商业航线将成为现实，而目前正在建造能够利用这条路线的大型商业船只。

五、太平洋的领土主张与反主张

除了他们早期对拉丁美洲大陆和菲律宾的征服之外，西班牙在殖民太平洋其他地方的努力鲜有成功。这种情况也许可以部分解释为：除了为牟利而追逐更多贵金属和奢华货物之外，西班牙没有明确界定的寻求进一步占有殖民地的目标；还有它尽可能强制太平洋的人民皈依天主教。如前所述，试图在所罗门群岛建立西班牙殖民地的传奇是一段大规模无能和管理不善的故事。虽然在该地区是否有其他西班牙人或葡萄牙人（就此而言还有中国人）的探险是人们在茶余饭后的话题，但不存在过硬的证据，尽管不时有激动人心的"发现"，例如最近有一位考古学家在澳大利亚东海岸的北斯德布鲁克岛（North

Stradbroke Island）的沙滩上发现的那枚西班牙硬币。在 1770 年到 1775 年之间，西班牙发现那块"南方大陆"——但没有记录——和殖民塔希提岛畏畏缩缩的一再尝试，不符合其一贯特征。在那段时期内，西班牙派出了四支探险队，而且在坦缇拉（Tantira）上不成功地设立传教机构。詹姆斯·库克在其第三次航行中发现了废弃的西班牙传教所，其铭刻"卡洛斯三世国王，1774 年"表明西班牙认为它有权占有这些岛屿。在这段铭文旁边，库克刻下"乔治三世国王于 1767、1769、1773、1774、1777 年"，表示他认为英国在此拥有更早和更持久的利益，而且主张对塔希提岛的主权。然而，这些先前对主权的宣示并没有妨碍法国后来吞并这些岛屿，将其作为法属波利尼西亚的一部分，确立对该地区的殖民统治，直至今日。

1. 马德里失去"西班牙湖"

正如我们已经知道的，尤其是在 18 世纪里，西班牙人极其不愿意公开他们在太平洋的发现。虽然他们的马尼拉大型三桅帆船横渡"西班牙湖"长达一个世纪，他们的指挥官通常不会得到进行发现或吞并新领土的指令，而只不过是从墨西哥阿卡普尔科的正西方出发，在西风带中从东方归来，沿着加利福尼亚海岸向南回到其母港。这种保密的原因可能在于马德里担心西班牙不可能在军事上保护任何进一步吞并的领土不受欧洲对头或俄罗斯人和美国人的入侵，而公布发现结果只可能刺激潜在竞争者的胃口。虽然这或许是切合实际的判断，但它并不有助于西班牙在法律上为其主张主权而申辩。在一些场合下，西班牙基本上就是向诸如英国、法国和俄罗斯之类的"暴发户"放弃其领土主张，甚至不发出断然的质疑。18 世纪末，当西班牙在北太平洋的整个领土受到威胁时，马德里终于从其昏睡中惊醒，认识到巴尔沃亚在 1513 年对"南海"声明的永久主权不足以使对立的主权要求者退却。即便如此，它的反应仍然虚弱而无效。

在 18 世纪期间，西班牙根本无力保卫其在太平洋领土的一个例子足以说明这一点。因俄罗斯和英国对北太平洋的帝国主义野心的谣传而警醒，1767 年西班牙在圣布拉斯（San Bias，即墨西哥）设立了海军部，负责扩大和保护西班牙在圣地亚哥和蒙特里（Monterey，两地均在今美国加利福尼亚州）传教定居点。但西班牙对军事占领其现有殖民地的担心程度较小，更为感到不安的是欧洲强国的对头有可能确实发现在其领地的北极方向上的西北通道，或者在欧洲和太平洋之间或许有另一条可以航行的通向东北的路线，从而形成新的港口、殖民地和贸易关系，那会破坏西班牙自身的贸易体系。因此，马德里发布命令，必须在阿尔塔加利福尼亚（Alta California）的传教殖民地修建军事要塞，而新西班牙的总督安东尼奥·玛丽亚·德布卡雷利－乌苏亚应该从圣布拉斯派出一支武装探险队沿着北美的太平洋海岸勘察纬度更高的地区，调查沿着这条海岸线的土著居民是否接待过来访的其他欧洲国家船只，如果遇到这样的外国船只或殖民地，宣示西班牙的主权并命令侵入者离开。1774 年，在胡安·何塞·佩雷斯·埃尔南德斯的领导下，西班牙派出了第一支这样的探险队，他未能到达北纬 60 度，没有携带制作这条海岸线的地图的设备，而且未能遵照既有的西班牙规范正式占领新的土地。因此，一年后西班牙派出第二支探险队，明确指示他们每天记录所行进的路线、风向和潮流方向、陆标、岛屿和沙洲以及任何其他有用的航海信息，也指示他们在尽可能多的地方登陆并实施正规的占领仪式（Vitale 1993）。参加这次探险的有三帆快速战舰"圣地亚哥号"（*Santiago*）和纵帆船"索诺拉号"（*Sonora*），前者的指挥官是布鲁诺·德赫济塔，后者的指挥官是胡安·波地加－夸德亚。

西班牙船只没有携带训练有素的科学家，与此时此刻英国和法国派出的探险队截然不同，他们能够获得有关该地区植物、动物或矿物资源的有用信息。对西班牙探险队来说，使当地人皈依天主教一直是一个重要的动机，他们的船员当中确实有得到任命的神职人员。然而，他们没有对所遇到的土著居民造成明显的影响。在恶劣的天气中分离之前，这两艘船到达了今华盛顿州的海岸。"圣地亚哥号"在发现哥伦比亚河的河口并到达温哥华岛后返回，而"索诺拉号"继续向北，远至阿拉斯加海岸，因船员当中爆发严重的坏血病而被迫返航。布卡雷利派出的这两支探险队沿西北海岸远征的情况在相当长的时间里不曾公开，甚至西班牙人确知在其勘察过的海岸沿线不存在西北航道的情况也并非众所周知。

马拉斯皮纳探险（1789－1792）也没有使既有的那条西北海岸线的公开知识总量增加多少，而且进一步损害了西班牙作为这一地区合法的欧洲主权要求者的信誉。哪怕在这次探险中配备了三名博物学者，他们的发现无一为更广泛的科学界所知。因此，西班牙就失去了机会，无法利用其发现作为国际上承认的主权要求的基础。如果西班牙及时公布他们的知识也许会阻止其他国家向该地区派出探险队以寻找并不存在的西北航道。1802 年西班牙探险家马丁·费尔南德斯·德纳瓦雷特写道，最近的西班牙探险证实西北航道的存在是荒诞的，但为时已晚。1592 年"一个名叫胡安·德富卡的垃圾骗子"号称发现了那条航道（Grenfell Price 1971：284）。

因此，由于在乔治·温哥华到西北太平洋海岸航行之时，这些西班牙探险的发现和并吞行动并未公开，就英国而言，合法的西班牙对该地区的领土主张并不成立。英国人立即并吞了加利福尼亚沿海地区，将其加入他们称为新喀里多尼亚的皮毛贸易区。温哥华的探险日志和占领行动被及时公开，而西班牙处在尴尬的境地：要么在英国海军力量大大超过西班牙的情况下，根据未公开的西班牙秘密航行的探险日志，反对英国占领；要么默认英国的主权要求。西班牙判断该地区的资源价值不值得其冒与英国发生军事对抗的风险。虽然"圣地亚哥号"的船员在北加利福尼亚的特立尼达岛与土著居民进行皮毛交易，但西班牙没有认识到他们收购的皮毛的价值，而马德里从未在其秘密主张主权的领土内将丰富的皮毛资源化为资本。另一方面，英国人和俄罗斯人通过在皮毛贸易中的长期经验认识到这种资源的价值，加速占据从阿拉斯加到北加利福尼亚的沿海地区，否则那块地方有可能成为西班牙的一个物产丰富的省。

2. 太平洋领土主张的实际价值与声望价值

无论是英国人还是荷兰人都不像有时人们所描绘的那样对占有在"南海"的领土充满热情。在这点上，他们与法国人、后来的德国人和美国人形成了鲜明的对比，对后者来说，帝国建设的是一个与利润同等重要的声望问题。荷兰人在早期表现出对勘察一条合适的从东印度群岛到合恩角（由荷兰人命名）的南方路线的兴趣，在此过程中发现了新荷兰（西澳大利亚）、范迪门地（塔斯马尼亚岛）和史坦顿地（新西兰），之后，他们越来越不屑于在遥远的南方海域搜寻某些贸易价值，那里的沿海地区土地贫瘠，有敌对而贫困的"野蛮人"。事实上，伟大的荷兰探险家亚伯·塔斯曼本人毁灭了荷兰人在新西兰其他富饶之地定居的期望。他当时效力于荷属东印度公司，指挥着"希姆斯柯克号"（*Heemskerck*）和"海公鸡号"（*Zeehaen*）两艘船。他报告，1642年他试图登陆时遭遇了好战而且组织有序的当地部落的抵抗。

荷兰人的生意因此集中在其东印度群岛的香料贸易上，香料贸易形成了三角贸易系统的关键。这个系统涉及收购印度的纺织品和丝绸原料，运往荷兰的马六甲或巴达维亚，在那里交换摩鹿加群岛的肉豆蔻衣和种子、班达的丁香和苏门答腊的胡椒。随后，这些货物被运往中国台湾的热兰遮城（Zeelandia）换取黄金，或运往日本的长崎港获取银器，用它们可以在印度的科罗曼德尔海岸购买更多的印度纺织品和丝绸。无论如何，在荷兰人笨拙地试图从中国澳门赶走葡萄牙人并胁迫当地商人之后，他们并没有被禁止从事对华贸易。

（1）帝国的根基：英国在太平洋的领土主张

英国对获得更多的海外领土——无论就其贸易价值还是战略价值而言——的兴趣日渐消减，尤其是在它与拿破仑和美洲殖民地的战争之后。在19世纪的一个关键时期内，令众多有可能成为帝国建设者的人倍感失望的是，英国似乎相当不愿意兼并新的土地，尤其是在太平洋，而且处在"小英格兰"游说团体的影响之下，该团体的想法是依赖通过自由贸易和间接统治增加其财富和势力。尽管如此，英国知道获取那些遥远岛屿的财富取决于准确地制作这些潜在的贸易伙伴——或殖民地——及其海上航线的地图。英国也许比同时期的欧洲国家更明白这一点。训练有素的航海家在仪器的帮助下获取准确的位置（纬度和经度）、探测水深、标明航行的危险地域和陆标、制作详细的航行指示，使得准确制图有可能完成。如果没有这些工作，新地域的最初发现就全凭运气，而一度发现的陆地会随后再度错失，有时确实如此，原因是测量纬度和经度的错误，或轻率和不准确的绘图。对欧洲人进行更广泛的战略探险和占据海外领土来说，船只和船员的安全也极其重要。正如拉佩鲁兹过早死亡（下文讨论）所充分证明的，如果实现这些发现的船只和船员没有安全地回到祖国并把他们辛勤得到的信息体现在海图、日记和船只的航行日志上的话，那么探险家完成的最宝贵的发现和提出的最有希望吞并的领土毫无意义。

作为一名训练有素的航海家和制图师，詹姆斯·库克并非浪得虚名，而作为一名关心其麾下的那些人的健康和福祉的指挥官，他为英国随后成为太平洋中南部的殖民强国的突出地位奠定了基础。尽管如此，库克对其对地理知识的贡献相当慎重，认为他的航行带来的主要是消极的发现：证明"南方大陆"并不存在，而且未能获得金星凌日的准确数据。但他的环球航行和绘制新西兰地图、他发现新南威尔士和桑威奇群岛都是重大而积极的成就。尽管如此，一个不争的事实是库克日志中所记录的重大发现、约瑟夫·班克斯及其助手的科学贡献有可能轻易留给后代，尽管库克的航海技能毋庸置疑：他的第一次航行与拉佩鲁兹在澳大利亚东南的大堡礁上的命运几乎完全相同，他幸运地活了下来。

　　库克的安慰奖：发现并占有东澳大利亚

　　虽然库克的第一次航行确认了"南方大陆"几乎肯定不存在的令人失望的事实，1770 年他因发现富饶的澳大利亚东海岸而得到补偿。他对其潜在价值的感性记述影响到英国随后在该地区殖民的决策。英国的决策也受到约瑟夫·班克斯爵士赞成意见的影响，他是在其第一次航行中伴随库克的博物学家，宣称该地区非常适合英国殖民。库克只是在沿着这条海岸线的一些地方登陆：在植物学湾，它靠近昆士兰中部海岸格拉德斯通；在几乎与现在被称为库克敦的珊瑚礁发生灾难性碰撞之后，在因代沃河；在约克角的波塞申岛（地图 5）。在这里，正如其名称所示，库克正式占领了澳大利亚大陆的东部，称之为新威尔士（不久之后改名为新南威尔士）。基本上根据班克斯和库克的建议，英国决定利用澳大利亚作为轻罪罪犯的流放地，这些罪犯在英国监狱和腐烂的监禁船（退役的海军舰艇，停泊在泰晤士河与其他地方）里人满为患。在库克第一次于此处上岸之后八年，第一支舰队携带数百名罪犯及其海军警卫在东澳大利亚的植物学湾抛锚。

　　(2) 法国觊觎太平洋：布干维尔、拉佩鲁兹和杜比尔的航行

　　法国船只在太平洋探险的激增发生在"七年战争"期间和之后的

法国和英国之间的帝国主义对抗加剧的时期里。英国把法国从其大多数北美殖民地中赶出去，1755 年从阿卡迪亚（Acadia，在今加拿大东部）驱逐法国殖民者，1756 年占领魁北克。年轻的路易·安托万·德布干维尔是一位才华横溢的法国数学家和航海家，1756 年，他被法国的对头选为声望显赫的英国皇家学会的会员，以此彰显他们对其杰出才能的深深尊敬。10 年后，在敌对行动告终之后，他随两艘船出发，进行有着多重目的的环球航行，它们是"布豆斯号"（Boudeuse）和"埃特瓦尔号"（Etoile）。系统地对太平洋的地质和生物进行科学考察是这次航行的主要目的，而恢复法国的声望、对英国的海洋霸权发起重大挑战、搜寻传说中拥有丰富资源的南方大陆和预期有助于法国复兴的可能存在的新殖民地也是其主要目的。

　　布干维尔在太平洋的第一个重大"发现"是他称为新锡西拉的岛屿，他以希腊神话中的爱之女神阿芙罗狄蒂（一作阿佛洛狄忒）的住所为之命名。他似乎没有意识到英国人塞缪尔·瓦利斯在其之前一年就到过这里，他已经将该岛命名为乔治三世国王岛，而他的船员已经用微小的报酬（即铁钉）享受过友好的女性居民提供的愉悦。布干维尔为法国提出对该岛的主权要求，该岛现在被称为塔希提岛，这种情况促使先前相当慵懒的英国海军部迅速出版其探险家的日志（或者说重写和改编后的日志版本），采取正式兼并和占有的行动，命名其中的岛屿。布干维尔继续西行，在 1768 年离开新赫布里底群岛（他未能准确地对其制图）之后，在距离一年后库克几乎失去其船只的地方不远的大堡礁外围，他勉强避免了与礁石发生灾难性碰撞。因到达新荷兰大陆的努力受挫，布干维尔掉头向北，遇到并命名了路易西亚地群岛，他同样与之擦肩而过，没有进行准确的测量。

　　在 1769－1770 年，由让·弗朗索瓦·德于维尔任船长并由一家法国私营辛迪加提供资金，一艘法国船从印度的本地治里（Pondicherry）

出发，经过东印度群岛和所罗门群岛到新西兰，在那里它与詹姆斯·库克擦肩而过，库克正忙于环绕这两个主要岛屿航行并制作海图。德于维尔随后横渡南太平洋，达到卡亚俄，那时卡亚俄是西班牙在南美洲的太平洋海岸上的重要港口。此后不祥笼罩着他的探险，而他在海上失踪令其支持者失去为其主张太平洋"发现"的依据。

1771 年，标题为"太平洋"的匿名地图出现在法国，展现了布干维尔的船只"布豆斯号"和"埃特瓦尔号"的路线，但几乎没有增添直至詹姆斯·库克之前已经发现的知识，事实上，该地图无视诸如托雷斯海峡之类的已知特征，错误展示了某些部分。该图表明新荷兰、新几内亚和新不列颠岛是一块大陆，与卡奔塔利亚湾东部相接。多舛的命运紧随此后几次法国在太平洋的发现和兼并的远征。

1772 年，马里翁·迪弗伦从好望角出发，发现了他认为是"南方大陆"的一部分（事实证明这次发现的是在南纬 46 度附近的小岛：爱德华王子岛），然后继续向新西兰行进，在那里他和他的一些船员被毛利人杀害并吃掉。伊夫斯·德凯尔盖朗－特勒马勒克是一位声誉相当成问题的冒险家，他在 1771 年使法国政府相信，除非他们为其提供资金，让他实施他提出的搜寻那块传说中的大陆的探险，否则敌国发现并因此并吞"南方大陆"就是迫在眉睫的事情。他在这次冒险中的唯一"成就"是在 1772－1773 年发现现在以其名字命名的荒凉并且不适宜居住的岛屿，他向法国政府颠倒黑白，把该岛说成是发展前景美好的地方，肯定是"南方大陆"的外围。

1785 年，法国国王指派让－弗朗索瓦·德加洛，即拉佩鲁兹公爵，领导到太平洋的探险之旅，给他的指示是调查捕鲸和皮毛贸易的前景，发现新的陆地并尽其所能确立法国的主权要求。乘坐两艘 500吨的船，"卜索勒号"（Boussole，或意译为"罗盘"）和"阿斯托拉布号"（Astrolabe，或意译为"星盘"），携带包括科学家、博物学家和一名数学家在内的 114 名船员，这位精力充沛而胜任职责的指挥官在太平洋内及其周围花了四年时间。他是极其仰慕詹姆斯·库克的人。从阿拉斯加到蒙特里，他在北美的西海岸进行了广泛的勘察，随后勘察了澳大利亚南部的海岸线。他在 1786 年和 1788 年两次访问夏威夷岛。他为法国国王确立新领土主权要求的努力再次受挫。1788 年他到达植物学湾才发现该地区在五天前已被占领——英国水兵和罪犯正忙于在杰克逊港的悉尼湾附近建立一个定居点。在植物学湾度过六个星期之后，"卜索勒号"和"阿斯托拉布号"漏水，需要修理，因而起锚向北航行。拉佩鲁兹及其船员从此销声匿迹。无论是他和他的同伴完成的发现、他制作的海岸线地图和科学观察的记录、他可能提出的任何领土主张都随之而逝。1793 年，安托万-雷蒙-约瑟夫·布吕尼·德昂特勒卡斯托经过珊瑚海，在此期间搜寻拉佩鲁兹的失踪船只，他重新发现了所罗门群岛，但没发现失踪船只的迹象。多年后，拉佩鲁兹失踪的谜团得以解开，那时在"圣帕特里克号"船上的檀香木贸易商彼得·迪伦于 1820 年得知拉佩鲁兹的沉船残骸散落在圣克鲁斯群岛的瓦尼科罗岛上，包括被确定是来自"阿斯托拉布号"的锈迹斑斑的一只锚。

多舛的命运依然折磨着法国，直到 19 世纪中叶。朱尔·迪蒙·德于维尔完成了两次太平洋之旅，据说他创造了"密克罗尼西亚"和"美拉尼西亚"这两个词，用以将这些地域的文化与人们更熟悉的波利尼西亚的文化区分开来。他也在 1837 年调查了拉佩鲁兹船只的残骸，从中回收了一些物品。不幸的是，他及其全体船员患上严重的疾病，在此期间，他们像英雄那样抗争，执行其勘察珊瑚海的首要任务；尽管如此，这项任务从未充分完成。在这次灾难性的第二次航行中幸存下来后，1842 年在法国凡尔赛市附近，德于维尔作为铁路事故的第一批死亡人员之一而永垂史册。

3. 帝国的合作：新赫布里底群岛的英法共治

这段英法共管的故事是对一个太平洋群岛实行联合殖民管理的独特传奇，该群岛不像新几内亚或萨摩亚群岛那样是被分而治之的领土。法国在 19 世纪里始终一心一意致力于在任何可能的地方和时间胜过英国的殖民统治，它渴望兼并新赫布里底群岛。该群岛在所罗门群岛的南面，斐济的西边，在 1773 年由詹姆斯·库克制图并命名。就像南太平洋许多无法无天的地方那样，这些岛屿是流血冲突的舞台，因为檀香木的切割者和劳动力的"招募者"在大多数情况下是一伙冷酷而残忍的人，为在昆士兰和斐济的种植园使用这些劳动力，比如说在塔纳岛和马莱塔岛上，他们在埃若曼高岛上肆意砍伐这种宝贵的木材，或者努力经营他们不道德的土著劳动力的交易。传教活动始于 1839 年，有一些殉难的悲剧情形，其中包括传教士哈里斯和威廉斯，他们属于澳大利亚管理的长老会和英国圣公会的教会。尽管如此，无畏无惧的教会人士坚持进行其劝诱改宗的努力。例如，在 1845 年，牧师乔治·特纳试图在埃法特岛上使美拉尼西亚人皈依，而在 1858 年，牧师约翰·佩顿在塔纳岛上设立了一个传教机构。在这些岛屿上，欧洲的商业殖民大致始于 1870 年，在接着的十年里，英国和法国的种植园主群体迅速壮大。直至那时，在新赫布里底群岛没有法律，没有税收，没有为种植园收购土地的有条不紊的程序，没有警察或其他执法组织，不禁止向美拉尼西亚人出售廉价的蒸馏酒或轻武器。

法国的天主教会很快为皈依者而卷入与长老会的斗争之中。法国向法国殖民者提供补贴并支持天主教传教机构。到 19 世纪 80 年代初，法国的传教机构、贸易商和种植园主群体渴望赶走英国人，煽动政府立即实施吞并，从而确保他们对这个群岛的完全掌控。作为对其请愿的响应，法国命令一支部队前往新赫布里底群岛，以此作为吞并的前奏。因这种先发制人的举动而警觉，而且担心他们会被驱逐，就像法国吞并塔希提岛和洛亚提岛之后发生在伦敦传教会身上的那种情况，英国人社群和长老会通过新南威尔士的殖民地政府向英国殖民部控诉。由于担心在英国人和法国人社群之间爆发公开的对抗，英国皇家海军和法国海军的战舰开始在新赫布里底群岛巡逻。1888 年，"联合海军委员会"成立，以警察部队的形式发挥作用，而英国和法国达成协议，同意在未来共同管理新赫布里底群岛。在 1904 年这两个殖民国家签署协议之前，这依然是一种非正式的安排。1906 年把新赫布里底群岛作为共同管理的附庸地区的宣言使法国政府不可能从这些岛屿上驱逐英国的种植园主、贸易商和传教士，在 19 世纪的许多年里，那些岛屿一直是英国在昆士兰和斐济的殖民地的糖料种植园的劳动力来源。

　　这份共管协议在比斯拉马语①中被称为"土非拉嘎乌曼"（tufala gavman，两伙伴政府），从 1906 年沿用到 1980 年。该政府同时拥有英国和法国居民管理机构，独立而平等的审判、警察、教育和医疗制度，政府文件用两种语言出版，双重货币、邮票、度量衡制度，谨小慎微地确保无论是法语还是英语都不会取得相对另一种文化和语言的优势。法国天主教和英国长老会的教会学校往往比肩而建。作为在世界其他地方一直是传统对头的国家组建的相对和谐的联合殖民地政府的典范，新赫布里底群岛的共管恐怕是独一无二的。尽管如此，它对该群岛人民的影响就不那么值得赞赏了。在欧洲人与这些岛屿交往的这段时期内，其人口从数十万猛降到 20 世纪 30 年代的约四万，原因

---

　　① Bislama，马来语和英语的混合形成的地方语言，在斐济和所罗门群岛使用，是瓦努阿图的官方语言。——译者注

在于为外国糖料种植园和捕鲸船征募劳动力结合了常见欧洲疾病的灾难性影响。尽管所有人预测其失败，这种英法共管得以持续，直至瓦努阿图在 1980 年 7 月 30 日独立。

六、开辟通往太平洋水域的航道

1. 法国、美国和巴拿马运河

为了使法国在太平洋占有的土地更容易抵达，在 1876 年组成的一家法国公司"跨大洋运河国际民间组织"，准备在那时是哥伦比亚一部分的巴拿马地峡开挖一条运河，类似于不久前完成的苏伊士运河。在哥伦比亚政府授予特许权之后，它开始动工。该协议被称为"怀斯特许权"（Wyse Concession），以谈判这份协议的法国海军中尉的名字而命名。虽然开挖这条跨越狭隘地峡的运河的这个想法看起来简单，因为在该地峡最狭窄的地方宽度不到 50 公里，但事实证明这家法国公司在组织、技术和资金上的资源远远不足以实现这种想法。沼泽和多山的地形、致命疾病使工人的生命和健康付出严重的代价、管理不善与腐败全都在一定程度上挫败了法国的这番事业。在工期令人沮丧地拖延几十年之后，建设权被售予美国人。

2. 美国建成了巴拿马运河

1848 年在萨特的磨坊（Sutter's Mill）发现黄金导致洪水般想成为矿工和采矿者的人西进，什么方式最快、最便宜或危险性较小，他们就采用什么方式，但这取决于矿藏的条件。豪兰德和阿斯平沃尔是一家美国的中介和货运公司，它在旧金山的分公司蓬勃发展，因为对到金矿区的运输的需求极其大，需要有比危险而昂贵的既有选项更快捷而且更方便地从大西洋沿海港口到太平洋的路线。那些选择包括绕过狂风大作的合恩角，航行三到五个月；或者是陆上的艰苦跋涉，要么经过疾病多发的巴拿马，水陆联运，要么依靠漫长的横贯美国大陆的马车路线。1855 年，公司的创始人威廉·阿斯平沃尔动身建设巴拿马铁路，让美国拥有一条到太平洋的新通道。

　　在 1903 年美国在巴拿马地峡筹划一场革命并造成分裂之前，巴拿马依然是哥伦比亚领土的一部分。根据 1823 年的门罗主义（后文加以讨论），美国赋予自己在西半球殖民的唯一权力，但并不认为有任何理由置身于其他殖民地域之外，例如日本、中国、桑威奇群岛、菲律宾、萨摩亚群岛、西非（利比里亚）、巴巴里海岸①或马六甲海峡。它希望控制通过巴拿马地峡到太平洋的航线也部分源自阿尔弗雷德·萨耶尔·马汉在 19 世纪 90 年代写作的一篇战略论文②。该文强调了横贯这条狭窄地峡的某条运河的战略价值，它类似于对英国和法国如此重要的苏伊士运河。如前所述，在建设这条运河之前，纽约的金融、中介和运输的巨头即豪兰德和阿斯平沃尔公司拥有在巴拿马地峡将大西洋和太平洋港口连接起来的太平洋铁路，还拥有太平洋邮船公司，在连接纽约与旧金山的铁路和海上交通路线中尽占上风。然而，运输量迅速增长，迫切需要一条运河缩短东西沿海发展枢纽之间的运输时间。在 1889 年那家法国联合企业（由苏伊士运河的建造者费迪南德·德雷赛领导）未能完成巴拿马运河之后，美国政府决定自己修建和控制这条运河。在西奥多·罗斯福总统的任期内，美国政府向哥伦比亚施加压力，迫使它将该地峡的一部分割让给愿意建设一条运河的某家美国联合企业。当哥伦比亚不愿意这样做时，罗斯福帮助向当地分裂分子提供资金和武装，派出美国军舰"纳什维尔号"和一

---

　　①　指埃及以外的北非伊斯兰教地区。——译者注
　　②　指他在 1890 年出版的一本书，*The Influence of Sea Power Upon History*，1660 – 1783（《海权对历史的影响，1660 – 1783 年》），解放军出版社 2006 年版。——译者注

支海军陆战队准备占领其所觊觎的土地，并于 1903 年动手。乐于顺应美国愿望的傀儡政府在这块反叛的土地上成立，此后作为一个国家，巴拿马宣告独立。

作为对煽动巴拿马分裂的回报，美国通过谈判得到了 99 年的租约，在所谓的主权国家巴拿马的土地上，对尚未建成的运河拥有包含一切权利的控制，作为美国领土，形成了宽度十公里的"巴拿马运河区"。美国政府也通过它与巴拿马富裕——而且据说腐败——的统治精英分子的密切关系影响巴拿马的外交政策，提出动用美国海军陆战队镇压任何反对美国授意的政策的平民骚动或抗议。因此，美国成功地克服了环境、政治和技术上的障碍，而这条运河在 1915 年由伍德罗·威尔逊总统正式开启，它是那个时期的工程奇迹。

在 20 世纪期间，美国支付的"运河区"费用以及在运河区工作的巴拿马雇员的工资依然是巴拿马政府总收入的一大部分。1977 年美国总统卡特与巴拿马总统托里霍斯谈成新的运河条约，运河区的主权据此将在 2000 年归还巴拿马。然而，根据这份条约的规定，美国保留其商船和军舰通行的永久权利，如果它的利益受到威胁，它有权进行干预。这种干预发生在 1989 年 12 月，那时老布什总统派出 2.4 万名美国军人推翻了托里霍斯的桀骜不驯的继任者曼努埃尔·诺列加，指控他与哥伦比亚的毒枭结盟，利用巴拿马作为向美国运送毒品的中转站。

七、培养帝国的权利主张

1. 在太平洋的欧洲殖民地里的亚洲移民

帝国主义的一条不成文的规则是这种观念：为了确保对所主张的领土的所有权并确保其他潜在的主权要求者将尊重这些权利，当前的

"所有人"必须表明他们在积极地对待其帝国主义的权利主张。对在一些热带岛屿的欧洲占有人来说，这就构成了一个问题：无法从祖国吸引劳动力到这些岛屿，因此，在竞争者的觊觎之眼里，它们可能看起来是"现成的闲置土地"。太平洋领土的殖民当局发现，许多必要的职能超越了他们自身的能力，也超出了其控制之下的土著居民的兴趣或能力。因此，允许顺从的亚洲人移民，从而开展这些活动，那是有利可图的。其中大多数移民来自印度、中国、日本和太平洋的其他地方，许多人作为合同劳工移民。其他人是愿意提供苦力劳动的自由移民，填补附庸的职位，如仆人、职员、小店主和小商人，而且从事少数欧洲人不可能完全承包下来的征税和警察活动。

在葡萄牙、荷兰、英国、法国和西班牙沿太平洋亚洲环带的殖民领土上，中国人构成了人数众多的重要少数民族。例如，1586 年，超过一万名中国人生活在马尼拉，相比之下，西班牙人不足 1 000人。到 1750 年，在马尼拉的华裔居民人数增长到四万，那时在巴达维亚、在荷兰人控制的爪哇，中国人也占其人口的一半有余，他们占据了诸如征税员、贷款商和小商贩这样有影响力的职位。19 世纪中叶，在英国的殖民地，即在马六甲、槟榔屿、新加坡的海峡殖民地，在法属印度支那的西贡–堤岸①，在暹罗的大城已经有大型的华裔社区。到 19 世纪末，其他移民一直在与中国人混合，其中包括布吉人（Bugis，一译武吉士/斯，系印尼苏拉威西岛上的一民族）、古吉拉特人和孟加拉人。在日本 1895 年吞并中国台湾之后，大批日本人迁居此地，而在美国并吞夏威夷之后，日本人也流向这些岛屿。在 20 世纪上半叶，印度的劳工对英国在斐济的甘蔗地来说至关重要。许多太平洋国家的民族构成依然反映着这段劳动力迁徙的历史。

———————————

　　① Cholon，现属胡志明市。——译者注

2. 索取太平洋的灵魂：发展传教基地

占有太平洋并没有止步于在欧洲列强并吞的岛屿领土上控制土地和资源。对帝国的巩固来说，拥有岛民的心灵也至关重要。殖民机构往往用"文明化使命"的措辞凸显这一点。然而，更常见的情况是这种责任被交给传教机构，无论是哪种赢得帝国政府青睐的基督教。岛民应该完全皈依基督教是不够的：他们必须皈依这个殖民国家认为是正确的教派。对法国和西班牙来说，这就意味着罗马天主教；对英国，随后是美国人和德国人来说，它意味着一种或多种新教派别，它们全都充分配备传教士，无论他们是神职人员还是非神职人员，这些人不屈不挠，在使异教徒改变信仰和拯救太平洋岛民灵魂的行动中，他们往往冒着生命危险，甚至因此丧命。正如本书其他部分所述，环太平洋亚洲地带不仅在某位早期的日本天皇手下以及在中国的义和团运动中见证了基督教徒的牺牲，而且在西班牙的菲律宾和葡萄牙的东帝汶见证了太平洋人民成群结队皈依基督教的一些最初事例。

人们并不总能轻易地区分传教士的发展工作与不那么文明、死守教条的福音传道，前者往往推动土著人民的生活得到真正的改善，后者具有漠视或破坏太平洋传统文化的不幸后果。可以说，虽然在许多情况下，传教士的活动意义重大，出于无私的动机而开展，但仍然方向错误，而从长期来看它们对受影响的人们所造成的后果根本谈不上是有益的。在一些情况下，以西班牙在南北美洲或在菲律宾的宗教秩序为例，传教活动看起来更像是资源开发和国力增强的附属品，而不是纯粹改善土著居民生活的利他努力。在许多其他情况下，传教活动与贸易或劳动力招募的关系密切，而且在被征服的地区里用于支持帝国的大蓝图；但它们往往并非如此，而在一些事例中，传教士确实与其本国的世俗同胞直接对抗，那些人打算利用他们的职责或攫取他们的土地。无论如何，传教士有助于转化太平洋各地的文化，以至于如今游客惊叹于太平洋许多人民的宗教和保守本性之深。

塔希提岛在太平洋诸岛屿中最早成立基督教的传教机构。18 世纪 70 年代中叶，在一批胆怯的西班牙圣方济各会修道士的尝试失败之后，由新教伦敦传教会在邻近的莫雷阿岛上持续努力，最终在 1797 年成功奠定基督教的基础。1829 年他们在帕佩托艾（Papetoai）建成了东太平洋上的第一个基督教教堂，如今这个与众不同的八角形礼拜堂依然存在（图 5）。当社会群岛被法国正式吞并的时候，其中包括莫雷阿岛和塔希提岛，法国着手在那里实施殖民统治，法国的天主教会自然认为它应该是在这些岛屿上的唯一的基督教机构，游说政府禁止伦敦传教会在法属波利尼西亚进一步开展活动，遣返已经在那里的新教传教士。

图 5　波利尼西亚的第一座基督教教堂，在法属波利尼西亚的莫雷阿岛的帕佩托艾，由新教的伦敦传教会修建于 1829 年。

图 6　19 世纪的天主教教堂，洪沟（Hongo），英属所罗门群岛。（英联邦皇家协会）

　　夏威夷以前是太平洋中最孤立的群岛之一，1812 年战争之后，它吸引了美国和欧洲的基督教传教士的注意力。1820 年，波士顿传教船"撒迪厄斯号"（*Thaddeus*）从新英格兰带走一批清教徒，他们由牧师海勒姆·宾厄姆带领，前往凯卢阿湾（Kailua Bay），着手进行使波利尼西亚人皈依基督教新教的工作。在帮助夏威夷王室之后，他们取得了相当大的成功，改变了国王洛希洛希（King Lohilohi）① 和王后加休曼奴（Kaahumanu）的信仰，不幸的是，两人都在 1824 年对英国进行王室访问时因麻疹而死亡。天主教也在这些岛屿上设立了传教机构，而他们与新教传教士的关系往往紧张而敌对。就像其他孤立的太平洋社会那样，夏威夷的土著居民大批死于传入的疾病，而基

---

　　①　疑为 Liholiho（利霍利霍），即卡美哈美哈二世，他与卡玛玛鲁王后（Kamamalu）因麻疹死于伦敦，而且不能说他皈依了基督教（例如他有五位妻子）；加休曼奴是卡美哈美哈一世的妾（当时当地实行一夫多妻制），系二世的共治者，死于 1832 年 6 月 5 日。——译者注

督教的传教士看着他们的"羊群"从第一次接触时的约 35 万人锐减为 1840 年时的约五万人。

1840 年前后，新的灾祸开始折磨波利尼西亚人，即汉森氏病（麻风病）。与欧洲人不同，波利尼西亚人对其没有免疫机能，而他们的传统饮食和生活习惯使这种病迅速蔓延。麻风病人被强制从夏威夷社会带走，赶到莫洛凯岛上的卡劳帕帕半岛。遗弃和回避他们的正是就在不久之前向他们传道的传教士，他们几乎得不到医疗和食物上的帮助。卡劳帕帕成为与世隔绝和无法无天的太平洋的缩影：一块流放、疾病、邪恶和堕落之地。1873 年，一位孤独的比利时神父达米安·德沃斯特的行动改变了这一切，他照顾病人，建立了地方政府的某种体系，为麻风病人社会修造了孤儿院、学校和医务所。在照料莫洛凯岛上的麻风病人 11 年之后，达米安自己死于这种致命疾病。虽然他的一些新教对头对他加以批评，但他在莫洛凯岛上的工作激励其他人在太平洋的其他地方、在亚洲和非洲以他为榜样。

在该群岛的传教活动具有灾难性的后果，这种后果在太平洋的其他事例中并非不典型。甘比尔群岛位于东南信风带中，先前是一个小型的独立王国。1834 年，在这些岛屿上成立了一个天主教传教组织，由神父路易·拉瓦尔领导下的三位法国神父组成，路易·拉瓦尔是一位苦行者，他反对崇拜当地的神灵"图"（Tu），说服国王马普图阿（Maputeoa）皈依基督教。在拉瓦尔的独裁控制下，其中包括利用合同劳工修建在东南太平洋里最大的主教座堂——圣米迦勒大教堂（一作圣米歇尔大教堂），甘比尔群岛的人口从 1 万多人锐减到不足 500 人。在对其专制统治的控诉激增之后，拉瓦尔最终被塔希提岛的天主教主教撤职。

新教基督徒传教士是第一批在新西兰定居的欧洲人。例如，1814 年，塞缪尔·马斯顿牧师开始向毛利人传道，但在使他们皈依上的成功有限。他是一位英国铁匠的儿子，因强烈地感到神的召唤，成为一名英国圣公会的传教士。1822 年，卫斯理公会传教机构成立，此后不久，成为基督教徒的毛利人越来越多，他们开始与紧随海豹猎人、捕鲸者和伐木工而来的英国殖民者交往。1838 年，在让-巴蒂斯特·弗朗西斯科·庞帕里尔的领导下，在第一个天主教布道团开始传教之后，法国对新西兰的兴趣日益浓厚。这就导致 1840 年法国试图建立一个殖民地并吞并这些岛屿，但失败了，英国人就在法国移民船到达前几个星期已经这么做了——尽管心不甘情不愿。

不过，太平洋传教活动的重要时期在 20 世纪。在第一次世界大战后，尤其是许多太平洋超小国家独立之后，包括基督复临安息日会教徒、五旬节教会教徒和摩门教徒在内，一些更新的基督教新教传教组织散布在整个太平洋海盆之中，与历史较悠久的天主教、英国圣公会和长老会争夺灵魂。尤其是在波利尼西亚，结果是新来的教派非常成功。然而，在美拉尼西亚的部分地区，早先万物有灵的宗教信仰与基督教的某些方面以及与物质主义的某种扭曲形式混杂起来。在某些情况下，这就导致了炙热的货物崇拜，例如在瓦努阿图的塔纳岛上有"约翰布鲁姆教"（John Frum cult），在第二次世界大战期间美国占领该地区之后出现这种货物崇拜，而且现今依然活跃。太平洋的这个地区与外部世界及其技术的信息来源隔绝，有助于解释这种不合时宜的信仰在 21 世纪的持续，而基督教传教士本身在一定程度上推动了外部信息和技术的引入。

八、探索太平洋的最终疆界

竞相索求南极洲的主权

在 19 世纪里，一些冒险接近南极大陆的船只并未认识到它其实是一块大陆。第一次有记录的登陆由海豹猎人约翰·戴维斯在 1821

年实现。恐怕第一位了解这块大陆的规模的探险家是美国太平洋探险远征队的指挥官查尔斯·威尔克斯，他于 1839 - 1840 年间到达位于澳大利亚以南的现在被称为"威尔克斯地"的南极洲海岸线上的地方。然而，到 19 世纪末，对南极洲地区的完整了解还需要拼凑大量信息，一些人认为南极洲是一连串冰封的岛屿，而不是一块大陆。

在 20 世纪的头十年里，人们对南极的探险开始热切。由道格拉斯·莫森带领的一队人马在 1910 年到达南磁极。经验丰富的挪威北极探险家罗阿尔·阿蒙森（亦有人译为亚孟森）在 1911 年 12 月成为第一个到达地理上的南极点的人。一个月以后有人再次到达，这一次是罗伯特·斯科特带领的一支英国团队。对斯科特及其四名同伴来说，这次英雄般的尝试考虑欠周，以悲剧告终。欧内斯特·沙克尔顿在 1915 年领导了又一次的英勇之旅。

在 20 世纪上半叶里，根据其探险队的发现，由澳大利亚、美国、英国、挪威、智利和其他国家提出了许多索取南极洲大陆的部分土地的主权要求，这些要求彼此竞争。在第二次世界大战之后，在南极洲拥有领土野心的国家同意搁置其主权要求和反要求，合作研究南极地区构成的地球物理学问题。在 1957 年的"国际地球物理年"内，各国在南极洲进行了史无前例的合作研究行动。这次和随后的研究项目得到了大陆冰架破裂和地球臭氧层稀薄的重要信息，尤其是对当前这个全球变暖的时代而言。

然而，在南极水域里正在进行的研究项目中有日本捕鲸业进行的"研究"项目，对该项目的争议极大，而且人们普遍怀疑其动机。日本政府支持该项目，抵制国际上捕杀诸如南太平洋座头鲸之类濒于灭绝的鲸种类的禁令。2009 年，无视全球的非难，日本捕鲸船再次前往南极洲，继续进行这种虚假研究的项目，它的主要目的看来是向欲壑难填的日本市场提供鲸肉。

第四章 环绕太平洋：运输、航海和制图的革命

　　一代又一代海员克服了环绕辽阔的太平洋的困难，他们在航海技艺上表现出来的丰功伟绩得益于船舶设计和建造、给养与后勤、导航的辅助手段和海图制作的一系列革命。这些创新始于欧洲人进入太平洋之前的海上航行的最早时期，延续到当前这个空中旅行和使用卫星导航的时代。虽然并不是这些革命全都只与太平洋交通史有关，但许多革命确实在太平洋形成，推动了对这个大洋半球的征服。相比任何其他海洋环境，在这里更加迫切需要克服令人畏惧的路程阻力，安全而迅速地完成非常漫长的航行，在无痕无迹的大洋上准确而自信地设定并保持行进路线，尽可能减少人员生命和金融资源的成本。换句话说，环绕太平洋意味着在穿行其中的那些人必须对能够安全地再次航行充满信心——乘坐适合航海的船只（或适合航空的飞机），由称职胜任、遵守纪律、身体健康的乘务人员操纵，具备可靠而准确的导航技能——以便计划好的返程不仅会切实可行，而且显然在大多数船员及其指挥官的能力范围之内。这些方面是本章的主题。

一、"适合航海的"船只与太平洋的环境

　　在太平洋上穿越非常漫长的距离，成功完成航行的船只因此可以确定为"适于航海的"，它们有范围广泛的舰艇，包括划艇和轻木木

筏，例如"邦蒂号"上的小艇，康提基号木筏①；美拉尼西亚的"德卢拉"独木舟；密克罗尼西亚的有舷外浮体的小船和波利尼西亚的双体独木舟；欧洲人的轻快帆船、西班牙大型三桅帆船、纵帆船、三桅帆船、快速帆船和其他帆船（索具而非规模或船体设计的性质决定了这些船只的种类）；现代的螺旋传动、钢铁船体的商船或军舰。在当前这个时代里，这些包括巨型的矿砂散货船、油轮、集装箱船、航空母舰和潜水艇。在太平洋的航海史上，个别种类的船只起到过显著的作用，本书将在它们发挥其独特作用的时期和地区的背景下加以谈论。这些船只并不必然是太平洋所独有的，尽管船只建造和设计的一些方面确实源于这个地区的状况。

在温暖的热带海洋里生存着海洋钻孔生物，比如布洛玛蛀船虫，它们对太平洋上的漫长航行来说是一种严重的障碍。这些蛀船虫导致用橡木和其他硬木建造的船体出现龟裂的能力相当强，造成致命的漏水和结构上的缺陷。在出现给船体加罩的技术之前，它们的无情攻击造成无数船只的丧失。例如，正如第三章所述，巴尔沃亚第一次带一支小船队向南方的秘鲁航行并占领印加帝国的企图受挫于蛀船虫的攻击，造成他必须回到巴拿马，否则会失去他的全部船只。早期给船只加覆材就是在木制船体的外面涂上一层焦油或沥青，然后用数厘米厚的木板封住这层。这个护套再次用焦油和麻絮（拆散的麻绳）填塞缝隙，最终敷上一层厚厚的涂料，这种涂料用鱼油混合硫黄和松脂制成。人们发现这能阻止在船体上形成硬壳并减缓其速度的藤壶，还有破坏木材的船蛆（又称凿船贝）和布洛玛蛀船虫。给船体加罩减少了船只为修理而搁浅和"倾倒"、重新填塞缝隙和刮

①　*Kon Tiki raft*：一作太阳神号，1947 年 4 月 28 日挪威生物学家索尔·海尔达尔受波利尼西亚传说的启发，用轻木制作的木筏再现那段传奇，成功航行 4 300 海里，从秘鲁到达库克群岛的普卡普卡岛。——译者注

去附着藤壶的船壳的必要性。它因此在太平洋缩短了船只的航行时间，延长了其寿命，从而提高了在船体依然防水的情况下航行数年返回母港的几率。到詹姆斯·库克航行的时期，有一种效果更好的外层覆盖技术，即用钉子将薄薄的铜片固定在木制船体上，但它非常昂贵。

克服"路程的阻力"

海上长途交通总是昂贵而危险的。数个世纪以来，寻找减少长途航行的危险和成本一直是船主和商人所注重的事情。危险不仅与船只的结构稳固和适航程度有关，而且与船员的技能、纪律和健康有关，还与储存和处理易腐货品和给养有关。经验不足、生病或桀骜不驯的船员和不称职的官员，或不充足的给养和保管不善的货物依然能够危害最好的船舶。总之，航程越长，失去船只和货物的风险越大，因此，更加需要找出缩短航行时间并降低"路程的阻力"的方式。

1. 商业船运的进步

在商业船运中，成本和时间的考虑尤其重要，因为它们往往决定了某种特定产品或生产地区是否能够在世界市场上竞争。例如，在开发南太平洋的早期岁月里，只有像羊毛、木材、皮革和动物脂油这样的耐用和不易腐烂的产品才能被运往欧洲市场，因为就时间和成本而言这些产品能够经受"路程的阻力"。在帆船时代里完成从悉尼或奥克兰到利物浦或伦敦的航行通常耗时几个月，对许多易腐烂的产品来说，时间太长了。

船舶设计和易腐烂物品的储存技术的重大创新发生在19世纪末，使分布面广的太平洋各经济体能够实现多元化。这些创新包括敏捷而多功能的太平洋纵帆船，它由荷兰的领航船发展起来，拥有纵向的索

图 7　大型双体独木舟，在欧洲人到达西太平洋之时，即 19 世纪末，这种类型的船常用于岛际航行。（英联邦皇家协会）

具，可以由较少的船员掌控，特别适合岛际交通。非常适合太平洋状况的第二种创新是"大剪刀"①，由美国用于突破封锁线的巴尔的摩快速帆船改进而成，旨在缩短将太平洋的羊毛、茶叶、小麦和其他产品运往欧洲的航行时间。其中一些快速帆船依然享有有史以来建成的最快的商用帆船的声誉，如"卡蒂萨克号"（Cutty Sark，见图 8）和"塞莫皮莱号"②。不过，它们的流线型长船体使其依赖另一项航运创新：如果没有蒸汽拖轮，这些船只就不可能在码头停泊。对高效而迅速的交通而言，蒸汽拖轮已经成为不可或缺的辅助设备，直至 20 世纪中叶。

　　一旦煤仓设施在太平洋周围以及在通过苏伊士、好望角和巴拿马

---

①　尤指 19 世纪船首内凹、桅杆倾斜的快速帆船。——译者注

②　Thermopylae，原为希腊地名，斯巴达三百勇士连同其国王在此为抗击波斯军队而全部牺牲，因其地名又意译为"温泉关"，所以该船船名也有"温泉关号"一说。——译者注

图 8　所有帆船中最快的一艘，运茶的快速帆船"卡蒂萨克号"（*Cutty Sark*），它建于 1869 年，用来从中国向英国运输新茶。在格林威治（伦敦）拍摄，就在 2007 年它因火灾而严重受损之前不久。

的航运路线上得以设立，蒸汽动力的商业航运就变得普遍，哪怕是更慢的汽船也能胜过"大剪刀"，快速帆船很快就过时了。拥有船上发电能力的汽轮使其可能应用另一项创新——冷藏货舱，它使得易腐烂产品有可能从太平洋到达欧洲市场，例如冷冻或冷藏的牛肉、羊肉和奶制品。在造船业应用福特式的标准化、大规模的生产技术使商业航运发生革命，这种技术由美国在第二次世界大战期间在其"自由轮"项目中率先使用，二战后它有助于日本和韩国的太平洋造船厂充分利用其劳动力成本的优势。

　　航运技术创新的应用往往会与传统的或科学知识结合起来，这些知识则与对海洋环境的认识和成功应对其构成的挑战的方式有关。这种知识与人类技能和航海技术创新的结合就是我们所说的"航海技艺"。这里提到的一些航海技艺的案例研究充分说明了早期太平洋水

图9　自由轮"耶利米·欧布莱恩号"（*Jeremiah O'Brien*），停泊在旧金山的渔夫码头。在第二次世界大战期间修建了 2 700 多艘这样的船。自由轮在打败日本和德国的过程中发挥了重要的作用。

手和现代航海家使用技能、干劲、知识以及船舶设计、导航技术、给养提供、制图术的创新在这个大洋半球中成功航行的方式。

2. 波利尼西亚人的航海技艺

波利尼西亚人无疑是世界上已知的最伟大的航海家。他们的"祖国"就是所谓的波利尼西亚大三角——实际上是整个太平洋领域，这个三角的"角"是奥特亚罗瓦（新西兰）、夏威夷岛和拉帕努伊（复活节岛），它的"边"几乎长 9 000 公里（参见地图 3）。了解波利尼西亚人结合以下方面的方式有助于赞赏其航海技艺的伟大成就：精巧的船只设计、对风与水流的季节性模式的知识、星象导航方法和独木舟的给养供应，从而避免漫长航程中出现坏血病，尤其是在深入东太平洋的遥远水域的艰难行程中。

图 10　"蟹爪"帆扬起时的美拉尼西亚双体船，19 世纪末的莫尔兹比港。（埃利泽·勒克吕，1891 年，第 20 页）

　　人们相信 1 500 年前波利尼西亚人的航行靠的是类似于信史时期波利尼西亚的双体独木舟和带舷外浮体的小船。虽然我们可以设想这些向东的航行能够在顶着向西吹的盛行信风的情况下发生，但那会缓慢、艰难而劳累，涉及经常或换抢①或逆行（两者均为帆船操纵术语），哪怕是在设计为前后都是船首的船只中——就像常见的波利尼西亚双体独木舟那样。在顶着盛行信风的情况下，为了前进一海里的实际（或者说地面）距离，一艘船就必须抢风航行近四海里，在设定帆和索具时往往需要费力地变换。

　　"解读"环境状况的技能对波利尼西亚航海家来说就像对设计其船只一样重要，其船只设计无疑体现了他们的足智多谋。因此，在太平洋上航海上千年之后，很可能波利尼西亚人充分了解其"正常的"

――――――――――

　　①　迎风转向，即船头迎风，从而使风好像出现在相反方向上。——译者注

气流和水流的季节性模式，包括在南半球夏季的短暂逆向，那时信风衰减，由西向季风取而代之。向东的较短航行最有可能受到这些"机会之窗"的影响。经验和传统知识也会确保水手明白每三至五年发生一次的风向长期模式逆转的情况。这些"正常模式"定期逆转的情况发生在12月前后的几个星期或几个月：厄尔尼诺现象。在这样的时期，波利尼西亚的航海家能够轻易向东航行数百乃至于数千公里。在太平洋上，人们越向东旅行，岛群之间的平均距离就越大，因此，完成从波利尼西亚人约在汤加的"心脏地带"到比如说马克萨斯群岛的航行就需要厄尔尼诺事件的持续时间异常之长，马克萨斯是波利尼西亚人在东太平洋定居的第一个群岛。事实上，考古证据——尤其是陶器类型——表明马克萨斯人最初来自斐济或汤加，距离超过 3 500 公里。在西风持续时间不足以完成这种航行的时期，波利尼西亚航海家最有可能在西风减弱而东向季风恢复之际折返，乘坐独木舟迅速回到他们的起点。从马克萨斯群岛向东超过 3 000 公里才能到达拉帕努伊岛，那需要持续时间相当长的厄尔尼诺事件。

一些波利尼西亚航海家到达中美洲或南美洲海岸并折返其母岛，这是有可能的，因为如前所述，当欧洲人第一次与之接触时，在许多波利尼西亚岛屿的田园里常见像红薯（kumara）这样的美洲农作物。那时毛利人至少培育了 70 个不同的红薯品种。其他根菜也是波利尼西亚人经过漫长的大洋航行带来的，例如薯蓣，它抗坏血病的效果远比马铃薯显著，使波利尼西亚人得以避免坏血病的摧残。在波利尼西亚，亚洲和印度尼西亚的食材全都是常见主食，如鸡、椰子和大蕉，当巴尔沃亚到达中南美洲的太平洋沿海地区时，这些食材就在那里生长。美洲印第安人会启动与太平洋诸岛屿进行这些产品贸易的可能性不大，他们缺乏波利尼西亚人的那种优异的大洋航行技能。此外，没有令人信服的基因或语言证据支持美洲印第安人向西展开贸易之旅，或者亚洲大陆的人民越过波利尼西亚文化区域直接与中南美洲人民进行贸易的想法。

3. 多功能的波利尼西亚双体船

在欧洲人抵达之前的若干世纪里，波利尼西亚航海家在跨越辽阔大洋的英勇之旅中所使用的船只一定是大型而坚固的靠帆航行的独木舟，但建造这些船只的材料容易腐朽，导致考古研究尚未发掘出这样的样板：其保存程度足够良好，从而允许人们进行任何可靠的描述。尽管如此，在欧洲人与之早期交往时的文献中存在着对波利尼西亚远洋航行船只的描述、绘图——后来甚至有照片，使我们可以对其类型和性能特征进行一些归纳。詹姆斯·库克显然着迷于它们的帆行能力，指出塔希提的"普洛"（proes）：

它们全都造成非常窄的样子，最大的一些有 60 到 70 英尺长……为了防止它们在水中落单时倾覆，无论大小，它们全都有被称为舷外浮体的东西……平衡该船……靠帆航行的"普洛"有一张帆，一些船有两张，帆用席制成，头部狭窄，底部呈方形，有点像三角帆，而它普遍用于我在前面提到的"巴杰斯"（Barges）和其他军舰上，单个的独木舟有舷外浮体，而独木舟成双结对出行的情况非常普遍，它们不需要舷外浮体，以这种方式航行：两艘独木舟彼此按平行方向排列，分开约三到四英尺，用呈十字形的小圆木绑在各自的船舷上缘，将它们固定下来，因此，它们相互支持，倾覆的危险最小……在所有这些大型的双体"普洛"的前部，放有长方形的平台，长约 10 或 12 英尺，宽为六到八英尺，用结实的雕花支柱在船舷上缘约四英尺加以支持：这些平台的用途是在交战之时让拿棍棒的人站在上面并打斗，他们是这样告诉我们的。就我所知，大多数即便不是全部大型独木舟是为战争而建造的，而他们战斗的方式是彼此扭打，用棍棒、矛叉和石头。

库克日志，1769 年 7 月；引自 Grenfell Price 1971：39

库克还说这些船只必定能够携带塔希提人展开漫长的海上旅行，因为否则"他们就不可能具备看来他们所拥有的在这些海洋里的岛屿的知识"。

二、在漫长的太平洋航行中求生存

1. 波利尼西亚的导航方法

多年来，欧洲人对波利尼西亚航海家在其跨越数百公里无痕无迹的大洋的英勇航行中所使用的方法感到困惑不解：这些方法使他们能够在浩瀚的太平洋中确定微小岛屿的位置。在最近 50 年里，借助口述历史、民族志和语言研究、使用类似的工艺和传统的导航技能再现早期的航行驱散了这个谜团。那种重现得到了当代波利尼西亚航海家的帮助，他们从祖先那里继承了传统的技艺。显然，在几千年的时间里，太平洋人民成功而且一再航行漫长的距离而没有甚至是最简单的仪器的帮助，全凭对星星的相对位置和动态、风向和洋流方向、浮游植物、远方岛屿上云彩形状的映像、各种鸟类和海洋生物的多寡、运动方式和行为的敏锐观察和解释。这种不靠仪器的"自然"导航方式——仅仅运用对自然现象的观察和解读——也许由波利尼西亚航海家发展到了它的完善和成功的最高水平，其中一些人依然保有不借助仪器的导航技术的知识。

总结波利尼西亚航海家成就背后的必要技能和知识意味着概述星

象导航和对指示靠近陆地的环境线索的"解读"。这也需要我们重新考虑先前所持有的观念：波利尼西亚人使用原始的"海图"作为导航手段，这种猜测基于 19 和 20 世纪在密克罗尼西亚收集到的一些像海图的古器物的样本，像罗伯特·路易斯·史蒂文森这样精明的观察家收集了这些样本。

在 19 世纪末到基里巴斯（先前的吉尔伯特群岛）的一次旅行中，史蒂文森记录了他认为是传统的波利尼西亚导航图的东西。这件东西由竹茎编织的像是洋流的框架构成，贝壳看上去代表了岛屿。一些作家把这种结构解释为训练图解，用于向密克罗尼西亚的导航新手表明岛屿如何弯曲并使大洋浪涌转向，使其能够在辽阔的北太平洋里发现小岛的位置（Lewis 1977）。最近有专家指出，当代的波利尼西亚水手证明，结合对环境状况的观察，他们有能力只靠其对星座状态的知识航行。看来他们这么做已有若干世纪，在辽阔的大洋上航行而不需要地图或如何像海图那样的构造。显然，他们从其更有经验的长辈那里学会了成功的大洋航行所需的知识和技能，记住了星星动态和其他物理现象的巨量数据。依靠有助于记忆的韵文或咏唱，所需的信息会在需要时回想起来。

（1）星星轨迹和"自然的"导航手段

对无辅助导航来说，最重要的现象之一是南北半球的某些星星和星座指示方向，使水手沿着准确的路线驾驶船只。领航员从经验中知道哪些星星或星座在夜空遵循特定的路线或弧形，而哪些星星在地平线的某点上以特定顺序升起。用于导航的星星轨迹在太平洋的不同部分有着略微不同的名字：例如，在塔希提岛，它们被称为"avie'a"，在汤加是"kavienga"，在所罗门群岛为"kavenga"。为了到达他们的目的地，波利尼西亚人可以确定正确的星星或星座，从它升起或位于他们想去的岛屿之上以后，朝着它行使。北半球的北极星和赤道以南的南十字星座就是夜空中这样可靠的两个向导。虽然波利尼西亚人在利用星座导航上非常娴熟，而且知道大洋表面是弯曲的，但对于地球的球形性质，或者是纬度和经度、天文或地球物理进程的概念，他们未必有任何系统或准科学的理解。例如，他们的神话设想天空是用天体装饰的穹顶①，因此，欧洲探险家被当作来自"天外"的半人半神：换句话说，来自他们认为在其岛屿和周边海洋的环境之上的圆顶之外。他们认为其岛屿家园是各种神祇进行垂钓活动的果实，因此，他们往往给这些岛屿起反映这种观念的名字。例如，新西兰的北岛被称为"Te lka a Maui"（毛伊之鱼），它就像是半人半神的毛伊从大洋深处吊起来的某种巨大的海洋生物（Lewis 1977：ix）。夏威夷和其他地方的火山被认为是另一位神祇的作品，即女神皮勒（Pele）。换句话说，就波利尼西亚人而言，精密的导航未必是科学研究的产物。

（2）为波利尼西亚人的航行提供给养

波利尼西亚人成功地占有没人居住的太平洋岛屿并把它们转变为生活舒适的地方，这不仅取决于拥有坚固、可以依赖和适于航海的船只和导航的可靠技巧，而且取决于在他们为生活在新土地上而航行之前所做的谨慎准备。因为不能保证新发现的土地上会有他们所喜好的食物种类，所以他们随身携带这些给养，在波利尼西亚大三角的遥远岛屿上繁殖熟悉而有用的植物和家畜。这些是他们新家园的本地食物来源的补充。

生物考古学家和古生物学家认为在太平洋的海岛上唯一土生土长的陆栖哺乳动物是蝙蝠。在人类占据之前就存在的其他陆栖动物是爬行动物，比如加拉帕戈斯群岛的陆龟（象龟），当然，沿海地区有海

---

① 更准确地说，天空是柱形结构的圆顶，那意味着波利尼西亚人认为圆形的天空只笼罩他们身处其中的环境。——译者注

豹、企鹅和其他生物的群聚地，它们既生活在海岸带，也生活在附近的海洋中。在没有非人类的猎食者的情况下，一些鸟类变得不能飞翔，例如新西兰的恐鸟和几维（kiwi，一作鹬鸵）、加拉帕戈斯群岛的鸬鹚和豪勋爵岛的森秧鸡（woodhen）。移居的波利尼西亚人在其独木舟上随身携带素食的狗、鼠和猪是其动物蛋白质的来源。他们也引进了亚洲的鸡、新几内亚的甘蔗，还有红薯——如前所述，它早在欧洲人接触之前就神秘地从中美洲到达这里。

虽然看起来有可能早期波利尼西亚人在或许是大多数太平洋岛屿的定居是深思熟虑和计划周详的移民之旅的成果，但至少在一些情况下，他们定居也许是船只被吹离路线并出于偶然而登陆的结果。一些"全凭运气的"航行也许导致一些太平洋岛屿的最初占据和其他岛屿上的文化融合。我们可以在欧洲早期探险家的日志里找到这种波利尼西亚人意外定居的事例。例如，当詹姆斯·库克在其第三次航行中把巫师欧迈送回其家乡时，他偶然发现来自欧迈家乡胡阿希内岛的四位波利尼西亚人生活在帕默斯顿群岛沃缇欧岛的居民当中。库克的1777年4月3日星期四的日志记录了欧迈与其同胞的这次遭遇：

> 欧迈会见了在这个岛上的四位同胞，他们大约在十年之前从奥塔希提到乌列缇岛，但错过了后者，此后在海上长时间漂泊，被抛在这个（岛）的岸上。在他们的独木舟上整整有20名男女，但只有五人从其经历的困难中幸存下来，许多天既没有食物也没有饮用水，在最后的几天里，那艘独木舟倾覆，这些人靠挂在船沿上侥幸逃生，直到上帝让这个岛上的人看到他们，那些人派出独木舟把他们带到岸上，他们受到了良好的对待，现在如此满意于他们的处境，以至于他们拒绝欧迈让他们随我们航行到他们的母岛的提议……这种情形很能说明这片大海中有人居住的岛屿最

初出现人的方式，尤其是对来自任何大陆和彼此之间相距遥远的那些人来说。

　　库克日志，1777 年 4 月 3 日，星期四；引自 Grenfell Price 1971：209

2. 帆船时代的欧洲导航和航海技艺

　　最早在太平洋的欧洲帆船大多是小船——小于 300 吨，要么装备纵向索具的斜挂三角帆，例如葡萄牙人的轻快帆船，要么用横帆（方帆）。例如，英国的三桅帆船或双桅横帆船，采用两或三根桅杆上的横帆索具组合，还有后桅（后斜桁帆）上的纵向索具，往往用船首斜桁的帆和小型的上桅帆加以补充。索具和帆的典型排列显示在插图中（图 11），那是库克的"奋进号"（*Endeavour Bark*）的复制品。虽然

图 11　奋进二号（*Endeavour II*），它是 1769－1771 年詹姆斯·库克在南太平洋探险所乘坐的那艘整修过的运煤船的现代复制品，它在东澳大利亚的外海。

在帆船时代这些小型的早期船只并不十分适应太平洋的状况，但后来在 19 世纪的技术进步造就了非常适合的船只类型，如前文所述的太平洋纵帆船和"大剪刀"。欧洲人在同一时期内所应用的导航方法取得了巨大的进步，从詹姆斯·库克之前非常不准确、不可靠的做法转而采用准确而可靠的技术以确定航线、测定经纬度、记录速度和深度的测量、制作准确而可靠的航海图。在很大程度上，这些进步源自人数相对少的航海家、天文学家、仪器制造者和制图师，他们主要来自英国和法国。

3. 英国和法国的制图师

对制作航海图而言，制图的标准非常马虎，可用的仪器不足，更不用说普遍相信的传说——例如"未知的南方大陆"，还有在欧洲人那些失真的太平洋海图上所包含的虚假信息，这些因素困扰航海直至 19 世纪中叶。对太平洋的准确制图以及对其陆地和资源的详细记录——吞并和殖民的前提条件——成为英国和法国的航海家在 18 世纪末 19 世纪初的探险之旅的主要目标。虽然这些常常被描述为科学研究时期的开端，旨在系统地扩充人类对自然世界的知识，但在现实中，它首先服务于帝国主义的利益。简单说来，准确的海图使得贸易船只和海军舰艇能够安全地往返于具有战略和贸易意义的领土，而帮助发现和勘察新领土或大洋资源有利于资助和组织这些航行的那些人。虽然科学知识确实重要，但对为其自身而积累的基本人类知识储备的贡献来说，这与其实际价值一样大。

在使用新开发的技术和科学制图的仪器勘察太平洋的这种竞争中，法国与英国针锋相对。在这方面，法国显然不成功，而在一些好运气和有利条件的帮助下，英国收获了这段科学探险时期的主要成果。正如我们在第三章中所主张的，法国航海家没有能力对其勘察的太平洋地区制作准确而完整的海图是法国的冒险令人失望和英国的冒险更为成功之间的主要差别。对这些制图的进步而言，或许没有其他欧洲探险家的贡献比得上詹姆斯·库克。

作为航海家和制图师的詹姆斯·库克

与其他任何人相比，库克是一位在 18 世纪末改变了欧洲人在中南太平洋探险目标的航海家：在库克之后，这种航行不再以发现和并吞传说中的大陆为目标，而是旨在对从先前探险已经得知的这个岛屿范围制作海图、实施殖民、加以勘察，在于对其竞争者的帝国主义野心实行先发制人。库克的探险之旅始终周全彻底，他的制图准确而可靠。在绘制那些图之后一个多世纪，人们依然认为他的许多太平洋领域的海图是能够得到的最准确的海图。此外，他的方法和技术能够用来教会年轻的愿意掌握它们的海军学校学生。在库克第一次航行中使用月角法计算经度、在其第二和第三次航行中使用可靠的精密计时器（航海钟）的试验导致的准确制图的程序为人们普遍采用，因此，对于英国在太平洋占据领土的随后行动所具有的独特优势而言，这些试验极其重要。那些航海钟是约翰·哈里森发明并由拉克姆·肯德尔制作。库克及其天文学家格林使用马斯基林的月角法，用了很长时间进行辛勤的计算，以便得出经度的准确量度。对那种月角法来说，库克观察金星凌日的第一次航行被认为是至关重要的一步。由库克在其第二和第三次航行中测试的使用航海钟测量经度的方法简化了程序并提高了可靠性。

库克绘制了新西兰海岸的海图，其中对其经度和纬度的计算非常精确，而他上溯至新荷兰东海岸的航行是具有深远意义的行动，他在那里登陆数次，以便进行详细的观察并为英国占有这片前景广阔的土地。库克强调新荷兰东海岸的环境适合英国殖民，而且值得正式以大英帝国国王的名义索求主权。他将其命名为新南威尔士。从其内容广博的船上图书馆所携带的托雷斯日志的摘要中，库克也知道通向帝汶和巴达维亚的海峡就在新几内亚南方的区域中，因此，新荷兰（新南威尔士）的大陆与其他陆地块是分离的。在波塞申岛，即这条海峡的入口，库克表示他明白他已经完成了海军部交给他的发现和吞并的任务。随后他通过荷兰的东印度群岛返回家乡，不幸的是，在那里他的许多船员患病，此前，在很大程度上是由于他防治坏血病的努力，这些人一直健康。然而，库克没有发现范迪门地是与澳大利亚大陆分离的，在 1799 年诺福克的乔治·巴斯和马修·弗林德斯探险之前，这种情况未得到证实。

用库克自己的相当谦虚的评价来说，他对历史的贡献的价值来自两大努力：在太平洋非常漫长的航行中，他成功地让他的船员没有患病；他证明了经度计算方法进步的价值，它用于精确地制作海岸线和海上航线的图表。看来他对这些贡献更为自豪，而不是他为英国索求主权而实际发现的"新"土地。他认识到，没有健康和被充分激励的船员操纵他的船只，没有可靠的海图确保通道的安全和被发现的所有领土的位置准确，环绕太平洋是不可能的。

如前所述，库克本人不无嘲弄地指出，他的大多数地理发现是消极的：他证明"南方大陆"是一种传说，在北美的太平洋海岸不存在一条西北通道与哈得孙湾并因此与欧洲相连。另一方面，作为制图师，他展现了卓越才华，可以说能够与其在船上防治坏血病的成绩媲美。由于其努力所取得的巨大进步，现在有可能制作可靠的海图，在辽阔的太平洋和其他地方进行安全的航行。

4. 船上的卫生与纪律

正如先前所指出的，安全地环绕太平洋航行不仅仅是适于航海的船只和导航的准确性的问题。一些早期的欧洲航行因其船员死亡率高而臭名昭著，它减少了携带患病和羸弱的幸存者的船只在漫长的太平洋航行之后回到家乡的机会。疾病、意外受伤、与土著人民的敌对遭遇、哗变的威胁是像詹姆斯·库克这样的指挥官们所关注的焦点，他们因此注重船员的健康、纪律和福利，而这是每一次航行得以成功的基础。

（1）未被赞颂的太平洋探险的英雄：船员

在大多数探险的历史研究中，给予英勇的指挥官和舰船官员的个性、领导水平、忍耐力、才干和技能的关注太多，那些人的姓名已是传奇。给予探险家船上的长期忍受苦难并且大多数是无名小卒的船员的赞誉非常之少。他们往往只不过是些男孩，大多数往往来自社会底层，许多人是孤儿或没人要的孩子，被赶到英国、法国或欧洲其他地方的街头或农场，他们的航海"职业"始于被征召的船舱服务人员或作为舰船官员的仆人。在许多情况下，他们是奴隶或合同劳工，或者由流动的"拉夫队"绑架并随便拖上船，完全无视人权。在其他情况下，水手在海洋或捕鱼文化中长大，从其家族长者那里习得船舶驾驶的技艺，往往能够在其成年之前指挥一艘船。在地中海和大西洋的航海文化——腓尼基人、维京人（斯堪的纳维亚人）、奥克尼郡人和巴斯克人，也许该加上东部海洋的一些著名航海家，如布吉人、马来人、依班族人（Sea Dyaks，一译海地押克人，在婆罗洲），而其中最出名的是波利尼西亚人。

无论其文化来源是什么，船员构成的根据是与船舶设计和索具类型、航行的持续时间、预期可能遭遇的危险、身体的力量、技能和可靠性还有忍受艰苦的能力有关的一些因素。随着派出水手踏上越来越漫长的航程，对可以装载的食物供给和储藏不可避免地受到制约，那意味着船员变得越来越少，而船舶索具、风帆的设计和起锚机制得到改造，从而使少数受过训练的水手能够操纵。简单的斜挂大三角帆、更小的帆布片、一或数人能够掌握的绳索滑轮系统、起锚的绞盘、方向盘而不是沉重而笨拙的大桨或舵柄、每天组织两三名船员作为"观察哨"以节省水手的精力，这些全都有助于探险家能够将其船只安全地从地球上的遥远角落带回家。因为许多船员是"新手"——没有技能或经验，或者被强行带上船，所以在每艘船上有一小批训练有素、心甘情愿、经验丰富的"骨干水手"（able seamen）是必要的，这样的船员总数往往不足 30 名。

尽管如此，船员必须服从严格的纪律。官员或其指定人员经常对他们残忍地施加惩罚，虐待成性。船只可不是讲民主的地方：在官员和普通水手之间存在着严格的等级制，甚至是相对轻微的冒犯都可能招致九尾鞭的笞打，从而造成巨大的痛苦，但不会严重地损伤受害人，不至于该船长期不能使用其劳动。像库克、瓦利斯和温哥华这样的船长肆意使用鞭打，在一些情况下，遭到他们体罚的船员在一次航行中超过半数（Dening 1992：114）。当然，叛乱是水手能够犯下的最严重的罪行，而在大多数军舰和商业船只上对试图抑或密谋叛乱的处罚是草率地处决。第五章讨论了太平洋上的无法无天和哗变的事例，例如英国军舰"邦蒂号"。

在探险的岁月里，尤其是在太平洋，船员的患病率和死亡率非常高，并且许多人由于船上事故而受到伤害。失去肢体、眼睛、牙齿和其他损伤如此常见，以至于通过带木制假腿、戴眼罩、伤疤脸、用钩子而不是手的海盗的形象，足以在公众的心目中形成漫画式的印象。在许多船上，无知、迷信、诸如恋童癖之类的性变态、花柳病成风。迷信包括相信在航行前有凶兆预示一艘船在海上的迷失，例如天空出现彗星，老鼠从停泊在港口的船只上弃船而逃，它表明这些动物有该船遭殃的直觉预感。就像第三章提到的那样，亚历山大·塞尔柯克有如此强烈的船只即将失事的预感，以至于他坚持被放逐到胡安费尔南德斯群岛中的一个小岛上，造就笛福的鲁宾逊·克鲁索故事。

虽然在整个历史上海上失去生命的危险始终是大洋探险和贸易故事的一部分，但这些危险从来不曾比帆船时代的最后岁月里更大。例如，在 1873－1880 年里，单是一个海洋国家即英国就因海上灾祸失去了总数达 10 827 名的海员，这不是在战争时期，而是在相对和平的时期内发生的，战时预期人员损失会更为严重。因为船上的生活如此严酷而危险，而海员的报酬却十分菲薄，因为长途海上航行使人一次离开家乡和家庭数年，召集一批船员进行长途航行就变得极其困难。船主的代理人诉诸欺诈手段，甚至是绑架，如前所述，"拉夫队"经常到港口小镇的酒馆，随时把"定金"① 丢入某个喝醉而不怀疑的水手的酒杯里，随后把他拖到船上，伪造的理由是他已经接受了国王支付的定金。

(2) 欧洲船只上的给养和卫生实践

船员必须保持充分健康才能在也许一次性离开母港数年的航行中幸存下来。理想状况下，这意味着海员的饮食应该由提供充足营养的食物构成，情况往往并非如此。在大多数船只上也缺乏个人和环境卫生。欧洲人进行的更早的太平洋航行凸显了漫长大洋航行的致命危险，例如麦哲伦、德雷克、安森和其他人进行的那些航行。如果打算驯服和开拓太平洋及其宝藏，这种危险是无法避免的。例如，如前所述，在麦哲伦的五艘船和派出的 241 名船员当中，只有一艘船安全地返回西班牙，船上仅有 18 名幸存的水手。虽然他的船员有一些死于风暴和敌对岛民的攻击，但大多数死于坏血病，那是由于缺乏维生素 C 所造成的一种疾病。而这又是缺乏新鲜水果和蔬菜的饮食造成的，在漫长的海上航行中不容易保存或储藏这些东西。

(3) 坏血病：太平洋航行的灾星

在欧洲人试图占有太平洋领土的第一个时代里，坏血病是一个普

---

① 　the king's coin，字面意思为"国王的硬币"。——译者注

遍的问题。麦哲伦的航行因这种病而出现的高死亡率并非异常，坏血病继续夺去太平洋海员的生命，直至 19 世纪中后期。例如，在 1740－1741 年的环球航行中，海军准将乔治·安森的舰队因坏血病而造成最初配备的 1 961 人仅剩 626 人，而只有少数幸存者处于适合升降帆和锚的状态（Grenfell Price 1971：7）。

谈到在漫长的太平洋航行中第一次成功地消除坏血病的悲剧性影响的努力，人们最经常与之联系起来的那个人就是詹姆斯·库克。在其指挥的船上试图抗击这种病时，他无疑是警觉的；而在他本人看来，他的成功是显著的。在他的日志中，1769 年 4 月 13 日的条目表现了库克对在其船上消除这种病的努力的满意之感：

> 此时此刻，在"病号名单"上的人员少之又少，几乎没有抱怨，船员在总体上非常健康，在很大程度上是因为有酸菜、便携的汤和麦芽；前两种向人们供应，一种在"牛肉日"，另一种在"菩提树日"。麦芽汁用麦芽制成，根据军医的决定，向每一位在其身上出现最轻微的坏血病症状的人提供，凭借这些手段和医生蒙克豪斯先生的细心和警觉，我们得以预防这种疾病在这艘船上立足。
>
> 库克日志，1769 年 4 月 13 日；引自 Grenfell Price 1971：24－5

库克也描述了他对船员所使用的心理技巧（显然是成功的），他采用巧妙的策略诱导船员吃喝一些相当难吃的混合物，库克将其说成是抗坏血病剂：

> 人们起初不肯吃酸菜，直到我采用我知道在海员身上不曾失败的方法，就是要求一些人每天着装整齐，到餐厅吃饭，允许所

有军官食用，无一例外，然后让这些人要么随意吃喝，要么一点不碰。但这种做法持续了一个多星期之后，我就发现有必要对船上的每一个人实行配给。因为这是水手的普遍脾气和性情：用普通的方式，无论你给他们什么，哪怕是为他们好，他们不会接受，除了对第一个提出新想法的人的抱怨之外，你不会听到别的什么；但当他们感到他们的上级重视这件事，那就变成世界上最好的东西，而发明者就是诚实的家伙。

库克日志，1769 年 4 月 13 日；引自 Grenfell Price 1971：25

　　库克渴望把他防治坏血病的努力说成是完全成功的，这可能导致他对在其船上数次爆发的这种疾病轻描淡写。例如，天文学家和数学家约瑟夫·格林，他在金星凌日的试验和计算经度的重大任务中帮助过库克，还有塔希提（Raitean）巫师图帕伊埃（Tupaia），他在库克与毛利人和其他波利尼西亚人交流时对其如此宝贵，两人在抵达巴达维亚后都死了，记录下来的症状表明原因在于严重的坏血病。约瑟夫·班克斯爵士也在这次航行中差不多同一时间出现了这种疾病的症状（牙龈流血和溃疡），但他迅速用他个人携带的柑橘汁进行治疗，那是在一位医生朋友纳撒尼尔·休姆的建议下，他带上"奋进号"的。

　　把他作为从英国舰船上消除坏血病的那个人而赞誉，库克既忽视了他的一些抗坏血病的调制品并无效果，又无视更早之前无数其他船长和医务官员的努力，可以说那些努力更为成功。例如，1593 年理查德·霍金斯爵士和 1605 年詹姆斯·兰开斯特船长全都使用柑橘汁或新鲜水果治疗在其船员当中爆发的坏血病。1617 年，詹姆斯·伍德尔在其题为《船医助手》（Surgeon's Mate）一书中强烈建议使用柠檬汁防治坏血病。安森的舰队在 1741 年从太平洋返回后，其船员每十人就有一人死亡，在"百夫长"（*Centurion*）船上的理查德·沃尔特描述了向安森的患病水手提供新鲜水果吃的效果："他们的精神因这种味道本身而兴奋，他们大口吞咽果汁，带着纵情享受奢侈品的那种感觉。"（引自 Baker 2002：198）六年后，一位英国皇家海军医生詹姆斯·林德在其"索尔兹伯里号"（*HMS Salisbury*）的试验中结论性地证明，橘子和柠檬可以治愈坏血病，这种病的表征是牙龈腐烂、掉牙齿、先前痊愈的伤口再次破裂，最终身体的重要器官失灵，在使用诸如柠檬、酸橙和橘子汁之类的抗坏血病药后，这些表征迅速消失。

　　甚至是与库克同时代的人也进行了试验，抗坏血病的治疗取得成功，例如塞缪尔·瓦利斯和休·帕利泽爵士。他们还采取措施，减少其船员的压力和疲劳（创设三班轮值制，让海员在长途航行中有更多的休息时间），从而减少身体消耗维生素 C 的速度。尽管他们取得成功的证据随处可见，值得注意的情况是英国海军部在库克航行之时完全无视这些先前的做法，显然是因为他们来自当时等级森严的英国社会里被认为阶级不足够高的人员，所以不被重视。

　　"奋进号"上所谓的抗坏血病剂的效果问题因这些东西混合使用而不是分别试验而复杂化，因此，难以分别无效治疗的效果。随后的研究证明，库克的大多数"药物"几乎或完全不含维生素 C，例如泡菜（加盐并发酵的卷心菜）、便携的肉汁和浓缩的麦芽汁或啤酒。无论如何，在烹饪或蒸煮时，热量会毁掉其中的维生素 C。另一方面，库克致力于在每次登陆时获取新鲜的给养，在可能的情况下依靠野生的欧芹或辣根菜，使其在"奋进号"和"果敢号"船上更有效地预防了坏血病。事实上，在 1769 年初"奋进号"停泊于火地岛时，在新荷兰的东北海岸上以及伯德金梅，植物学知识广博的约瑟夫·班克斯爵士帮助库克收集有用的抗坏血病植物，像野生芹菜、辣根菜、芋头。

在 1794 年之前，英国海军并未正式采取为其船员使用柠檬和酸橙汁作为抗坏血病剂的做法，此后像美国海军这样的竞争对手往往用贬义术语"莱檬尼"来称呼英国水手，这些海军在采取类似的抗坏血病措施上行动迟缓。然而，坏血病继续困扰其他国家的军舰和商业船只。例如，1775 年胡安·波地加指挥的一艘西班牙纵帆船上的船员在海狮湾附近的西北海岸探险时患上如此严重的坏血病，以至于波地加担心除非能够立即找到抗坏血病的植物，否则向南航行会导致没人能够幸存。他在这个被他称为"治疗湾"（Puerto de los Remedios）的海湾登陆，因为他乐观地认为它会向其船员提供云杉啤酒（spruce beer）的成分，对治疗其严重的坏血病来说，他们迫切需要这种饮料。

三、改进航海手段

1. 库克之前：测量纬度和经度的仪器

为了明白使詹姆斯·库克的海图如此精确的仪器发展的重要性，我们需要简单介绍库克时代之前所盛行的导航方法，以此作为谈论他本人的宝贵贡献的前奏。在一些古老的导航技术由太平洋海盆或环带的人民发展而来的意义上，它们与太平洋的关系独特。其中一些技术对漫长的航行来说至关重要，那种情况下，一艘船一次性几个星期乃至于几个月看不到陆地，因此，如何朝着某个特定目的地的登陆点驾驶的知识可能是生死攸关的问题。获取导航技能总是涉及由那些拥有这种知识和经验的人们进行正式或非正式的传授，也可能不要求使用导航仪器和海图。

(1) 中国人、阿拉伯人和欧洲人的导航仪器

科学导航与不靠仪器或单凭技艺的导航截然不同，后者仅仅利用环境线索或起码的、未标准化的装置。虽然太平洋上科学导航的故事

也许始于中国人和阿拉伯人，但它当然是在欧洲人为在太平洋占用领土而冒险、勘察和竞争的时期里才大步前进的。中国人无疑是在其海上航行中以系统的方式使用导航仪器的第一批太平洋人民：最著名的是磁罗盘的初期原型。磁性氧化铁（磁铁，或天然磁石）拥有地磁的显著性质，那种性质可以通过仅仅用一块磁铁纵向摩擦而转移到一根铁针上，中国人早就知道这一点。他们知道，悬挂在一根线上的磁化铁针会使自己呈南北向，但对大洋导航的目的而言，这是简陋而不准确的工具。中国人提高了它的准确性和持久性，办法是把铁针封闭在充满油的容器内，那使得铁针可以旋转从而保持相对稳定的南北方向，与船只的动态无关。这使航海者无论在赤道的北方还是南面的任何方向上都能保持恒定的方位。但这种磁罗盘依然是相当简陋的工具，直到欧洲的实验者从阿拉伯人那里得到指南针的概念——而阿拉伯先从中国人那里习得，在大发现的时代里完善了罗经柜。这种坚固而总体上可靠的仪器不受天气影响，哪怕在恶劣天气下也可以用来指引选定的航向。舵手会得到指示，将"船首基线"——那是罗经柜边缘的一个标记，在航行中它永远指向船首——对准想要的指南针方向，从而保持恒定的方位。

在公元前，埃及－希腊的制图师就正确地推断地球是一个球体，而地理学家埃拉托色尼斯（Eratosthenes，公元前 276－前 194 年）利用一个简单但巧妙的实验甚至相当准确地计算出了地球的半径，即在北半球夏至时测量太阳射线在阿斯旺和尼罗河三角洲的角度之差。不幸的是，欧洲的历代制图师采用了克罗狄斯·托勒密（公元 100－170 年）估算的更短的半径，导致关于地球及其海洋规模的错误想法多年内在欧洲占尽上风。尽管如此，利用坐标确定地球上任何一点的位置的想法——也就是关于纬度（在南北半球与赤道平行的东西方向的线条）和经度（在两极交会的南北方向的子午线）的概念——早已付诸实践，尽管准确测量经纬度的实际方法只是后来才出现的。在某个基准点的北面或南方（赤道被设定为零度，而地球的旋转轴的极点被设定为90度）用度、分、秒测量纬度远比计算经度容易：它只涉及相对简单的设备（或星象观察）和不复杂的算术，从而实现对角度和距离的准确度量（纬度的1度在赤道衡量为约94.5公里或59英里）。在基于一根固定的子午线而采用标准时间之前，而且发明可靠和耐用的计时器以保持那根固定子午线处的时间和全球各点的当地时间之前，准确度量经度是不可能的。

（2）测量经度的早期设备

测量角度和高度（例如，正午时分太阳在海洋地平线上的高度）的更为原始的仪器之一是十字杆，它是一种笨拙的木制工具，上面有标明太阳和地平线之间的角度的刻度。因为直视太阳会造成视觉受损，所以一位英国探险家约翰·戴维斯发明了反向高度仪，领航员可以背对太阳在正午时分使用它，从而读出地平线上的太阳角度，因此读出他所在的经度。在晚上，当不存在直视星星或月亮而受伤的危险时，十字杆是北半球常用的测量地平线上北极星的高度的仪器，北极星位于以北斗七星而知名的大熊星座的附近。

若干世纪以来，阿拉伯水手使用一种被称为"寻星仪"的改进仪器测量经度，而欧洲的航海家在15世纪采用了这种仪器。这种星盘通常用黄铜制成，形状像个轮子，上面有活动杆或者说旋标，它也能使航海家"读出"太阳和诸如北极星之类的其他天体的角位（角坐标）。正午时分太阳在地平线上的表面高度（称为太阳偏角或太阳赤纬）因纬度和季节（仲夏时高而仲冬时低）而不同。在春分和秋分点上，位于赤道的太阳是垂直的（90度），而在夏至和冬至点上，太阳要么在北回归线（北半球的仲夏）要么在南回归线（南半球的夏至）上是垂直的，在赤道上为23.5度。计算所得的偏角表使欧洲早期的航海家能够通过读出一年当中某个特定时间的正午太阳的倾角来准确确定他们所在的纬度。

获取经度的仪器的后续改进造就了四分仪，然后是六分仪。通过采用两面垂直的镜子，半面镀银，从而使来自太阳和来自地平线的光线之间的角度能够在目镜中叠加，在游标尺上读出两者之间的角度，从而给出该船的实际经度，表现为从赤道算起的度数。这种小而坚固的仪器能够相当准确地得到经度的读数。这种装置也可以在晚上用于某些星星，或月亮，从天文表上可以确定它们的高度，从而替代太阳。到詹姆斯·库克第一次航行的时期，六分仪很轻，准确而耐用，而它们弯曲的刻度（全圆的六分之一）可以极其精确地测量角度。库克的六分仪基于 1731 年英国皇家学会会员约翰·哈德利的设计，1757 年由约翰·坎贝尔加以改进。

(3) 测量经度

太平洋是经度计算最终得以完善的航海舞台。经度的概念基于这种情况：球形的地球围绕其轴每 24 小时旋转 360 度，即每小时 15 度。如果能够在两极之间划下南北向的一根固定线，旨在计算地球表面或东或西的角距离的原点（也就是说，旨在作为经度的零度的南北子午线），无论何时沿着这根源线是正午时分，可以据此推断，在这根源线以西 15 度的某根线上的任何一点会是正午之后一个小时，而在西经 30 度上的记录会是正午之后两个小时，依此类推。

在过去的若干世纪里所使用的计算或估计地球表面经度的方式有三种。它们是航位推算法、月亮角度的技术（月角法）和精密计时器（天文钟）的使用。然而，今天这些方法大多被第四种方法取代：使用全球定位系统（GPS），它的精度和操作简单无与伦比。

(4) 航位推算法

在缺乏导航仪器的情况下，或处于某些环境状况下，比如浓云密布或洋流扰动不利于采取观测太阳、星星和地平线的方法计算纬度和经度，航位推算法的技术可以取而代之。这种技术就是：结合船只的速度（通过使用计程绳测量，那是一根在移动的船后放出的有多个节点的绳子，按节测算船只速度）、它的方位或指南针方向、船只由于气流或洋流的偏移、从指南针或固定的星星那里得到特定的方位"读数"上的航行持续时间①，通过测算该船当前的全球位置，从而进行最后已知位置（比如说母港）之外的推断。

虽然航海家使用航位推算法使其能够大致估计船只的位置，哪怕没有其他导航手段可以运用，但这种方法有可能受到严重的累积错误的影响。事实证明，一些太平洋的早期海图很不准确，航海家将从其船只上看到的岛屿或海岸线绘制于这些海图上，因为后来的航海家搜寻但没有发现在早期海图上错误地绘上的陆标。例如，卡特雷特确实发现了皮特凯恩岛，但在他的海图上位置是错误的，因此它"失踪"了几十年，从而使再次发现它的"邦蒂号"叛乱者确信没有英国军舰能够发现他们藏身的这个地方。

一些证据表明，在托勒密时代，埃及的希腊人，还有阿拉伯人和中国人形成了某种不依靠专业化仪器计算经度的方法（至少是位于不同子午线的各点之间相对特定子午线或东或西的距离）。更确切地说，这种方法基于在南洋附近的不同地点对诸如月食之类天文事件的同时观察，辅之以对月食持续时间的准确观察。在白天，时间的计算靠的是测量在一条子午线的不同地点上，在一天的不同时间里，由标准长度的垂直杆子投射的阳光阴影的变化（Menzies 2002：368－369）。到晚上，沙漏或滴漏（水钟）度量时间的流逝。通过在不同的地方观察完全相同的事件——比如说，在某次月食期间，当月亮从地球的阴影

---

① 小时或"杯"，［glasses，当指计时滴水而言］的数字。——译者注

中开始出现的那一刻，并且记录当地时间，天文学家随后可以比较在不同观测点上所记录的时间。根据对某个天文事件的时间差异的认识，可以通过球面三角学转换为在选定的主要子午线或东或西的不同角度，对全球不同地点而言，可以计算出经度表。

虽然有一些证据表明早期的埃及-希腊、阿拉伯、印度和中国的航海家可能知道这种技术，但似乎到最早的葡萄牙人进入东部海域航行之时，这些方法已经失传。利用月亮角度的方法（有时被称为月距法）基本上是若干世纪后重新发明的。1514 年，由约翰·华纳描述了这种技术，但不能形成必要的导航表，因为对天体动态的了解还没充分到那个地步。1675 年，国王查理二世设立了皇家格林威治天文台，目标就是解决这个问题，为此任命了第一位皇家天文学家，即约翰·弗拉姆斯蒂德，他编纂了一本历书显示主要天体和事件的位置和运动，1725 年该书在他去世后出版。

在经度测算依靠航位推算法——它往往包含巨大的累积错误——的时期里，在导航员错误计算其位置或使用不可靠的海图时，航用海图上的不准确之处导致几百年来船只及其船员遇难的许多悲剧。1707 年，五艘英国军舰组成的一支舰队在锡利群岛（Scilly Isles）附近因触礁沉船而全军覆没，2 000 多名船员葬身海底，就是这种错误所造成的。从直布罗陀返回时，估计经度的错误计算使该舰队的指挥官相信他正在引导他的军舰进入英吉利海峡的西入口，而实际上他在地端岬①西北之外许多海里。在这次令人震惊的损失之后，英国公众的呼吁促使英国海军部在 1714 年成立了"经度委员会"，向能够发明可靠而准确地计算经度的方法的任何人提供一大笔奖金（2 万英镑）。

---

① Land's End，英国的最西端。——译者注

(5) 月角法

在 18 世纪早期，月角法是这笔奖金的唯一实际的竞争者，但作为计算经度的十分可靠的办法，它还有一段漫长的路要走。在空旷的大洋上，在摇摆颠簸的船上，准确测定位置依然是困难而容易出错的事情，直到 1731 年英国皇家学会会员约翰·哈德利设计了双重反射的四分仪，它允许水手同时观测地平线和太阳，解决了在船上船只运动的问题，而且在更为准确的刻度上读出太阳的仰角。哈德利的四分仪也允许海员在晚上计算月亮和某颗固定星星之间的角度，有助于利用月角法计算经度。1755 年，当德国地理学家托拜厄斯·迈尔汇编了月亮动态的历书，其中包括直至遥远未来的月亮的预测路线，这就变得更加简单了。这被认为足够准确，可以由皇家格林威治天文台批准，在英国海军中用于导航。

然而，这些表格的使用依然包含费力的计算，为了得出任何特定地点的经度数字，平均需要用 4 小时做三角法和算术的作业。1767 年，皇家天文学家内维尔·马斯基林极大地简化了月角法的这种复杂的三角学计算，而且以《英国海员指南》的形式公布了这些成果，该书以简单的行外话解释了这种技术。这使得所涉及的算术减少到约为 1 个小时的工作量。他也出版了一本《航海年鉴》，其中包含部分完成的确定经度的计算。

马斯基林的简化系统基于像太阳、月亮和某些星星这样的成对天体之间对向角度，在每个 24 小时的阶段里，这类天体以可以预测的方式相对彼此而有差异地运动。基于经由伦敦附近的格林威治天文台的那根南北源线，马斯基林计算了这些天体沿着该线在一天的任何时刻的预测角度。在白天能够看见月亮的任何一天里，月亮和太阳之间在正午沿着那根源线的角度在马斯基林的表格中给出；同一天在地球某个遥远的地方，可以在正午采取对月亮和太阳之间角度的观测，与表格中列出的就像发生在伦敦的角度比较。在伦敦正午时分记录的月角和在全球某个遥远地方的正午时记录的月角之差使航海家可以计算两地之间的角距离，由此得出那根伦敦线或东或西的小时数，然后可以乘以 15，得出用度数表示的经度。当日光下无法看到月亮时，在晚上月亮相对某些遥远的固定星体的运动相当快，起到了类似在钟表表面上相对小时标记移动钟表指针的作用。根据在格林威治观测所得，马斯基林汇编了一本月亮相对已知星体的预期位置之间的月角或月距的历书，使在遥远地区的水手能够比较他们自己观测的相对相同星体的月角，而且通过他们所记录的角度与马斯基林的历书中所给出的那些角度之差，计算出他们的经度。这是个复杂而耗时的程序，而且可能充满错误，部分原因在于气象条件。

尽管如此，在 18 世纪中叶，像塞缪尔·瓦利斯这样的航海家能够利用马斯基林的方法绘制准确的太平洋航线，正是他对塔希提岛的经纬度进行了准确的绘制，那是他已经"发现的"，使詹姆斯·库克能够有信心成功而迅速地发现它，从而行进到那个位置观测金星凌日。我们也应该指出库克制作的新西兰各岛屿的海图被认为如此准确，以至于它们在一个世纪之后还在使用，那些海图是库克及天文学家格林仅用月角法绘制并核查的。事实上，正是库克第一个全面测试了马斯基林的方法，库克利用其"航海年鉴"，结合对月亮和太阳或星星位置的每日核查，绘制了横渡南太平洋的直线航线。

在 1770 年 8 月 23 日的日志条目中，库克满意地说月距法"也许取决于半度之内（的误差），对所有航海目的而言，1 度的精确就十分充分了"。事实上，当他在 1769 年抵达塔希提岛，库克观测金星凌日和准确记录这次金星凌日的持续时间的最终目标是将其包含在全世界其他相距甚远的地点（例如哈得孙湾和格林威治）对同一事件的记录之中，使那位皇家天文学家能够完善其角度表。如前所述，出乎所料的视幻觉阻碍了他在这次测量中实现令人满意的准确（而就中国人或其他民族的航海者使用这种技术的任何早期尝试而言，他们必定做到了这一点）。尽管如此，包含月角的表格的航海历书继续出版，供航海家使用，直至 1906 年。

(6) 精密计时器：简化经度的测量

从库克的第二和第三次航行开始，在太平洋的航行和制图中才应用准确的时间测量。事实上，在库克第二次航行中，他的最重要的目标之一就是，相对马斯基林的月角技术，测试和比较一种计算经度的不同方法的有效性。这种新颖的实验包括测试一种新仪器，即最初在 1735 年由约翰·哈里森发明的精密航海计时器（航海天文钟），随后通过数个原型加以改进。哈里森是约克郡的一位木匠，自学成才，成为钟表匠。他的第四个原型基本上是一个坚固的"大怀表"，能够经受持续的船上运动、温带的变化、持续操作不可避免造成的震荡，与此同时以史无前例的准确性和可靠性记录格林威治时间。它使水手能够比较全球遥远地方的当地时间与格林威治标准时间，极大地简化了经度的角度计算。

库克的两艘船"果敢号"和"冒险号"（*Adventure*）在 1772 年分别出发，带着两种版本的哈里森的精密计时器。四件计时器中有三件是阿诺德制作的，而第四件是由拉寇姆·肯德尔制作的，它是块巨大的银表，是到那时为止最精确而可靠的表。在这次航程过半之前，阿诺德的两个时钟不再运作。事实证明了肯德尔制作的那块表的准确性和可靠性，它得到了库克的高度赞扬。哈里森最终被授予海军部的奖金（在 1773 年），但侥幸胜过马斯基林，后者先前是经度委员会的正式成员，他认为，根据他出版的航海表，而且因为这种事实，即在哈里森的精密计时器的最初测试中，它的准确性只能靠使用月距法来加以验证，他理应得到这笔奖金。但是，如前所述，马斯基林的系统更为复杂，由海员计算时容易出错，而且取决于准确观测天体的天气条件，而哈里森—肯德尔的精密计时器可靠地工作，哪怕在不可能观察月亮的风暴之夜里。国王乔治二世的亲自干预才确保哈里森得到他的奖金。

随后，英国海军部的节约使哈里森的发明远远超过那笔奖金的价值，这种节约来自不再由于导航错误造成船只失事而失去的生命、舰船和货物，来自不再毫无必要地长期搜寻在不准确的海图上错误地绘制的港口和锚地而付出的给养和船员的健康。

2. 库克之后：完善太平洋的海图制作

人们常常说，海军上尉詹姆斯·库克在其三次航行中对太平洋的未知地区制作了全面而准确的海图，以至于后人除了赞叹他的成就之外无所作为。确实，如前所述，他制作的新西兰、新南威尔士、北太平洋和美拉尼西亚群岛的海岸线的海图如此准确，以至于一个世纪之后还作为标准海图运用。但对太平洋各部分的知识依然存在严重的缺陷，包括经常造成悲剧性地失去船只和人员的沙洲和暗礁的位置。当进入该地区或者从新南威尔士和范迪门地的作为刑罚场所的殖民地往返航行的英国船只越来越多时，这就变得至关重要了。布莱的两次寻找面包果的探险、爱德华兹追逐"邦蒂号"叛乱者的惩罚性远征、乔治·温哥华在查塔姆和迪斯卡弗里的航行、在太平洋开始商业捕鲸和猎杀海豹全都发生在19世纪之初的这段关键时期里。

1829年，皇家地理学会的创始会员之一，弗朗西斯·蒲福，担任皇家海军的水文地理学家。他的任务是向英国军舰提供最完善、最准确、最新的大英帝国航线及其途径中的海岸线、风和潮汐、水深探测和航行危险因素的信息。正如蒲福充分了解的，只有用这种方式才能减少或避免海上灾难，因为船长会得到太平洋和其他大洋的危险水域的准确海图和航行指示。与英国海军部的大多数老爷不同，蒲福也有意推动对新的沿海陆地和岛屿及其周边大海的科学研究，敦促在他派出的英国勘测船上只要有可能就配备"科学绅士"。那就是年轻的查尔斯·达尔文被批准作为船上的博物学家参与英国军舰"猎兔犬号"航行的原因，该舰由罗伯特·菲茨罗伊指挥，目标是完成对南美洲南部沿海地区的勘察。达尔文对科学的贡献以及太平洋在激励他做出重大发现中的作用在第七章中加以讨论。

在蒲福看来，太平洋的两个地区最需要基本的勘察，随后进行测量和制图。它们是传说中但尚未发现的西北航道，据说它将北太平洋的白令海峡与北海连接起来；还有澳大利亚热带东海岸之外的大堡礁（Goodman 2005：10）。"猎兔犬号"进行了第二次太平洋之旅，其重点在于澳大利亚的西北海岸，既未能对大堡礁又未能对新几内亚海岸制作海图。

1841 年，蒲福命令船长弗朗西斯·布莱克伍德指挥英国军舰"飞翔号"（Fly）完成这次未曾结束的勘察，这次航行的主要目标是发现经过凶险的托雷斯海峡的一条安全航道。1845 年，在单调乏味地勘察三年之后，布莱克伍德及其船员放弃了这项艰巨的任务，在此期间，他们确实发现了一条合适的航道并制作了海图，它通过在约克角附近的雷尼岛北面的危险海峡。他们遗漏了大堡礁和新几内亚海岸的一些最重要的部分，未对之制作海图。

1848－1849 年，蒲福进行了他获取大堡礁、路易西亚群岛和新几内亚南部的勘测数据的第三次尝试。这一次他选择了欧文·斯坦利船长指挥英国军舰"响尾蛇号"，给他的命令是完成水文测量并制作可靠的航海指示和海图，以便在悉尼和新加坡之间往来的数量越来越多的商船参考，他们倾向于使用在外围堡礁内的水域，而不是在礁石之外的开阔海面。75 年之前，"奋进号"上的詹姆斯·库克在该地区差点遭到灭顶之灾，这个在外围堡礁之内的地区有着未在海图上标明的珊瑚礁、淹没在水中的岩层、汹涌的潮流和沙洲，库克称之为"迷宫"。着眼于未来，蒲福希望欧文·斯坦利绘制适合蒸汽船在悉尼和新加坡之间航行的安全航道的海图，哪怕这条航道是狭窄的；而不是适合帆船的航道，它们需要开阔海面的"充裕空间"（elbow room），以便在风向不利的情况下抢风调向和机动。

蒲福知道，蒸汽船会是未来贸易中船舶推动力的基础，但相比之下，那时英国军舰依然主要依靠帆，而且海军对绘制狭窄水道的海图不感兴趣。尽管如此，除了他想为从悉尼到新加坡的商业蒸汽船的安全航线进行勘测和制作海图之外，蒲福还打算为海军制作整个珊瑚海的海图，其边界在西面是澳大利亚，在北面是新几内亚，在西北面是路易西亚群岛和新喀里多尼亚。所有这些地块都布满了凶险的沙洲和暗礁。蒲福指示欧文·斯坦利勘察布莱海峡，50 多年前，在 1792年，英国军舰"邦蒂号"的漂流者发现了这条海峡。其结果令斯坦利和蒲福非常满意：斯坦利自豪地报告他绘制了至少宽 50 公里（30 英里）的空旷而安全的通道的海图，经由布莱入口到太平洋，再向前经由托雷斯海峡，该通道适合大型船只从太平洋到印度洋的航行（Goodman 2005：249）。在这个意义上，蒲福是个幻想家：他预见了贸易在其中会将南太平洋的岛屿、澳大利亚的北部、新几内亚、印度尼西亚群岛、印度和中国联系起来的未来，预见了联系这些地区的安全、准确地制作过海图的航线的极大必要性。

四、横渡太平洋的现代航海

1. 航空先驱

20 世纪 10 年代和 20 年代在太平洋出现的空中旅行对在这个广

衷的水半球的航行引入了新的问题和挑战。作为先驱的飞行家面对许多困扰大洋航行的相同困难，飞行中偶尔被迫因不良的能见度和不可靠的无线电设备而依靠航位推算法或使用类似的六分仪观测星星。哪怕在当时能够得到的最佳导航设备的帮助下，飞行员依然经常偏离航线，有时造成悲剧性的后果。下面讨论的是太平洋开拓型飞行的两个例子：第一个是 1928 年澳大利亚飞行家查尔斯·金斯福德·史密斯、查尔斯·乌尔姆、吉姆·华纳和哈里·莱昂驾驶三引擎的单翼机"南十字座号"（Southern Cross）成功地飞越辽阔的太平洋；还有阿梅莉亚·埃尔哈特的背运飞行，她与一位经验丰富的导航员在 1937 年试图循着一条围绕赤道的路线第一个完成环球飞行。

由金斯福德·史密斯及其机组成员进行的第一次跨太平洋飞行的支持条件并不有利。资金问题和技术困难将其计划好的飞行拖延了近一年。就在金斯福德·史密斯及其同伴接受交付的飞机之前不久，在从美国大陆到夏威夷的一次飞行比赛中，7 名飞行员失去了生命。大多数人认为，驾驶可靠性未经验证的飞机，飞越辽阔的充满风暴的太平洋简直就是自杀。尽管如此，在一位富裕的美国投资者（汉考克船长）的资金支持下，"南十字座号"准备在 1928 年 5 月 31 日清晨起飞，由金斯福德·史密斯掌控，从加利福尼亚州奥克兰市向西飞行，驶往夏威夷、斐济，最终是布里斯班（澳大利亚）。为了节省燃料，在飞往惠勒机场（火奴鲁鲁）的 3 300 公里的航程上，史密斯和乌尔姆保持每小时低于 150 公里的航速，白天在 600 米的高度上，晚上升高到 1 200 米。晚上的侧风造成这架飞机偏离航线，虽然在机上有三个罗盘（包括一个地磁感应罗盘），但有必要纠正偏差以避免错过夏威夷群岛。领航员哈里·莱昂靠抛弃钙罐来做到这一点。这些罐子在击中水面时会着火，而莱昂观察在这架飞机后面漂浮着的钙罐形成的火焰线，通过偏航计计算必要的修正系数，以便使"南十字座号"保持在去火奴鲁鲁的航线上。在"南十字座号"前往澳大利亚的整个航程中，它所看到的仅有的两艘船发出的莫尔斯码信号帮助它纠正航向。在飞行超过 27 个小时之后，他们看到了瓦胡岛的钻石海岬并安全地在惠勒机场着陆，在那里这架飞机使用美国陆军的空军设施进行维护。然而，惠勒机场的主跑道对满载的飞机安全地起飞和爬升来说太短了，因此它飞到考艾岛（Kauai），那里有一处非常长的硬砂海滩——巴金沙滩（Barking Sands），可以用作跑道。对这架沉重负载的飞机来说，它需要几乎整个 1 400 米长度的沙滩，它携带了有史以来距离最长的越洋飞行（整整 5 020 公里）所需要的超过 1 200 加仑的燃料。夜间起飞是必要的，在更清凉、更浓密的热带夜间空气中，使这架飞机拥有充足的升力。

随着获取方位所需的无线电设备失灵，导航的困难几乎立即到来，而无线电操作员华纳需要三个小时修理它才能使其正常运作。随后一个引擎的燃料管路的沉淀物预示着灾难，但在焦急等待一段时间后，它自行恢复平稳。在这次飞行的这段行程中的漫漫长夜里，"南十字座号"与雷暴和飘忽不定的气流作斗争。许多宝贵的燃料用在躲避雷暴云砧和爬升到 2 500 米以躲避风暴湍流。这么做的时候，这架飞机偏离了航线，错过了菲尼克斯群岛，使确定去苏瓦（Suva，斐济首都）的新航线成为必要，而且考验着导航员莱昂的技能。这架飞机的座舱并不防水，而暴雨使机组人员和机上的所有设备湿透了。在飞行超过 34 个小时之后，这架飞机安全地在苏瓦着陆，完成了有史以来第一次越过太平洋中部的飞行。

这些飞行的最后阶段是从纳塞莱（Naselai）海滩起飞，那是在距苏瓦 30 公里的一条坚实的沙滩。带着 900 加仑的燃料，"南十字座号"在傍晚起飞，飞向布里斯班，航程 2 800 公里。暴风雨、逆风和骤雨再次使这架飞机偏离航向，使机组人员湿透。地磁感应罗盘由于人为错误而失灵：忘记在斐济给它加油。使用六分仪导航的几百年的老方法使莱昂能够确定到布里斯班的航线，但风使这架飞机偏离航线超过 170 公里。如果他们的目的地是一个小岛，这会是场灾难，但他们的目标是抵达澳大利亚的大陆，所以他们到达其目的地布里斯班的问题只是沿着东海岸向北多飞一个小时而已，耗时总数从离开苏瓦算起不到 22 个小时，从离开奥克兰市算起则为 83 个小时。

对另一次开创性的太平洋飞行来说，事实证明导航生死攸关。那就是由阿梅莉亚·埃尔哈特在 1937 年的尝试，她想因此成为第一位沿着赤道飞行航线完成环球旅行的飞行家。她选择的飞机相对先进，设备齐全，那就是双引擎的洛克希德的"伊莱克特拉"（*Electra*）。在 39 岁时，埃尔哈特已经是一个家喻户晓的人物，她保持着许多飞行纪录，例如她是第一位从夏威夷单独飞到美国本土的女性。她的这次飞行仅有一位名叫弗瑞德·努南的无线电报务员－领航员陪伴。在她离开莱城（新几内亚），准备完成从美国占领的豪兰岛到菲尼克斯群岛，跨越开阔大洋的 4 000 公里的飞行之前，她的飞行还算一帆风顺。在莱城，她监督工人为这次飞行加注 1 100 加仑的航空燃料，估计能够到达豪兰岛，但没有多少剩余。她从"伊莱克特拉"上断断续续发出的无线电信息的记录表明，她在这次飞行之初就遇到了逆风，而与这些逆风的搏斗消耗了她的大量燃料储备。约在她飞行 18 小时之后，那时她估计距离豪兰岛 300 公里，无线电传播问题看来阻碍了她与豪兰岛上地面站的联络。风再次造成这架飞机偏离其航线，而领航员努南借助八分仪——由六分仪改进而成——的使用保持其位置的固定，但偏航的程度大到足以使他们无法找到豪兰岛。她的无线电通讯的最后记录表明燃料水平极其之低，她无法看到豪兰岛或与其进行无线电联系。随后她的通话突然中断，而此后在豪兰岛附近的太平洋辽阔水域，甚至远至加德纳岛（尼库马罗罗礁，现属基里巴斯）四周

的搜寻没有找到这架飞机或其著名的飞行员和导航员的任何物理
迹象。

阿梅莉亚·埃尔哈特的失踪很可能是导航问题、飘忽不定的逆风
和不充足的燃料储备相结合的后果，在太平洋探险的编年史上造就了
最持久的谜团之一。哪怕是一个世纪之前拉佩鲁兹及其两艘船失踪之
谜最终得以解决，但尽管有针锋相对的理论，几乎是无休止的猜测，
埃尔哈特谜团至今依然没有解决。

2. 无线电和雷达导航与定位

早期太平洋飞行先驱的导航困难凸显了在第二次世界大战期间及
其之后实现进步的重要性。在第二次世界大战期间，太平洋成为空中
作战以及商业和军事的海上交通的一个焦点。这些导航设备的改进依
次是无线电、雷达、卫星和基于计算机的技术进步。

1902 年，古列尔莫·马可尼证明无线电短波可以用来作为长途
信息传送的手段（第一次用莫尔斯电码传送）之后，船只（随后还有
飞机）准确地标明其位置和在所有类型的天气下航行的能力得到极大
提高。第一种利用无线电射束导航的设备是"无线电测向仪"，它包
括一个调到某个电台的接收器，一根可以旋转以发现射束方向的环形
（回路）天线。在从不同的基站发出的两根无线电射束的帮助下，一
位无线电报务员可以标明他们在一张地图上交错的那一点，使用三角
测量法非常准确地确定他的位置。尽管如此，20 世纪初的无线电报
务员尚未成熟，而且不可靠，如前所述，这种不可靠性加剧了像查尔
斯·金斯福德·史密斯和阿梅莉亚·埃尔哈特这样的太平洋飞行先驱
所面对的挫折和危险。德国的无线电工程师用他们的洛伦兹
（Lorenz）系统改善了无线电导航，该系统基于两根利用短长信号
（点和短线）从机场发出的窄射束的无线电信号。"返航"到该机场的

飞机试图保持在这些射束之间的狭窄角度之内，其中点和短线的信号重叠，发出持续的声音。

在第二次世界大战后，双曲线无线电导航系统得以形成，例如用于长期越洋飞行的"远距离无线电导航系统"（LORAN，一作罗兰导航系统）。这种系统包括发射台的系列台链，台链由"主要"发射台和"辅助"发射台构成，辅站以规定间隔重播主站发出的信号。某个无线电导航仪可以根据信号重播的时间间隔确定到每个辅站的距离，对离主站越来越远的辅站来说，这种时间间隔会越来越大。在 1997 年之前美军使用以奥米伽导航系统而知名的双曲线系统，那时被更可靠的多功能卫星导航系统取代，后者目前在全世界应用。

在第二次世界大战初期采用的雷达（无线电定向和测距）使导航进一步完善和精确，从而增进和提高了船舶安全，还有大洋现象的测绘与制图。加上尖端的计算机软件，在拥堵地区，尤其是在海港和机场附近，这种技术彻底改变了全天候的空中交通管制和海洋航路的管理。如今哪怕是小船也用雷达和声呐，辅之以精确的太平洋海图，使横渡太平洋的航行相对安全，哪怕是对业余帆船运动爱好者和飞行员而言。

3. 全球导航卫星系统（GNSS）

从 20 世纪 60 年代以来，卫星远程通信推动了全球交通的军事和民用网络的发展。这种系统由美国国防部设计，绰号为"导航星"全球定位系统，它包括部署在 6 条圆形轨道上的至少 24 颗卫星，它们相对赤道大约倾斜 55 度，其分离的方式确保在地球表面的几乎每一点都能直接看到至少 6 颗卫星。到 2007 年，协调太空飞行器（卫星）增加到 30 个。这些卫星被部署在高度约为 2 万公里的环地轨道上，每个恒星日每颗卫星在其轨道上完整地转两圈，而且每颗卫星发送以近乎光速运动的非常精确定时的微波信号，让地球上几乎任何地方的全球定位系统接收器能够通过度量它们与三颗或更多颗卫星的距离来计算它们自己的位置，根据是每个信号发送和接收之间的时间间隔。每个卫星携带一个使时间准确性保持在一微秒之内的原子钟。现代的全球定位系统接收器也包含一个非常稳定的晶体振荡器时钟，能够以变化的已知频率监听多达 20 个卫星信号，每个信号携带关于该卫星位置的信息。"导航星"卫星的飞行轨迹由美国空军在全球的五个跟踪站监视，其中两个在太平洋中部（夏威夷和夸贾林岛）。事实证明，无论对太平洋水面、水下和空中的民间还是军事交通而言，这种卫星导航系统是无价之宝，想跨越无痕无迹的太平洋，经历漫长的旅行是不可避免的。全球定位系统的普遍应用极大地降低了偏离航线的可能性，而且无论何时发生事故，这种技术有助于营救失事船只并拯救生命。

第五章　开拓太平洋的资源

一、"公地资源"的利用和滥用

本章的首要话题是在两者之间的关系：太平洋"公地资源"的利用与被盘剥的主要时期，即 19 世纪里，在这个地区内，普遍的无法无天、暴力和环境恶化。虽然并非所有在太平洋利用资源的事例都造成了消极的后果，事实上，可以列举许多结果积极的事例，但公地资源（定义为"每个人拥有而没人拥有"的环境的宝贵物质）的开采经常涉及严重的弊端。对岛屿人民和船员的生命、健康和福祉全都漠视，无情地掠夺宝贵但脆弱的动物种类、鱼类和植物种类的储备、忽视资源开采的环境、社会和政治后果都是这种贪婪和豪取强夺的可悲故事的标志。原材料"取之不尽"的老生常谈、充满信心地期待辽阔而慷慨的太平洋会让不法之徒获取财富而不会受到报应、太平洋作为开放疆界的特征全都会在本章中遇到，读起来就像是典型的"公地悲剧"。本章中次要话题包括榨取太平洋资源的那些人对这些方面的态度变化：大洋环境提供的约束与机遇，将资源降级和耗尽联系起来的恶性循环的形成，随后的环境破坏，所导致的对未来人类发展选择的更严厉的限制。

二、太平洋：无法无天，能够加以盘剥的新领域

具有讽刺意味的是，过去三个多世纪以来，下定决心让自己染指太平洋资源的欧洲船长、企业家和移民必须在他们遭遇当地人民

的暴力反抗时——就像有时所发生的那样——压制义愤。成百上千
年来当地人与土地和财产有关的风俗习惯、法律和传统受到新来者
的对待是傲慢的漠视，他们认为当地人反对他们攫取土地和资源是
应受惩处的罪行。他们往往将这种本地人对帝国盘剥"权利"的抵
制怪罪于欧洲和美国的背弃其船舶并在岛屿上"变成当地人"的不
法之徒和"流浪汉"的邪恶影响。在19世纪和20世纪初有数百名
这样的被遗弃者生活在太平洋岛屿的社会之中，其中一些人臭名昭
著。许多人是从作为刑罚场所的殖民地新南威尔士、昆士兰的摩瑞
顿海湾和诺福克岛脱逃的英国罪犯。其他人是失事船只的遇难者、
开小差的船员或被捕鲸、捕海豹、"当乌鸦"① 或檀香木采集船只放
逐到太平洋各岛屿的船员，在这个无法无天的环境中，谋杀和叛乱
是家常便饭。

太平洋中最著名的歹徒："邦蒂号"叛乱者

最早也是最著名的涉及欧洲海员无法无天的事件之一——1789
年在英国军舰"邦蒂号"上的哗变——也与在太平洋的资源开发有
关。"邦蒂号"到塔希提岛之旅的主要目标是收集面包果树的幼苗并
将其运到英国在加勒比海地区的甘蔗种植园，在那里它们会作为被迫
在那里劳作的非洲奴隶的廉价食物的来源。作为桑科家族的一员，太
平洋的面包果在热带气候下苗壮成长，产生巨大而营养丰富的水果
（图12）。以这种方式利用面包果的建议正是来自那位在其第一次塔
希提岛之旅中陪伴詹姆斯·库克的绅士、科学家约瑟夫·班克斯爵
士。他在英属加勒比海地区的种植园主贵族阶级当中拥有权势很大的
朋友。具有讽刺意味的是，有助于塔希提人形成其无忧无虑的生活方

---

① blackbirding，指欺骗和绑架土著人民到海外为奴或"合同劳工"的行为。——译
者注

式的面包果注定成为加勒比海地
区奴隶的食物。

　　在弗莱彻·克里斯蒂安领导
下发生哗变、随后一些叛乱者乘
坐"邦蒂号"逃跑以寻找一个安
全的岛屿作为藏身之处、船长威
廉·布莱带着少数忠诚的同伴乘
坐小船英勇地横渡太平洋的故事
被多次重新讲述，这里就不再详
细复述。

　　不那么为人所知的是这次哗
变之后的报复，以船长爱德华·
爱德华兹指挥英国军舰"潘多拉
号"的形式，被激怒的英国海军
部派出一位复仇天使，以便搜寻
辽阔的南太平洋，发现叛乱者并
将其绳之以法。在这段传奇中需
要提到的是太平洋自身的奇妙作

图 12　塔希提的面包果，曾被认为是适
合加勒比奴隶的食物来源，是威廉·布
莱在 1878 年乘坐英国皇家海军"邦蒂
号"到波利尼西亚的命运多舛之旅的
原因。

用——它的风、洋流及其不可预测性。首先，在很大程度上由于太平
洋的总体平静的性质及其经常下但不猛烈的阵雨使得载着布莱和大多
数依然忠诚于他的船员的"邦蒂号"的小艇没有在多风暴的海洋中丧
失，或其船员没有在他们到帝汶的英雄之旅中因渴而死亡。当布莱最
终到达英国而这次哗变众所周知时，"潘多拉号"被火速派出，它载
有一支抓捕队和一位决心无情报复的船长。在环绕合恩角并且错过了
叛乱者在皮特凯恩岛的藏身之处后，1791 年 3 月 24 日"潘多拉号"
在塔希提岛的马塔瓦伊湾下锚。爱德华兹告诉塔希提人，生活在他们当中的英国人是被追捕的罪犯。在当地酋长的帮助下，依然在该岛上的"邦蒂号"船员——并不是所有人都是那次哗变的罪犯——被围捕，爱德华兹对"邦蒂号"船员当中积极的叛乱者和不幸的旁观者不加区分，将其关在罐笼之中（以令人毛骨悚然的幽默称之为"潘多拉的盒子"）。

　　然而，对克里斯蒂安和占有"邦蒂号"的其他"海盗"的搜寻随后走上了错误的方向，因为爱德华兹合理（但不正确）的猜测是"邦蒂号"叛乱者会向西逃逸，在汤加或斐济寻找藏身之处。他在帕默斯顿岛发现了一块"邦蒂号"上的圆桅木，它看来证实了这种错误的猜测，也使英国人随后的追逐迷失了方向。这块圆桅木是由叛乱者莫里森和海伍德在土布艾群岛（Tubuai）从船上切割下来的，它随着太平洋的西行洋流漂移了一千多公里。在搜寻四个月毫无结果之后，"潘多拉号"到达了澳大利亚那周围是珊瑚礁的东海岸，在那里，它的指挥官在寻找一条合适的通道时变得相当鲁莽。逆流挟带"潘多拉号"撞上暗礁，该船被撕出一条致命的裂缝，但随后它被抬过这块暗礁，进入平静的水域，让船员有时间用救生艇逃生。爱德华兹下令遗弃"潘多拉之盒"中的叛乱者，让他们像被关在笼子里的老鼠那样淹死，但一位名叫威廉·穆尔特的二等水兵怜悯他们，打开了笼子并把钥匙交给囚犯，让他们自行解开镣铐。虽然一些囚犯随那些淹死的海员而逝去，但其他十人经历沉船和两个星期乘坐敞舱小船到帝汶岛的古邦（Kupang）的严峻考验而幸存。其中三人因兵变被绞死，其他人被宣判无罪或得到赦免。"潘多拉号"的残骸最近在大堡礁找到，目前正在对其进行水下考古工作。

　　与此同时，克里斯蒂安那伙叛乱者及其塔希提同伴沿原路折回东面，到达无人居住、树木丛生、多岩石的皮特凯恩岛。该岛在1767年由罗伯特·皮特凯恩看到，他是菲利普·卡特里特的"燕子号"上的海军候补少尉，不到 20 岁，但如前所述，由于对经度的测量不准确，随后该岛在海图上的标记处于错误的位置。马修·克温泰尔是叛乱者之一，在从"邦蒂号"上拿走一切被认为有用的东西之后，他放火烧了该船。在辽阔的太平洋中，用卡特里特的话说，像皮特凯恩这样的小岛"只不过是这片大洋中的一块大岩石"，它只有一处登陆的地方，可能而且确实在相当长的时间里没有被发现。直到 1808 年才由波士顿捕鲸船"黄玉号"（*Topaz*）的船长梅休·福尔杰重新发现该岛，岛上半波利尼西亚血统的人口是父亲为"邦蒂号"叛乱者的后裔。福尔杰遇到了已经死亡的弗莱彻·克里斯蒂安的半波利尼西亚血统的一个儿子并与之交谈。那时唯一活着的叛乱者是约翰·亚当斯，他把"邦蒂号"的天文钟送给福尔杰船长。这恰好是由拉克姆·肯德尔制作的那件著名的仪器，最初由詹姆斯·库克在其第三次太平洋航行中使用，此后由在那次探险中追随库克的威廉·布莱使用。虽然福尔杰把他的发现告知英国海军部，但它看来失去了对"邦蒂号"哗变这个话题的兴趣，并没有追捕那位唯一活着的叛乱分子（他在 1829 年因年老而死于皮特凯恩岛）。1819 年，两艘英国军舰"泰格斯"（*Tagus*）和"不列颠人"（*Briton*）在皮特凯恩岛停留，而它们的船员惊讶地发现这些欧洲–波利尼西亚血统的居民说英语就像他们那样好。

作为"邦蒂号"传奇的补充，布莱后来作为"普罗维登斯号"（*Providence*）的船长重返塔希提岛，成功地收集了大量的面包果树的幼苗，把它们运回伦敦附近的基尤（Kew）植物园。这些树刚成熟到足以向奴隶提供食物的时候，1807 年，英国议会宣布奴隶贸易非法，而仅仅在这次行动之后 20 多年，整个大英帝国随之废除了奴隶制。

三、对太平洋资源的掠夺

1. 捕鲸

19世纪是太平洋捕鲸业的伟大时代；英国和美国竞相主宰这个以其贪婪而知名的不受监管的行业。然而，全方位的商业捕鲸延续到20世纪下半叶，直到一些鲸种面对过度捕杀并有可能灭绝的情况，有关国家谈判达成一份国际协议，规定暂时禁止捕杀大多数大型鲸目动物，出于"研究目的"的情况例外。

像日本这样的捕鲸国无视世界其他地方的反对，试图利用这个"研究"的漏洞继续在21世纪里屠杀大量的大型鲸；在较低程度上，冰岛和挪威也是如此。不满足于他们每年"科学地"猎获500条小须鲸，日本人试图组建他们自己的分离出去的捕鲸协会，2008年在南极地区发动了一次大规模的捕鲸远征，除了较小品种之外，他们宣布打算捕杀一些南太平洋的座头鲸（图13）。日本人的方式受到诸如"绿色和平"之类环保团体的广泛谴责，澳大利亚等国政府也提出质疑。日本的捕鲸船在由40个国家签署的1961年《南极条约》宣布的商业捕鲸禁区内作业。因此，在许多人眼里，无法无天、不顾后果地利用太平洋鲸群的行为并未在20世纪终止。

早期的太平洋猎鲸

在詹姆斯·库克最后一次航行之后的10年里，太平洋的捕鲸活动开始。第一艘进入太平洋的捕鲸船是"阿米莉娅号"（*Amelia*），由塞缪尔·恩德比（Samuel Enderby）指挥，他在1789年沿着南美洲海岸猎杀抹香鲸。此后不久，"海狸号"（*Beaver*）随之而来，它的船员主要来自楠塔基特岛①，船长是保罗·沃斯（Paul Worth），他在

---

①　Nantucket，马萨诸塞州沿海的岛屿，曾是重要的捕鲸业中心。——译者注

图 13　澳大利亚东海岸外的一条南太平洋座头鲸（驼背鲸）。虽然自从暂停捕杀大型鲸
　　　类之后，其数目在增长，但它们再度处于日本捕鲸船和由于全球变暖而缺少食
　　　物来源的威胁之下。

1791 年指挥该船绕过合恩角。在绕行合恩角的漫长而艰巨的航程之后，捕鲸人往往聚集在智利海岸线之外的圣玛丽岛（St Mary's Island）休整复原。虽然 1812－1814 年英国和美国之间的战争造成了动荡的时局，导致太平洋捕鲸业短暂中止，但到 1818 年英国和美国的捕鲸船开始在加拉帕戈斯群岛附近的"那根线上"猎捕丰富的赤道鲸群，而到 1820 年他们深入日本水域。

　　抹香鲸是 19 世纪初欧洲捕鲸者在太平洋寻求的最常见的猎物。这种鲸尤其珍贵，因为在这种动物的圆形头部有大量的高等级的鲸脑油。这种鲸油在捕鲸船上"煎熬"（tryed out）或煮浓，从每头鲸身上产生的油超过 40 桶。抹香鲸的其他产品有它们象牙般的牙齿和一种脂肪物质，即用于制作香水的龙涎香。那时在欧洲和北美的城镇使用油灯成为时尚，对鲸油的需求巨大，因为它燃烧时明亮而没有过多的烟雾或气味。但作为有牙齿的主要捕食墨鱼的鲸目动物，抹香鲸并不能提供鲸须或鲸骨制品，它们在更早的时期内用来固定妇女的内衣。鲸须来自像灰鲸、蓝鲸或露脊鲸，它们捕食浮游生物和小鱼，一般生活在高纬度地区。

数量最丰富的大型鲸目动物是小须鲸，它们依然在南极海域过冬，而且是日本"科学"捕鲸者的主要目标。在太平洋里，灰鲸在加利福尼亚南部和墨西哥海岸之外度过冬季数月，在那里的温暖水域里，它们生育和抚养其幼仔。在北半球的夏季里，它们向北回游到阿拉斯加之外的索饵场。蓝鲸现在非常罕见。所有这些在过去被猎杀的须鲸类现在受到保护，像因纽特人这样的本地猎人可以有一些例外。

到1820年，在南美洲海岸附近的海域，商业上理想的鲸种已经被猎杀一空，其中大多数是抹香鲸，迫使捕鲸船航行1 000公里以上，深入太平洋中部，那里鲸的数量依然丰富。在1818年，捕鲸船"全球号"（*Globe*）上的乔治·华盛顿·加德纳发现了这个富饶的地区，他使船上满载抹香鲸油，在1820年返回楠塔基特岛，带去这个鲸鱼丰富的地方的消息（Philbrick 2000：67）。这片加拉帕戈斯群岛周围的水域约在厄瓜多尔海岸之外1 000公里（600英里），依然是雌性抹香鲸生下并养育其幼仔的地方。未成年的雄鲸大约在六年后离开以雌鲸为主的鲸群的保护，作为"孤独者"度过此后60多年的生涯，在中纬度的大洋中漫游，在雌性群体的边缘驻足，期盼交配，而且为那种机会而与其他雄性争斗。在一些鲸在太平洋里攻击船只的传说中涉及这些性情暴躁的个体。

在19世纪，捕鲸成为太平洋东部和中部的主要经济活动。随着时间推移，该行业由美国主宰，美国使英国、法国、俄罗斯和随后的德国的捕鲸船队相形见绌。19世纪初抹香鲸油在像楠塔基特岛、新贝德福德（在马萨诸塞州）、斯托宁顿（在康涅狄格州）和萨格港（位于纽约长岛）的地方造就了一个"鲸油百万富翁"的阶层。到

1845 年，美国捕鲸船队从 19 世纪 30 年代初的约 250 艘船增加到 570 多艘（Campbell 1990：64）。夏威夷、塔希提、马克萨斯、萨摩亚，甚至是小小的瓦利斯岛全都成为美国和欧洲捕鲸船员的驻足之地，他们经常在冬季到这些岛屿，或者在那里停留以补充淡水、食物并休息。与捕鲸船队的交往改变了岛屿社会的性质，使波利尼西亚更加依赖外部世界。

19 世纪期间的太平洋捕鲸业处于任何国家的司法管辖范围之外，而且人人认为它是残酷而野蛮的生意。捕鲸船上船员之间的冲突并非罕见，而许多船员被放逐在人迹罕至的太平洋岛屿上，像乘船遇难者那样生活，给许多太平洋岛屿那已经像边疆的环境增添了不应有的不法因素。在 19 世纪，缺乏训练有素的船员导致不择手段的船长诱惑美拉尼西亚人和波利尼西亚人登上捕鲸、猎海豹、采集檀香木的船只，迫使他们像船员那样服务。在 19 世纪末，太平洋上捕鲸和贸易船只的 20％到 50％的船员是美拉尼西亚人（被称为卡纳克人）或波利尼西亚人。

有时，自然灾害甚至是鲸鱼攻击而不是船上冲突导致水手一次性在太平洋的孤岛上度过数月或数年。著名的一个例子是楠塔基特岛的捕鲸船"艾塞克斯号"（Essex）的船员命运，该船由乔治·波拉德船长指挥。1820 年在加拉帕戈斯群岛西部，一头暴怒的抹香鲸攻击该船，导致其沉没。该船大副欧文·蔡斯保留的日志详细记载了这艘捕鲸船上生与死的惨痛故事，它携带其船员向西南漂流，到人迹罕至的亨德森岛。1606 年奎罗斯发现了该岛。当"艾塞克斯号"船员到达那里时，该岛无人居住，对饥饿的水手来说，它缺乏充足的食物来源。三人被选中留在该岛（并且在四个月后被救），而其他人向胡安·费尔南德斯群岛进发。欧文·蔡斯的日志据说是赫尔曼·梅尔维尔关于鲸弄沉一条船的小说《白鲸记》（Moby Dick）的素材来源，该日志表明一旦船员的食物供给耗尽，他们靠同类相食生存。在他们的船沉没之后三个月，两艘捕鲸船上的极少数幸存船员获救。

　　2. 海獭：被猎杀几近灭绝

　　在欧洲人第一次进入之时，毛皮海洋动物在北美洲西北海岸线一带十分丰富。自 1670 年以来，英国人和俄罗斯人在哈得孙湾以西的地区里一直在开发利用皮毛资源，非常熟悉像海狸、貂和水貂这样的不同皮毛的价值。俄罗斯人一直在环太平洋亚洲地带和阿拉斯加沿海一带从事紫貂皮的贸易，此后很久西班牙人和英国人才在 18 世纪后半期到达西北太平洋。在 18 世纪 40 年代里，俄罗斯人一直在非常积极地从事皮毛贸易，足迹向南远至加利福尼亚北部，1812 年他们在那里修建了罗斯堡，仅在旧金山的西班牙人前哨（它本身修建于 1776 年）以北 105 公里。西班牙人对该地区的皮毛资源的价值一无所知，几乎不参与对皮毛的开发利用。另一方面，在 1778 年，当詹姆斯·库克在温哥华岛北端的努特卡湾逗留以便修理其状况恶化的船只时，他的船员利用这个机会与当地的沿海居民以货易货，换取海獭的优质毛皮。

　　约翰·莱迪亚德①是"果敢号"上的海军陆战队下士，他写道，当他们的船在努特卡湾时，他们"在这里时购买了约 1 500 张海狸皮，还有其他［海獭?］皮，但只要最好的……此后发生的情况是，那些花不了购买者六便士硬币的皮毛在中国以 100 美元售出"（Vitale 1993：21）。英国人也开始在阿拉斯加和阿留申群岛沿海地带与俄罗斯皮毛商交往，1778 年 10 月他们访问了一些俄罗斯的定居点。在 1779 年 2 月库克死于夏威夷之后，他的副手查尔斯·克拉克返回北

---

　　① 即雷亚德，过去通常被认为是第一个到中国的美国人。——译者注

方，但他寻找那条西北通道的努力被破坏其船只的冰流挫败。克拉克通过亚洲的太平洋海岸驶回家乡，但他在彼得罗巴甫洛夫斯克因结核病而死亡。"果敢号"和"发现号"上的水手把他们的海獭皮出售给中国人，在掉头向南之前赚了一大笔钱，就像约翰·莱迪亚德的日记所提示的那样。

在库克探险的英国海员进行这种开拓性的贸易投机之后，英国、美国和俄罗斯的皮毛商大开与北美西北海岸部落的海獭皮贸易之门。由于是俄罗斯、英国、美国和西班牙对手竞争的重叠的贸易地区，俄勒冈州沿海一带相继出现海獭毛皮的迅速耗尽。

20世纪在北太平洋的大部分地方海獭绝迹具有严重的环境后果。它们喜欢的食物是多刺的海胆，此前在某种生态平衡中，海胆受到抑制，成丛的巨藻得以茂盛。海胆以巨藻为食。当海獭从这一地区消失时，海胆总数激增，而巨藻丛在海胆加剧掠食之下开始消失。近年来，通过保护海獭的法律部分恢复了先前的生态平衡，结果是巨藻丛再度移植于太平洋的西北海域。

3. 檀香木的开采和暴力

可以说太平洋的檀香木开采是掠夺太平洋资源的许多形式中最粗暴和残忍的一种。多萝西·夏因伯格是一位历史学家，写有大量关于檀香木贸易的著作，她认为，就通过船员和土著居民之间的谋杀和冲突所导致的人命丧失而言，檀香木生意比捕鲸或皮毛猎取更为粗暴，100多位船员和数倍于此的岛民在有关檀香木的纠纷和争斗中被杀（Shineberg，引自 Campbell 1990：108）。

檀香木开采的故事起源于中国对香及用于雕刻和家具制作的贵重芳香木材的巨大需求。中国人喜好的香是纳托拉（natora），粉状形式的檀香木（Santalum album）的大密度心材，但对从其根部获得的油的需求也很大。中国市场的需求与南海岛屿供应一种宝贵商品之间的这种关系是为什么不提到太平洋周边陆地和其他地方的事件和状况就不可能完全理解太平洋中部事件的一个例证。这种檀香木的中国市场又与欧洲对中国产品的永不满足的需求有关，如丝绸、瓷器，还有中国的茶叶，因此，欧洲人需要找到中国人会接受的产品交换这些商品。

除了海獭毛皮，在 18 和 19 世纪处于欧洲人控制之下而中国人愿意接受的贵重商品少之又少，导致欧洲储备的金银条锭和铸币大量流出，有关国家的政府急切加以阻止。它们如此不顾一切以至于它们甚至宽恕并支持令人上瘾的鸦片的可耻贸易，它们长期迫使不情愿的中国政府容许这种鸦片贸易。在本书的其他章节会讨论这个话题。

至少从 15 世纪开始，向中国市场供应的檀香木和诸如樟脑之类的芳香物就来自印度和东印度尼西亚群岛，如弗洛勒斯岛和帝汶岛。随着这些来源的枯竭，商人向更远的地方寻求新的供给，尤其是在太平洋。在 19 世纪初期到中叶的繁荣时期里，美拉尼西亚是檀香木的主要来源地区，但在 18 世纪末更早运往中国的太平洋檀香木来自夏威夷。在 19 世纪之交，人们意外发现斐济诸岛上有高质量的檀香木树丛。

美国的纵帆船"阿尔戈号"（Argo）在从诺福克岛到中国的途中沉没，它的一位遇难者在 1800 年被"普拉默号"（El Plumier）救出，那时该船在姆巴（Mbua，斐济群岛中的一个小岛）下锚，以便进行修理，此后这种发现的消息传出。这位遇难者是奥利弗·斯莱特，他说在姆巴有大量的檀香木树丛。1804 年，斯莱特同意引导美国船"标准号"（Criterion）到姆巴，以便采购一船檀香木销往广东市场。来自新南威尔士殖民地以及美国的许多其他船只很快发现在斐济群岛的其他岛屿上有丰富的檀香木，尤其是在瓦鲁阿岛上。

在美国"珍妮号"（*Jenny*）船上，船长威廉·杜尔与大副威廉·洛克比（William Lockerby）发生争吵，导致后者被放逐在姆巴岛上一年有余。争吵的原因是洛克比强烈谴责船长杜尔对待当地岛民的手段。在前往传说中在斐济的檀香木之源的航程中，杜尔及其一些船员在汤加塔布群岛屠杀无辜的岛民，"用装有霰弹的旋转机枪（开火），以此告别，导致他们哀叹其厄运，或许哀悼他们死去的一些朋友"（Im Thurn and Wharton 1922：Iv）。一旦到姆巴岛上，洛克比被命令带一些船员上岸，以便谋求一位当地首领的帮助，用铁和抹香鲸的牙作为礼物交换，采购檀香木。在得到足够装满一船的这种芳香木材之后，当洛克比还在岸上的时候，杜尔冷漠地起锚，放逐了洛克比及其六个船员。在姆巴酋长的保护下，洛克比活了下来，成为其斐济恩人的得力助手。将其不幸化为优势，洛克比使自己成为对那位酋长和在该岛停留的檀香木船长都不可或缺的人物。他成为受到信任的中间人，谈判当地劳工"拉"檀香木和为一些国家的船只（但主要是美国的纵帆船）提供檀香木货物和食物供给所支付的价格（用铁、鲸鱼牙和小饰物）。此后洛克比在一本日记中记录了他的经验，揭露了来访的檀香木船员在汤加和斐济群岛中的无法无天和恶作剧，还有从其船上开小差的欧洲人或新南威尔士罪犯殖民地的逃犯在各种土著人民当中煽动的对权威的不信任（Im Thurn and Wharton 1922）。

到 1804 年，斐济檀香木的消息在英国和美国的殖民地商人和在南太平洋作业的船长当中流传。新南威尔士的主要企业家得到政府批准，从事檀香木的开采活动，包括约翰·麦克阿瑟（澳大利亚美利奴羊毛业的创始人之一）。麦克阿瑟和近乎破产的新南威尔士殖民地的其他私人企业家把赚大钱的檀香木带到杰克逊港，促使该殖民地的新总督对檀香木征收出口税，以此保证急切需要的收入。那位总督就是因"邦蒂号"事件而出名的威廉·布莱（Im Thurn and Wharton

1922：liv）。这种完全不得人心的行动，加上布莱在该殖民地致力于阻止走私朗姆酒贸易，导致他在 1808 年被自己的官员和社会名流的小集团罢免：他在 17 年里遭遇的第二次哗变。这挫败了布莱从破产的威胁中拯救这个新生殖民地并终止其行政阶层普遍而公开的腐败的努力。所导致的无法无天的气氛部分由檀香木贸易而造成，它结束了海军管理该殖民地的时代，造成一位实际而顽强的军事总督取代布莱，他就是拉克伦·麦格理，他有力量并授权在新南威尔士"清理门户"。

檀香木贸易确实给这个刑罚殖民地带来了一定程度的繁荣，但西南太平洋的这种贸易很快就成为涉及一些国家船只的一场"混战"。美国和殖民地船只为斐济的檀香木供给展开了激烈的竞争，导致进一步的无法无天和暴行，造成斐济和汤加在 19 世纪初臭名昭著并导致它们最终被英国正式"保护"。大约在同时，伟大的国王卡美哈美哈一世在夏威夷重新建立了檀香木的种植园，在 1819 年他去世之时，作为王室垄断产品，那里的檀香木已经到了收获时节。不过，在其继任者利霍利霍的统治下，这些精心培育的树丛因夏威夷贵族的过度开采而迅速减少，他们把那些檀香木出售给欧洲和美国的船长。

约在 1814 年，威利亚湾取代姆巴岛成为斐济的檀香木主要产区，但剩余的树丛迅速消失。在 1815 年 2 月，斐济檀香木贸易的开山鼻祖奥利弗·斯莱特正准备为殖民地双桅横帆船"麦格理总督号"收购最后一批装载的大量斐济檀香木时被谋杀。威廉·坎贝尔是"麦格理总督号"的船长，他依然带着货物去孟加拉，其中包括来自社会群岛的珍珠母和来自马克萨斯群岛的废金属。这只船异常的货物需要一些解释。在 1812－1814 年英国和美国之间的战争中，有人意外发现马克萨斯群岛拥有大量的檀香木树丛。正如后面详加讨论的，这些岛屿一直被大卫·波特指挥下的美国护卫舰"艾塞克斯号"（*Essex*）作为战时基地。被捕获的英国船只在那里被拆解为废铜烂铁，而其船员在该岛上被监禁，因此，在这次战争后免费的铜、铁和檀香木的消息迅速泄露出去（Campbell 1990：61）。

到 1825 年，轮到新赫布里底群岛（现在的瓦努阿图）感受檀香木需求的影响了。那一年双桅横帆船"考尔德号"（*Calder*）的船长彼得·迪伦在埃若曼高岛发现大量的这种珍贵木材。在传教活动使好斗的埃若曼高岛部落部分平静下来之前，这种贸易并没有开始紧张地进行。在该岛上生长着最好的檀香木树丛。即便如此，疟疾使得在这个地区采集檀香木充满危险，而在埃若曼高岛当地人接受基督教之前，他们屠杀欧洲人，其中包括著名的牧师约翰·威廉斯，1839 年他乘坐传教船"卡姆登号"（*Camden*）曾在那里登陆。

朗姆酒走私成为臭名昭著的埃若曼高岛檀香木贸易的副业，甚至连传教士的追随者也参与其中。殖民地糖业大亨罗伯特·唐尼斯从檀香木上大赚一笔，变得以"檀香木商人的前辈"而知名；此人臭名昭著是因为他随后涉足"当乌鸦"——契约劳工的买卖（Campbell 1990：108），新赫布里底群岛的檀香木开采最终衰减，因为在中国市场价格无法预测（范围在每吨 12 英镑到 50 英镑），而到 1860 年最好的树丛已被砍伐殆尽。

4. 海参和玳瑁壳

中国人及其奇异的烹饪品味也是海参生意兴旺的原因。这种大型海参在热带浅海和珊瑚礁里非常普通，它们在那里靠海洋碎屑生活。晒干的海参在中国用在各种汤和其他菜肴之中，即便是现在对它的需求依然非常大。在 19 世纪中叶，随着该地区的檀香木供给枯竭，海参捕捞业尤其是在斐济附近兴旺发达。一些欧洲的船长擅长于将海参运往中国，而少数人在这种贸易中发了大财。海参的捕捞由当地采集者在低潮时完成，然后他们将海参晒干或用慢慢燃烧的火在巨大的架子上进行熏制。由此导致的对木柴的需求造成斐济地区的树林锐减。为了满足国外对干海参的需求，需要在当地酋长的控制下动用大批人马。大约在 1850 年之后，一度繁荣的这种商品的贸易在斐济地区衰退。

用玳瑁壳制作的梳妆用具、梳子、人造珠宝饰物和附件的时尚或许在维多利亚时代后期达到顶峰，但随着品味变化和玳瑁数量在 20 世纪的衰竭，这种时尚经历了缓慢的消逝。用酚醛塑料（一作电木）和其他塑料制作的假玳瑁壳的发展加速了这个市场的萧条，这些塑料用于大规模生产盥洗用品。目前濒临灭绝的玳瑁是最小的海龟，它们的甲壳长约一米，由 13 块背甲（角质板）构成，虽然这些背甲的形状不对称，但因美丽、半透明的琥珀色夹杂更深的棕色斑纹而闪闪发光。《濒危野生动植物种国际贸易公约》将这种和其他品种的乌龟列入"濒危清单"，那时它们看起来注定会在 20 世纪末灭绝。尽管如此，到那时玳瑁的数量如此之少以至于保护的努力——比如目前在瓦努阿图推动的那些努力——和在太平洋控制玳瑁壳利用和贸易也许为时已晚。

在 19 世纪，捕鲸船员在加拉帕戈斯群岛几乎造成另一种乌龟——巨型陆龟①灭绝，他们捕捉了数以百计的这种巨大、笨重而无害的爬行动物，把它们关在笼子里带上船，作为肉类的来源。这种顽强的动物有些重达 250 公斤，甚至可以在不进食和最糟糕的条件下，在漫长的太平洋航行中依然存活数月。幸存的这种乌龟现在是加拉帕戈斯群岛生态旅游业的基础，在第八章中加以讨论。

---

① 即加拉帕戈斯象龟，加拉帕戈斯在古西班牙语中就是龟的意思。——译者注

5. 珍珠业

19 和 20 世纪，无论是在太平洋还是在印度洋，天然珍珠和珍珠贝（珍珠母）养殖都是一个重要的产业。两种珠母贝在太平洋天然珍珠捕捞业中很重要：一种是小型的珍珠蚌，它出产相对丰富的高质量的天然珍珠，但对有用的珍珠母来说，其珍珠质太薄；另一种是大型的珍珠蚌，它产出数量少但质量高的珍珠，其珍珠质厚，可以用来制作珍珠母的纽扣、刀柄、镶嵌和其他奢侈品。在欧洲、北美、印度、中国和阿拉伯世界里对这些产品的需求旺盛，直至 21 世纪的头 10 年，当时尚变化，而诸如酚醛塑料（人造象牙）之类的人造物质用于刀叉手柄、纽扣和梳妆用具变得时尚。在第一次世界大战后落在欧洲贵族头上的厄运减少了优质天然珍珠的需求。加上珍珠贝海底生息地的衰竭，这导致太平洋珍珠业的消亡，还有采集珍珠的斜桁四角帆帆船船队在诸如托雷斯海峡的星期四岛之类的港口销声匿迹。不过，小型的专业化市场依然在满足对某些类型的太平洋珍珠的需求，例如土阿莫土黑珍珠，尤金尼皇后（拿破仑三世之妻）使之成为时尚。在第二次世界大战之后，养殖珍珠日臻完美，而且日本的御木本进行开创性试验之后，人们大规模生产养殖珍珠，在塔希提岛这样的地方珍珠业复兴。

四、现代的过度捕捞

1. 太平洋金枪鱼、沙丁鱼和鳀鱼资源的枯竭

开发太平洋资源的无法无天不仅包括暴力事件，而且包括漠视旨在确保资源储备的可持续性的规章制度。在 21 世纪的头 10 年里，太平洋一些品种的金枪鱼被过度捕捞，以至于整个金枪鱼业崩溃的可能

性很大，其中包括黄鳍金枪鱼、北太平洋的长鳍金枪鱼、鲣鱼和太平洋中西部的大眼金枪鱼。许多太平洋岛屿社会受到一些来自环太平洋亚洲地带的渔船队的这种不受监管——但尽管如此在技术上合法——的活动的不利影响，比如说美属萨摩亚群岛，在那里三分之一的人口在金枪鱼加工业里就业。在破坏性开发太平洋鱼类资源的漫长历史中，金枪鱼的过度捕捞只是最近的例子。

也许破坏太平洋资源的最著名的例子是加利福尼亚沙丁鱼业的传奇。在 1966 年，当本书作者访问旧金山以南蒙特瑞半岛的"罐头厂街"（Cannery Row）时，先前活动繁忙的沙丁鱼罐装工厂已被废弃，满目苍凉。一排荒废的鱼类加工厂是在 20 世纪 50 年代中期人类愚蠢和贪婪导致北太平洋沙丁鱼业衰竭的见证。那是约翰·斯坦贝克在 1945 年出版的著名小说的主题。虽然纯粹的过度捕捞是主要原因，但人们在那时或许没认识到的是以"厄尔尼诺"知名的那种现象在这个沙丁鱼业衰竭中的作用，这种作用数十年后在鳀鱼（一作凤尾鱼）业再次发生——鳀鱼业在南半球相当于北美的沙丁鱼业。到秘鲁沿海的太平洋鳀鱼捕捞业在 1972－1973 年面对崩溃之时，应该有警钟在长鸣，因为气候研究者雅各布·皮叶克尼斯已经揭示了在之前几十年里厄尔尼诺与太平洋的海洋和大气变暖模式之间的强烈关联，这些条件影响了诸如沙丁鱼和鳀鱼之类的鱼类产卵。在严重的渔业压力下，那种压力如同先前加利福尼亚沙丁鱼过度捕捞一样大——或者更大，一度数不胜数的秘鲁海岸外的鳀鱼群突然消失了。虽然拖网渔船使用旨在允许"小鱼儿"逃脱的同时留住成年鱼的网，但由于厄尔尼诺，成年鱼不再大量产卵。因此，虽然拖网渔船就像先前那样继续捕鱼，但没有留下让其从网中逃脱并在次年长到成年鱼大小的小鱼儿了。贪婪、无知、未能注意警告标志、看来无法预测的太平洋的物理节奏，这些因素的组合造成一度健康的行业以惊人的速度突然绝迹。

2. 偷猎巴塔哥尼亚齿鱼

21 世纪初，一些南太平洋鱼种因商业渔船（使用声呐确定鱼群位置）如此严重地捕捞，以至于它们的命运有可能如同北大西洋鳕鱼和加利福尼亚沙丁鱼，例如鲯鳅鱼（亦作鬼头刀、青花鱼，当地人也称为海豚鱼）、蓝鳍鲔（亦作蓝鳍金枪鱼）、橙连鳍鲑（亦作桔刺鲷、橘棘鲷；也有罗非鱼、红鱼之说）和巴塔哥尼亚齿鱼（又作美露鳕或犬牙鱼，一度在智利鲈鱼的名义下出售）。作为目标的齿鱼在深深的南太平洋，渔民使用多达一万到两万个铒钩的长绳加重沉入海底捕捉这种鱼。它们的寿命很长，但生育缓慢，目前没有充分的科学知识可以用来准确估计可持续性，尤其是在南太平洋捕捉这种鱼类的活动大幅度加剧的情况下。人们相信目前有大批齿鱼（小鳞犬牙南极鱼和南极牙鱼）被捕捞，申报数量不足，没人监管，完全非法（Glover and Earle 2004：80）。尽管禁止捕捞巴塔哥尼亚齿鱼，但据说远至乌拉圭的拖网渔船近年来在南太平洋一直活跃，需要对偷猎者采取严厉的行动以拯救剩余的鱼群。对其他太平洋鱼种来说，情况类似。一直有人认为公海上的流刺网造成太平洋海豚和鲨鱼（鲨鱼鱼翅在中国很珍贵，认为做成汤很美味）的数量锐减，还造成其他鱼群的萎缩。

五、环境破坏的加速

1. 污染和过度捕捞是珊瑚礁毁灭的原因

在太平洋的大片区域里，保护脆弱海岸线不受侵蚀并保持海洋生物多样性的珊瑚礁处在各种威胁之下。在 21 世纪，全球变暖也许是其中最严重的威胁：2009 年初，研究者说目前澳大利亚大堡礁的珊瑚生长速度是过去 400 年以来最慢的。不过，其他珊瑚礁毁灭因素是人为的，其中包括农用化肥的流失，它污染了沿海水域并阻碍珊瑚生长，还有吃珊瑚虫的棘冠海星（长棘海星属，亦作魔鬼海星）的灾害。从 20 世纪 60 年代开始，沿着大堡礁，这些贪吃而有毒的海星的数目激增，在其身后留下大片区域的死珊瑚。海星之灾的主要原因是过度捕捞这种棘冠海星的主要猎食者，即大法螺，因为国际收藏家看重它们的壳。虽然人们正在进行保护大法螺和其他海星猎食者的努力，但这些有害物种依然在一些热带太平洋的珊瑚礁内大量繁殖。

2. 瑙鲁岛和巴纳巴岛的海鸟粪利用和栖息地破坏

在密克罗尼西亚群岛的瑙鲁岛和巴纳巴岛（先前的大洋岛）上开发磷酸盐（酯）沉积物的故事几乎是无与伦比的殖民主义强取豪夺的故事。这些沉积物是亿万年来在这些大洋低岛上由于存在大量筑巢海鸟而积聚起来的，它们的粪便和其他有机腐质在珊瑚岩石的顶峰上形成了一厚层富含磷酸盐的鸟粪石。珊瑚岩石形成了这两个岛屿的基础。瑙鲁岛的范围仅有 22 平方公里，人口少于 8 000 人，混合了密克罗尼西亚－美拉尼西亚－欧洲人和亚洲人，其中许多人是经营诸如学校和诊所之类机构的"外籍劳工"。巴纳巴岛在法律上是基里巴斯的一部分，面积甚至更小（约为 600 公顷），自从 1979 年磷酸沉积物耗尽，而先前以干椰子肉为基础的经济崩溃之后，它被放弃了，剩余人口只有几十人，其他人移居斐济群岛的拉比岛。

巴纳巴岛在 1892 年成为英国的保护领地，而 1888 年德国并吞了瑙鲁岛，此后不久德国开始开发该岛的巨量的磷酸沉积物。1914 年澳大利亚军队占领了瑙鲁岛，而此后澳大利亚在 1920 年得到国际联盟授予对该岛的委托管理权。在巴纳巴岛上，由于与一位自封的当地领导人签订了暧昧的"条约"——涉及为剥光该岛的权力而支付微不足道的报酬，与英国和澳大利亚有关的一家公司，即太平洋磷酸盐公司（Pacific Phosphate Co.），在斯坦莫尔爵士任董事长期间开始清理椰子树丛和当地人民的农田，以便挖掘并出口这些磷酸盐。这一切是在面对靠这些农田维持生计的所有人的反对下进行的。1927 年，巴纳巴岛民骚动起来，要求提高开采权的费用（先前对整个岛屿而言约为 100 美元），但英国政府决定干脆吞并这些磷酸盐岛屿，剥夺传统所有人的地产。由于他们赖以为食的棕榈树被砍倒，当地妇女把自己与她们的树锁在一起，徒劳地抗议失去她们唯一的谋生之道。

与此同时，类似的场景在瑙鲁岛上演。从 1908 年开始采掘到第二次世界大战日本占领这些岛屿为止，至少 20 万吨高等级磷酸盐从瑙鲁岛和巴纳巴岛上出口。起先日本人被当作解放者受到欢迎，但在 1942 年，日本人押出大量岛民，在特鲁克岛和密克罗尼西亚的其他地方把他们当作奴隶劳工使用。在战后，幸存的岛民发起运动，以期结束殖民占领和那家磷酸盐矿业公司的不公正待遇，该公司拒绝修复矿产被采掘一空的土地，理由是土著人口越来越少，最终会完全消失。在 1968 年取得独立后，就资源控制并就磷酸盐出口支付公平的开采费，瑙鲁人在英国法院提起诉讼。虽然在经历英国法律史上最长的民事审判之后，岛民胜诉，但它只是象征性的胜利，判决的赔偿金总额只有 11 000 美元。与此同时，随着巴纳巴岛的磷酸盐沉积物耗尽，而环境毁灭，它被其大多数居民舍弃。瑙鲁磷酸盐的开采依然持续到 20 世纪 90 年代末，留下适合居住的土地非常少，瑙鲁人依靠开采费和境外投资过日子。特许开采费一度使剩下的少数岛民成为地球上最富裕的人，但许多成年人的生活方式不健康，加上有关开采费的投资的不明智决策，导致大多数岛民重返贫困并依赖外国援助度日。许多人干脆迁移至太平洋的其他地方，而政府收入在 21 世纪头 10 年里越来越依靠瑙鲁的这种功能：作为澳大利亚的一个海外居留和移民处理中心，对象是要求难民身份的非法移民（这一点最近被废止）。

六、无法可依与对太平洋劳工的剥削

1. 19 世纪的劳工贸易

在国际上，19 世纪是英国和法国加强反奴隶海上巡逻活动和政府正式禁止强迫劳动的时期。然而，在英国和欧洲其他地方的强势经济利益集团支持美国邦联的事业，着眼于重新得到生产棉花和糖的廉价劳动力的经济利益，如果南方各州在内战中获胜的话。其他的英国热带殖民地没有足够多的奴隶后裔或廉价劳动力的人口可以依靠，例如毛里求斯、特立尼达和圭亚那，它们同样感到了这种压力，寻求从印度或中国得到廉价劳动力的新来源。毛里求斯殖民地出产糖，它相当成功地建立了一种从印度轮换契约劳动力的制度，这种情况不曾逃过昆士兰种植园主的羡慕之眼，他们渴望加以仿效。出于各种原因，这些种植园主向英国的印度殖民当局的提议被草率地拒绝（Griffith 1884：11；Clark 1971：153）。这促使一些具有航运关系的地主转向大英帝国之外的劳动力来源。

2. "乌鸦业"

这种对廉价劳动力的抢夺成为臭名昭著的"乌鸦业"[①]制度：含糊其词地"招聘"南太平洋岛屿卡纳克劳工。这种强迫劳工的非法贸易的模式由靠近波托西的塞罗里科的玻利维亚银矿主和秘鲁钦查群岛（Chincha）的海鸟粪矿主创设，他们在西班牙殖民时期就有使用奴隶

---

① blackbirding，指诱拐或绑架土人当奴隶劳工，以下称为募奴以示与传统贩奴的区别。——译者注

劳工的习惯。当黑奴的来源减少时，他们鼓励肆无忌惮的船长在太平洋地区搜寻劳动力供给。在 19 世纪 40 年代和 50 年代里，无数的"募奴船"开始从太平洋诸岛屿和中国的华南乡村里绑架男性，把他们运往靠近卡亚俄的钦查群岛的磷酸盐矿。到 1855 年，超过 10 万名中国人被带到卡亚俄，作为海鸟粪矿的苦力，但此后掳获中国契约劳工变得更加困难，代价更大。对人类当中非常坏的分子来说，其中包括奴隶贩子、许多国家的逃犯和逃兵、捕鲸者和海鸟粪挖掘者、冷酷无情的渴望向海鸟粪矿提供强迫劳动力的企业家（无论他们能够在哪里得到这些劳工），卡亚俄有着无法无天的天堂的名声。劳工"招募者"的注意力越来越转向波利尼西亚，而卡亚俄成为募奴贩子的市场。

　　1862 年，20 艘来自卡亚俄的募奴船袭击拉帕努伊（复活节岛）并且绑架了几乎所有的成年男性人口，在钦查的海鸟粪矿出售他们作为奴隶劳动力。一年后，当感到难堪的秘鲁政府下令遣返这些复活节岛民时，800 多名奴隶只有 12 人活着回到他们的家乡，他们带去的天花导致岛上的剩余人口大量死亡。与此同时，募奴船遍布太平洋中部，到过几十个法属波利尼西亚、吉尔伯特和埃利斯群岛（吉尔伯特群岛现为基里巴斯一部分，埃利斯群岛现称图瓦卢）、彭林环礁和北库克群岛的岛屿。到 1863 年中，其中许多岛屿因募奴贩子几乎无人居住，那些贩子把岛民当作俘虏，不仅卖给海鸟粪矿主，而且卖给缺乏劳动力的欧洲人所有的在萨摩亚群岛和太平洋其他地方的甘蔗和椰子种植园主。

　　随着昆士兰殖民地糖业在 19 世纪 60 年代初的扩张，急需廉价劳动力的种植园主求助于募奴，那些奴工起初来自洛亚提岛（新喀里多尼亚的一部分），随后来自新赫布里底群岛（现在的瓦努阿图）、所罗门群岛、吉尔伯特和埃利斯群岛、新几内亚岛。在这种贸易的早期岁月里，昆士兰的殖民当局一度控制劳动力移民，对其采取卫生措施，但在 19 世纪 80 年代末，贸易商回头采用更为冷酷的策略（Evans *et al*. 1997：184，216）。使用这种虚假论点，即欧洲人在生理上不能够承受在热带太平洋的甘蔗种植园里的持续劳动，政府、商界和教会里的强势人物为太平洋岛民作为契约劳工的贸易辩护，一些人甚至宣称，"如果停止使用卡纳克劳工，伟大的糖业会严重受损，哪怕不是彻底毁灭"（Smith 1892：1）。斐济的产糖区加入了对整船装运的卡纳克劳工的竞争，这些劳工往往是"招募"船只以欺骗手段诱骗上船的，被迫"签订"契约劳动协议，随后被强迫运往甘蔗种植园，在那里这些船的肆无忌惮的船长和所有人得到每一船劳动力的报酬。

受到澳大利亚殖民地和英国更为开明而进步的团体的谴责，与初生的欧洲各帝国在西太平洋外围那无法无天时期有关的这种恶毒贸易被拿来与令人作呕的秘鲁海鸟粪劳工买卖相提并论。肆无忌惮的劳工招募做法在像美拉尼西亚这样的地区最为明显，因殖民的英国、德国和法国的扩张主义以及对廉价劳动力的竞争而恶化（法国也在其新喀里多尼亚的殖民地雇佣法国囚犯作为不支付薪资的劳动力，在 1864 年到 1897 年间把三万多名囚犯送到那里：Evans *et al*. 1997：184，212）。由于帝国主义竞争，担惊受怕的在南澳大利亚殖民地和新西兰政府的鼓动，促使英国政府在 1874 年将殖民统治延伸到斐济，在 1884 年延伸到所罗门群岛和巴布亚岛。此后，英国与法国签订了共管协议，将稳定和法治带到新赫布里底群岛。在 1901 年成立澳大利亚共和国及其采取只允许欧洲人移民的政策之后，在 20 世纪的头 10 年里，大多数太平洋岛屿的劳工从昆士兰产糖地区被遣返，无论是自愿还是被迫。图 6 显示了将签订契约的卡纳克劳工带到昆士兰和斐济产糖地区的"募奴船"以及随后遣返他们的海上航线。

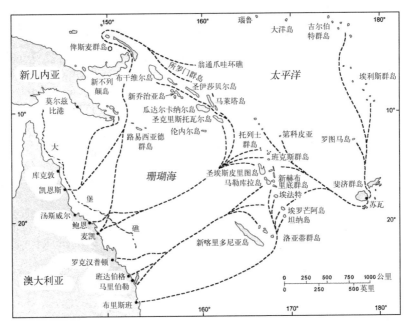

地图 6　卡纳克劳工的招募与遣返路线。采自 Docker（1970：Fig. 1）。

七、环太平洋地区内部的资源与冲突

如前所述，秘鲁和智利的磷酸盐沉积物、波托西银矿的开采是在环太平洋美洲地区盘剥资源并造成暴力和不法行为的典型，标志着许多人会宁愿忘记的该地区发展史上的一章。海鸟粪采掘在智利及其北方邻国秘鲁和玻利维亚之间爆发战争中的作用将在第六章中详加讨论，那是南美历史上最重要的国际冲突之一。不过，在太平洋环带开发资源的传奇中有许多较小规模的冲突事例：事实上，它们太多了，无法在本书中充分讨论。这里选择这些例子加以讨论，以便表明在不受监管的或非法的开发、环境退化所导致的受影响地区在随后发展中选择余地的缩小以及它们之间的相互关系。

在太平洋周围具有商业价值的大多数矿产储备都是在火成岩、沉积岩和变质岩的远古大陆地区发现的，这些地区从前是冈瓦纳古代超级大陆的一部分。通常这些宝贵的矿石随着岩浆侵入结晶花岗岩或变质岩而发生，例如镍、铜、铅—锌、黄金和钻石；或者作为古老变质岩的沉积物，例如煤、石油和天然气、矾土（铝土矿）、砂锡和沙金。在全球工业生产中，尤其是在太平洋周边国家里，这些资源变得越来越重要。不幸的是，就像本章所讨论的资源开发的早期例子那样，甚至在当前这个时期里，暴力冲突和无法无天伴随着诸如黄金、镍和铜之类的矿产开采。

1. 金矿区的冲突：加利福尼亚、澳大利亚和育空

令早期探矿者和探险家失手的在太平洋对黄金的搜寻终于在 19 世纪结出累累果实。1848 年 1 月，在加利福尼亚州科洛马附近的"萨特的磨坊"，一位名叫詹姆士·马歇尔的工头在亚美利加河的河床上发现了黄金的踪迹，引发了 19 世纪第一次大淘金热。那时，加利福尼亚在法律上依然是墨西哥的一部分，但处在美国的军事占领之下。萨克拉门托附近的金矿区在任何民法执法机构的管辖范围之外，因此，首先"立界标表明土地所有权"的那些人可以开发含有黄金的土地而无需支付任何费用。这些发现的消息很快传遍四方，此后几年里，大批淘金者从美国东部、墨西哥、欧洲和太平洋来到那里。在这个淘金热的初期，墨西哥被迫将加利福尼亚割让给美国。这加快了"四九年人"（forty-niners，指 1849 年前后到加利福尼亚去淘金的人）和"阿尔戈人"（argonauts，同上，出处是希腊神话中去海外寻找金羊毛的英雄）向西移民的速度，他们经历了艰难的 2.8 万公里的海上航行，从美国东海岸通过合恩角到达旧金山的港口。

为了抢先成为第一批要求黄金矿区所有权的人，美国东海岸的许

多人慷慨解囊，以便乘坐新型的快速帆船"大剪刀"进行快速的海上运输，那是在旨在追求速度的巴尔的摩快速帆船的基础上开发的。虽然快速帆船"门农号"（Memnon）是从美国东海岸携带淘金者的第一艘快速帆船，但速度的纪录是由快速帆船"飞云号"（Flying Cloud）在 1851 年创下的，它从纽约到旧金山的航行用了 89 天。在发现黄金后，旧金山港兴隆起来，其人口从 1847 年的不足 1 000 人激增到1850 年的超过 2.5 万人。那时该港口和金矿区混乱不堪，无法可依，工人离开企业，船员舍弃船只，加入发现黄金的热潮之中。来自欧洲、中国、澳大利亚和夏威夷的船只又带来了数万人，使采矿者的混乱人群膨胀，他们受到在淘金热的前五年从这些矿藏中得到超过 350吨黄金消息的刺激，那些大多是沙金。

例如，到 1852 年，有超过 2 万名的中国人在萨克拉门托附近和北加利福尼亚的金矿区里工作。随着"产权突变"（非法占有先前由其他人"树下界标"的含金地点）使新来的人卷入与早到金矿区的人的争端，种族暴力事件激增。随着在冲积层矿床中容易找到的黄金耗尽，而仅剩下更难以开采的地下矿脉，美国采矿者开始迫使"外国人"离开，尤其是墨西哥人（仅仅在几年之前他们是加利福尼亚的合法所有人）和中国人。做到这一点靠的是暴力的威胁，而不是应用任何公认的法律程序。在 1866 年之前美国并没有正式立法管理加利福尼亚金矿区的运作。

在加利福尼亚发现黄金之后两年，一位名叫约翰·哈格里夫斯的澳大利亚探矿者空着手从加利福尼亚回家，他注意到加利福尼亚萨克拉门托附近的那个含金县与东澳大利亚地区在地理上的相似性。1851年，他在新南威尔士巴瑟斯特附近的萨默希尔河发现了沙金的踪迹，引发了一场吸引数千名当地和海外采矿者到该地区的淘金热。几个月后，在邻近的维多利亚州的巴拉腊特、本迪戈和卡斯尔梅恩发现了非常丰富的黄金矿藏，仅在 1852 年就吸引了 37 万多人移民澳大利亚。虽然大多数人来自英格兰和爱尔兰，但大量美国人从加利福尼亚而来，从而建立了长久的跨太平洋关系，对澳大利亚的政治和文化发展造成了重大的影响，但人们往往不能充分认识到这种影响。

2. 反叛的"挖掘者"

(1) 尤利卡栅栏

1854 年，在巴拉腊特（维多利亚州）附近，对惩罚性的政府许可证收费和严厉对待主要是爱尔兰和美国采矿者的愤恨酝酿成对英国和殖民地政府的公开反叛。在一位叫彼得·莱勒的爱尔兰工程师的带领下，数百名采矿者宣布他们打算脱离英国统治的维多利亚州。他们设立了防御性的栅栏，自行武装起来，抵抗被派到那些金矿区对付他们的殖民地警察和军队。在尤利卡栅栏处的短暂冲突之后，这次反叛被剿灭，21 名矿工和六名警察与军人被杀。因此，在那里实施了化解许多矿工不满的改革，而尤利卡冲突的故事和作为其基础的平等主义—宪章运动的价值观成为澳大利亚民间传说的一部分。

正如在加利福尼亚淘金热里所发生的那样，大量中国矿工被吸引到澳大利亚金矿区。到 1861 年，那里有超过 4 万名中国人，其中许多人是来自中国南方的契约劳工，他们辛勤工作以便偿还他们到澳大利亚金矿区的船费。他们勤劳的工作习惯、接受低工资，还有他们的陌生文化和语言在金矿区的欧洲采矿者当中引发了怨恨。1861 年，在新南威尔士的蓝坪洲（现名杨镇），1 000 多名欧洲采矿者攻击中国矿工，迫使他们放弃那些金矿区。在昆士兰的金皮、查特斯堡和帕默河的黄金新发现产生了如此之多的黄金，以至于它的出口价值超过了该殖民地经济的所有其他分支，数万名中国人参与了这次淘金热。同样，这造成了欧洲人的激烈反对和政治煽动，要求当局对中国人征收沉重的人头税和其他限制性措施。在 1877 年他们的人数在帕默河矿区达到 1.7 万的峰值之后，中国人开始离开这个殖民地，而随着它与南方殖民地的合并，它采取了一些法律措施防止非白人的进一步移民。

1896 年在加拿大育空地区的黄金发现再现了先前在加利福尼亚和澳大利亚淘金热中出现的那种边疆状况和初期的无法无天。超过 4 万名"探矿者"聚集在克朗代克矿区，其中许多是美国人，他们跨越奇尔库特和怀特隘口，乘木筏顺着育空河而下，抵达道森市，它是到金矿区的中转站。在这片遥远偏僻而且无法可依的地区，轻武器的存在是对稳定的威胁，是对名义上控制育空地区的加拿大政府的挑战。人们担心大量武装起来的美国矿工有可能决定彻底接管金矿区，与加拿大政府对抗。加拿大西北骑警设立了哨所，制订了计划，以便解除所有进入克朗代克矿区的矿工的武装，防止任何分裂的举动，否则就会在辽阔而开放的边疆地区里造成徒有法律与秩序的表象。

(2) 在镍和铜矿业上的近期冲突

中国的不锈钢生产目前正在助长全球镍需求的扩大，大部分的镍由太平洋的镍矿供给。这种金属的全世界最大生产者之一是法国在太平洋的岛屿领土，即新喀里多尼亚，在其美拉尼西亚居民中以卡纳基而知名，它拥有全世界已探明的四分之一以上的镍钴储备。1853 年，当法国海军的一位海军上将费夫雷尔·德蓬特无视之前英国的领土主张，将新喀里多尼亚和洛亚提岛作为法属波利尼西亚的一部分吞并时，它成为法国的领土。包括"刑释人员"（libérés，被释放的罪犯）在内，法国殖民者很快就在从当地卡纳克人那里抢走的土地上生产牛肉和椰肉干之类的种植园作物，而当地人被赶到总数不多于陆地面积 10％的保留区内。种植园的劳动力来自当地签订契约的卡纳克人、瓦利斯和富图纳群岛的波利尼西亚人、法国囚犯、中国和亚洲其他地方的苦力。镍、铜、铬和钴的开采在新喀里多尼亚始于19世纪70年代，使用露天开采的技术，造成广泛的土壤侵蚀和水土流失，而矿石的熔炼在其首都努美阿附近的库蒂奥湾开始。这些工业活动以重金属、聚氯联二苯、硫化物和碳氢化合物造成程度严重的大气、水和土壤污染。在矿石熔炼中使用的是含硫量高的煤。

卡纳克人民数次尝试获得独立，都被法国残暴地镇压了。在20世纪60年代和70年代，戴高乐时期的法国采取措施，巩固它对太平洋领土的控制，包括珍贵的新喀里多尼亚的产镍区，而倾向独立的运动被无情地平定。在20世纪80年代期间，卡纳克人与法国警察和士兵支持下的法国移民社会发生了一系列的致命冲突。这些"事件"——正如现在人们委婉地称呼的那样——并没有导致卡纳克人民的独立，而是导致这片领土在政治上的重组，其中土生土长的卡纳克人民发现他们在自己的土地上成为少数民族。

加拿大的镍矿巨头卷入开采新喀里多尼亚的巨量矿藏储备的这场争论之中，比如说鹰桥公司（Falconbridge）和国际镍业公司（Inco，现在的淡水河谷国际镍业公司）。新喀里多尼亚南部的戈罗镍矿含有超过1.2亿吨的镍，本打算在2006年开始投入运营，因卡纳克人阻止其修建一条尾矿管道而中止。卡纳克人担心它将把有毒的工业废水输入靠近一片海洋保护区的海中。他们也反对戈罗项目使用燃煤的熔炉。

过去半个多世纪以来，在太平洋的环带地区里，智利、秘鲁、巴布亚新几内亚（布干维尔岛）和昆士兰是重要的铜生产区。对苦苦挣扎的巴布亚新几内亚经济来说，这个太平洋国家高地上的奥克泰迪矿是外汇的主要来源之一，到2004年它出产了近900万吨铜精矿，外加700万盎司的黄金。作为露天开采的矿业，奥克泰迪一直是争论的话题，因为它沿着弗莱河，造成了严重的污染，该河既是运出铜精矿的水道，又是有毒尾矿的倾倒场所。弗莱河谷的居民超过5万人，而农田有1 300平方公里，该河谷受到环境污染的影响，导致谋生之道的丧失，造成许多人出现严重的健康问题。必和必拓先前是该矿的所有人，在1996年它与当地居民和解，并支付了总计2 860万美元。必和必拓把多数股权交给巴布亚新几内亚的"持续发展项目公司"（Sustainable Development Program Company），得到免予在未来因矿山污染而被起诉的保证。奥克泰迪计划在2010年停止运营。

第二大太平洋铜矿项目是由布干维尔铜业有限公司（Bougainville Copper Ltd）在潘古纳启动的，那是巴布亚新几内亚的一部分，最近几十年来始终是冲突的场所。布干维尔岛上的潘古纳铜矿有助于我们理解在太平洋资源开发与冲突之间的关系。发现于1961年并由澳大利亚康辛里奥廷托有限公司（Conzinc-Riotinto Australia）在1964年证实那是商业上可以开采的矿藏，在1969年殖民地当局（澳大利亚政府和巴布亚新几内亚独立之前的政府）谈判之后，有关方面计划开采此处矿体。这个露天开采的矿区出产了超过10万吨的铜/金矿石，在该地包含一家常规破碎和浮选的工厂。它的精矿从布干维尔岛东海岸阿拉瓦的洛洛霍港出口到日本、德国、西班牙、韩国和中国市场。在布干维尔岛上，一个繁忙的矿业城镇和一个工业港区迅速形成。

从一个矿山废石堆进一步排放10万吨尾矿废料到向西流动的贾巴河仅仅是在其25年历史中困扰该矿运营的问题之一。主要问题在于该地区的纳西奥伊人民对其祖先之地的根深蒂固的情感，这块土地有1.3万公顷被该公司根据与当地政府签订的租赁协议拿走。合乎习俗的土地所有人总是依据母系转让和继承土地。这处露天开采的矿山、尾矿坝和工业设施可以彻底迁移到其他地方，由它取代氏族的概念对纳西奥伊人来说是陌生的。他们是山区人民，对自己的身份意识以及不同于沿海氏族的独特性有着强烈的感觉。纳西奥伊人担心，如果他们迁移到沿海的种植园，就像康辛里奥廷托公司所建议的那样，他们会被视为闯入者。虽然该矿的开发继续进行，但来自北所罗门群岛和巴布亚新几内亚主岛的工人到来，占去工作岗位，造成当地人的愤恨，他们认为传统上属于他们的许多土地被转让给外人，而贫富差距越来越大。

在该矿开采之前，布干维尔人民在一段漫长的时期里感到殖民地政府忽视他们。在地方层面上向他们提供主要的教育和社会服务是天主教马利亚会的传教士，而不是看起来无动于衷的政府，因此，在发现该处铜矿矿藏之后，政府突然对他们的发展表现出来的兴趣遭到他们的怀疑和猜忌。当地人民和矿业公司之间的恶感因有关失去土地权利的补偿的不同想法而加剧，另一个因素是双方完全缺乏对诸如在传统和西方经济制度中的土地估价之类抽象概念的理解。

到 1988 年，布干维尔人民和巴布亚新几内亚政府之间的不信任感因当局缺乏对人民围绕土地权利、外来移民、收入差距、政治纷争和环境退化的不满而恶化，以至于布干维尔岛出现了武装的分裂运动。从那年到 1997 年，游击队发动了充满暴力和破坏性的分裂战争，对抗布干维尔岛的同胞居民，反对移民的主岛岛民——被当地氏族称为"红皮肤人"，他们希望保持与殖民地时期形成的国家巴布亚新几内亚的联系，他们感到属于这个国家。位于潘古纳的巨大的铜/金露天矿是始于 1988 年叛乱的牺牲品，在一系列对电力线和其他设施的攻击之后，1989 年该矿关闭。显然，巴布亚新几内亚政府和布干维尔铜业有限公司犯下的错误在这段资源开发和无法无天的传奇中起到了一定的作用（Vernon 2005：258－273）。

3. 宏大的资源项目

煤与铁矿石

就其露天矿的绝对规模和产出的巨大数量而言，太平洋东西环带的煤矿开采地区无可匹敌。它们的环境"足迹"同样巨大。长期以来，澳大利亚（昆士兰）和加拿大西部（不列颠哥伦比亚和艾伯塔省）一直是日本、韩国和（日益重要的）中国各行业的煤炭的主要来源。整船整船的煤离开像靠近温哥华（加拿大）的罗伯茨湾和格莱斯顿（位于昆士兰中部海岸）这样的装载中心，用庞大的干散货船运往环太平洋亚洲地带的钢厂。同样是这些钢厂也从南洋各地采购大量的铁矿石，主要是西澳大利亚。皮尔巴拉地区是这些巨量的高等级铁矿石的主要来源，价值约为 100 亿美元，每年运往环太平洋周边地带的中国大陆、韩国、中国台湾和日本。

在 21 世纪头 10 年即将结束的时候，澳大利亚的铁矿石出口量超过了它的主要竞争对手巴西。对太平洋环带的铁矿石而言，现在中国是最大的单一市场，因为它每年生产超过 3.5 亿吨的钢，大于其在太平洋环带的竞争对手美国、日本和韩国的产量之和。作为太平洋航运舞台的新角色，中国利用其一部分钢铁生产建造商船，已经拥有世界上第三大的商业船队。在十年之内，有人预测中国将成为世界上最大的造船国。像中国远洋运输集团①这样的上海造船公司正在扩大其既有的集装箱和油轮船队，期望的是一旦 2008－2009 年全球衰退告终，北太平洋环带对轮船的需求甚至会更有力地激增。

八、当前的环境问题

石油开采的例子

目前太平洋环带各地都在开采石油和天然气，如南海、文莱和婆罗洲岛、加利福尼亚南部沿海地区、南澳大利亚的巴斯海峡和阿拉斯

---

① Cosco，该集团与沪东中华造船（集团）有限公司、上海船厂船舶有限公司、江南造船（集团）有限责任公司均属于中国船舶工业集团公司。——译者注

加。一些地方和时期发生了争夺太平洋石油矿藏的军事冲突，例如1942 年日本夺取印度尼西亚和缅甸的石油，还有围绕南沙群岛的石油和天然气矿产的斗争（在第六章中加以讨论）。然而，围绕石油开采的环境保障措施不充分已经导致太平洋某些地方出现严重的灾难，其中最著名的灾难之一是 1989 年 3 月 24 日在阿拉斯加州威廉王子湾发生的石油泄漏。

埃克森·瓦尔迪兹号灾难

人类粗心大意造成长期生态影响的令人警醒的教训之一发生在20 年前，那时超级油轮"埃克森·瓦尔迪兹号"（*Exxon Valdez*）向威廉王子湾的水域泄漏了近 3.9 万吨原油。这艘 300 米长的刚从跨阿拉斯加输油管的瓦尔迪兹终端载满石油。离开该终端后不久，它在布莱暗礁搁浅，造成其油罐破裂。此后的调查认定人为错误是部分原因。在太平洋西北部这片原始而且在生态上敏感的地区里，这些原油污染了 2 000 公里的海岸线。潮汐作用沿着海岸线把这些石油垂直带到辽阔的水域，加剧了污染的破坏，增加了清理这次泄漏的最终成本和难度。在这次泄漏后不久，一场猛烈的风暴改变了漂浮石油的稠度，增加了由一万名专业和自愿工人组成的清理团队的工作难度。这次泄漏致死数以千计的海洋哺乳动物，可能还有数百万的海鸟和鱼，对野生动物来说在这次事件之后若干年内该地区是有毒的。

清理的成本大部分由埃克森公司承担，总额高达数百万甚至数千万美元，但生态破坏几乎是无法计算的，而对旅游业以及休闲和商业捕鱼业的经济影响同样非常巨大。在这次泄漏之后超过 15 年的时间里，威廉王子湾部分区域的自然生态系统依然没有完全复原。类似的生态灾难发生在 2009 年初，但幸运的是规模小得多，那时昆士兰旅游海滩受到一艘中国货船泄漏的 250 吨燃油的污染。

第六章　竞夺太平洋：军事活动、殖民斗争与帝国角逐

　　期望从辽阔的太平洋的土地和人民那里攫取得数不清的财富是帝国主义国家在必要时使用武力的强烈动机之一，目的是从其先前的所有人那里夺取富饶的领土，保护具有战略意义的贸易路线不受竞争者的侵扰。其结果是持续的系列斗争，对整个太平洋区域造成了深远的影响。本章概述这些争斗，以便阐明太平洋环境与争斗的帝国主义和殖民主义运动之间的相互作用，这种互动改变了这个大洋半球。

　　欧洲列强在太平洋的好战活动始于16世纪初。麦哲伦的武装大帆船和轻快帆船装备有加农炮，在一些场合下，它们被用来对付当地老百姓。武装大帆船大而坚固，头尾有作战的堡垒，是多功能大型帆船的前身，在通往香料群岛和中国澳门的海上航线中，确保它们拥有相对中国平底帆船、马来的细长快速帆船和其他船只的优势。《托尔德西里亚斯条约》赋予西班牙人对东太平洋的独家控制权，起初他们发现在他们从卡亚俄到马尼拉横渡太平洋中部的"宝船"上配加农炮是不必要的累赘。不过，在德雷克、卡文迪什和其他掳掠者肆意抢劫几乎毫无防御的大型帆船的货物之后，西班牙人武装了他们的太平洋商船。

　　欧洲各国之间数个世纪的战争往往使加农炮成为冒险远航的任何船只上的主要装备。装载这种武器上船的有1740－1744年乔治·安森、1764年约翰·拜伦、1766年菲利普·卡特雷特的舰队。哪怕是和平的探险，如塞缪尔·瓦利斯指挥下的"海豚号"（1767年），詹

姆斯·库克指挥下的"奋进号"（*Endeavour Bark*，1768－1771 年），还有"果敢号""冒险号"和"发现号"（1772－1779 年）也由英国海军部武装起来，视为海军战斗舰艇。同样，这些船只的枪炮往往在谈不上受到挑衅的情况下被用来对付不幸的波利尼西亚人，造成致命的影响。

一、为在太平洋的原住民权利而斗争

几乎毫无例外，在整个探险时期和殖民地开拓的初期，欧洲的闯入者的作为就好像他们遇到的原住民对土地、财产甚至他们自己的社会或个人自主权毫无权利可言那样。一次又一次，对其土地的被盗和主权、自治权的丧失，岛民成为不能理解的见证人：那常常伴随着他们难以理解的仪式，例如升旗、竖立十字架或堆石界标，滑膛枪或加农炮的开火，还有宗教仪式，为当时的欧洲宗主国干杯。在某些情况下，同一块领土被相互竞争的欧洲国家吞并数次。

例如，塔希提岛被吞并了三次：第一次由英国人在 1767 年 6 月吞并，那时托拜厄斯·菲尔诺（Tobias Furneaux）树起了一根旗杆，带头向国王乔治三世三呼万岁；第二次是在九个月以后由路易·安托万·德·布干维尔伯爵指挥下的法国人吞并，他埋下了含有一份宣言及其船员姓名的一个瓶子；第三次由西班牙人在 1772 年吞并，指挥官是唐·多明戈·德博纳契（Don Domingo de Boenechea），他树起了十字架并求神赐福，在这个十字架下，一名牧师宣讲弥撒并引导宗教游行，结束时鸣炮向西班牙君主致敬。最后是法国人实现了对塔希提及其周围岛屿的主权要求，英国人的无动于衷起到推动作用，尽管他们自己先前采取了占有的行动。

在某些情况下，比如说沿着新荷兰的东海岸，土著人民避开上岸的欧洲人，尽可能避免与他们接触。这给像詹姆斯·库克这样的探险家一种错误的印象：这片土地无人居住或至多有非常稀少的人口；因此，以国王的名义占有这片领土被认为是简单易行而且无可争辩的对处女地要求的主权。不过，更常见的情况是欧洲人知道那片土地已经有人居住，而且有大量当地人进行耕作。在这种情况下，反对夺取他们的土地是可以理解的太平洋人民的反应。然而，几乎毫无例外，无论何时当地人民对欧洲人吞并他们的土地并占有其人员表现出哪怕最轻微的抵抗，随后欧洲人很快进行凶狠的报复。这些血腥而残忍的镇压行为往往被欧洲人说成是"给当地人一个教训"或"惩罚他们的放肆"。

例如，瓦利斯到达塔希提岛的第一个举动就是进行大屠杀，用葡萄弹和滑膛枪射击，大量乘坐独木舟接近"海豚号"的塔希提人（包括妇女）被其断定为是一种威胁的方式。在这种火力的展示之后，"海豚号"船员与塔希提人——尤其是他们的妇女——之间进行贸易和交往，就好像没有发生任何不幸事件那样。其他船长同样倾向于使用武力而无需严重的挑衅。

除了使用船上的加农炮"惩罚"他们所认为的岛民违规之外，许多进入太平洋航行的欧洲船只载有海军陆战队——装备有滑膛枪和短弯刀的士兵，用以保护这些船只并防范岸上勤务队受到攻击，他们经常被用于对岛上人民进行惩罚性的攻击。例如，1755 年英国海军部成立的英国海军陆战队在早期的探险之旅中卷入与太平洋人民的许多小规模战斗，随后的章节将加以讨论。1888－1889 年德国水兵为支持俾斯麦攫取萨摩亚群岛的努力而行动，与阻止这次接管的当地人发生激战。美国海军陆战队的武力威胁同样用于挫败 1891 年恢复夏威夷君主制的企图，作为美国吞并夏威夷的后盾。近些年来法国的"外籍军团"在塔希提岛和新喀里多尼亚同样活跃。

甚至是相对脾气温和而冷静的詹姆斯·库克也对塔希提岛、新西兰和夏威夷人民的生命和权利表现出几乎是无动于衷的漠视，正如他及其下属的日志中所记载的一些事件所证实的。例如，库克有夺取人质以迫使岛民服从其意愿的习惯。当 1769 年准备离开塔希提岛时，库克抓走了一些头人并把他们当作囚犯，直至逃亡的两名水兵被带到该船上。在到达新西兰时，显然出于一时冲动，库克再次决定抓走一些年轻的毛利人，造成悲剧性的后果。根据今天的标准，他 1769 年 10 月 10 日的日志条目是漠不关心和狂妄自大的该死罪证：

> 我在该海湾的岬角周围划船……看到两艘小船或者是独木舟从海上归来，我划向其中一艘并下令抓住上面的人员……他们竭力逃开，此时我命令一位滑膛枪手朝他们的脑袋开枪，认为这要么会使他们投降，要么跳下船去……

反之，在陌生人打算伤害他们的相当合理的假设下，毛利人"立即拿起他们的武器或他们在船上的任何东西开始攻击"，此时滑膛枪群射杀死两到三人，击伤一人，其他三人被俘，"最大的不超过 20 岁，最小的 10 或 12 岁"。将三名幸存的毛利人在"奋进号"上扣留两天之后，库克把他们放到岸上，"留在我称之为'贫困湾'的海湾，因为该海湾没有提供我们想要的任何东西"（库克的日志，1769 年 10 月 10 日，引自 Grenfell Price 1971：46）。对无缘无故地残杀生灵或不信任和敌对的后遗症，那会是其不可避免的后果，库克的记述没有表现出后悔的痕迹。

在库克的第三次也是最后一次航行中，这种对当地人民的飞扬跋扈的态度是他死亡的原因。他习惯于夏威夷人在他上一次访问那里时对待他的恭敬，导致像马歇尔·萨林斯和格雷格·丹宁这样的一些历史学家提出这种充满争议的想法：夏威夷人实际上把他当作他们的神即洛诺（Lono）的化身（Sahlins 1981；Dening 1992：163；Windschuttle 2000：73）。然而，当他回到桑威奇群岛修理其船上破损的桅杆时，他发现先前友好的夏威夷人不可思议地愠怒而敌对。在试图抓走一名夏威夷首领作为人质以确保土人归还"果敢号"上的被盗小艇时，库克及其四名水兵保镖在他们能够到达其船只的安全地带之前被砍倒在海滩上。然而，那次流下的第一滴血是欧洲人自己造成的。威廉·布莱负责保卫"果敢号"的破损桅杆的一支武装小队，他向一些他认为构成威胁的夏威夷人开枪，此后他为他的行动辩解，声称"必须（向当地人）表明手段强硬"，严厉地对待他们"没有丝毫软弱的迹象"（Dening 1992：159）。

尽管如此，应该为英国人说句公道话，根据海军部的指示，占有太平洋岛屿的行动应该得到当地人民的同意（尽管不知道他们怎样期望太平洋岛民理解把主权转让给遥远的某位君主的抽象概念）。在那个时期，而且就这个问题而言，在殖民时代的剩余时间内，英国在欧洲的大多数竞争对手没有表现出对这条原则的尊重：在沦为殖民地的地方取得当地人的同意，他们更喜欢野蛮的镇压，哪怕当地人表现出最轻微的反抗。

欧洲人侵入太平洋往往对土著居民造成致命影响，这种影响未必是故意造成的，但对当地社会依然是毁灭性的。这些影响当中最为明显的是传入太平洋人民没有免疫力的欧洲疾病。虽然人们常常提到患病的水手把性病传入塔希提岛，但毁灭性最大的疾病是麻疹、流行性感冒、天花和呼吸道感染，它们不仅杀死当地的成年人口，还提高了婴儿的死亡率。例如，夏威夷的国王和王后都在1823年访问英国时倒了大霉，死于天花。在塞缪尔·瓦利斯第一次访问时，估计塔希提岛约有4万人，由于英国、西班牙和法国水手传播的疾病，在仅仅两代人的时间里，该岛人口减少到不足1万人。波利尼西亚的大多数岛屿在 19 世纪和 20 世纪初都遭遇了人口缩减的情况。

二、环太平洋亚洲地区的冲突

1. 鸦片战争

在 19 世纪英国向环太平洋亚洲地带进行殖民扩张的时期，可以说英国对待中国毫无积极的性质。在清朝僵化统治近两百年之后，中国在军事或政治上都不能强大到足以抵御英国对其主权的侵犯。英国是人类在 19 世纪所曾见过的世界上有史以来最强大的帝国。英国海军是其后盾，在拿破仑战争之后，英国海军在从好望角和印度到槟榔屿和新加坡的英国殖民地上强力推行"英国统治下的和平"。虽然在 19 世纪中国至少拥有 3 亿人口，但它是碎裂的，统治阶层腐败而堕落。它的沿海贸易受到海盗的侵扰，而绝大多数中国人的命运就是贫穷、食物短缺、实际上的奴隶。数以千计的人通过移民寻求喘息的机会，其中包括英国在槟榔屿和新加坡的殖民地、荷属东印度群岛，以后还有美洲的太平洋沿岸。

西方提出中国对贸易开放的要求遭到排外的清朝统治者的拒绝。例如，1793 年，国王乔治三世派特使去见乾隆皇帝，他拒绝了英国人的贸易提议。在 1833 年之前英国与中国之间存在的有限贸易大部分落在英国东印度公司手里，对获利丰厚的茶叶贸易，在一年之前该公司享有垄断权。欧洲在东方的贸易活动主要集中在中国的黄浦、广州和澳门，日本的出岛（长崎港），菲律宾的马尼拉和东印度群岛的巴达维亚（雅加达的旧称）。在英国东印度公司的垄断告终之后，英国各利益集团之间的竞争激烈，而获得更多中国商品的努力意味着一些非法产品在广东和其他地方通过走私进入中国，例如鸦片。

虽然清政府在 1800 年宣布鸦片是禁止进口的货物，但在印度殖民地中控制鸦片生产的英国人无视这种禁令。奇怪的是，大英帝国并不认为鸦片违法，而且它被广泛应用于各种药物和调制品中，例如鸦片酊。甚至像罗伯特·路易斯·史蒂文森（就像我们稍后讨论的那样）这样著名的人物也经常使用鸦片酊减去侵蚀其健康和力量的结核病的效果。可能是因为它对这种产品性质的认识不甚清楚，英国拒绝在其帝国上下宣布鸦片违法，尽管存在有害后果的证据。无论如何，中国政府要求中止这种万恶贸易的呼声如石沉大海。

1838 年，在这一年中超过 2 000 吨鸦片从印度运往中国以满足超过 1 000 万名中国人的毒瘾，清政府派一位钦差大臣去广东，带着寻求与英国政府谈判以结束这种毁坏中国社会的丑恶贸易的指示。这位钦差大臣是林则徐，他甚至写了封亲笔信给维多利亚女王，其中包含一句必定造成女王陛下感到一丝不安的话：

> （如果）另一个国家有人携带鸦片到英国销售并引诱你的人民购买和吸食，你肯定会深切痛恨它，感到强烈的震撼。
>
> 引自 Mason 2000：93

不过，林则徐的建议毫无回应。随后，他下令没收在广东的所有鸦片存货。那种举动倒是引起了反响：英国在 1840 年入侵中国，以此保护其鸦片贸易，由此挑起了第一次鸦片战争。虽然这种"惩罚性战争"由英国议会的一项法令加以批准，但仅以九票之差获得通过。在许多人的眼里，这个仅仅在数年之前宣布奴隶贸易非法的国家看来失去了它的道德指南针。但在其人民当中，它依然有着像威廉·格莱斯顿（William Gladstone）这样的人物。他是议会的反对党党员，坚定地反对鸦片贸易，他大声质问：

这场战争的根源更不正义，这场战争在其进展中更为处心积虑，从而让这个国家蒙上永久的耻辱，我不明白，我没看懂……我们的旗帜……正在成为保护一种声名狼藉的贸易的海盗旗。

引自 Mason 2000：93

在一场并非势均力敌的战争中，英国迅速部署其尖端的海军力量打败了中国。蒸汽驱动、吃水浅的铁甲舰"复仇女神号"（Nemesis，亦音译为尼米西斯号）带领一个分舰队的军舰进入长江，而它们的大炮迅速压制了中国人在南京这个战略城市周围的岸炮，迫使中国人投降。随后签订的《南京条约》强迫中国恢复鸦片贸易，向西方商人开放新的港口，把香港岛割让给英国。对中国这个主权国家来说，战争的结果是耻辱和全盘失败，导致鸦片贸易在 1840 年之后的十年里翻了一番。其他国家迫使虚弱的中国签订类似的非正义和不平等的条约，从而他们可以参与这种穷凶极恶的贸易。其中有美国，它开始向上海和广东运送土耳其的鸦片。随着中国社会的崩溃，绝望的农民起来反抗，形成 19 世纪 50 年代和 60 年代的太平天国和捻军起义。

中国人试图规避这些压迫性的条约，导致 1856 年的第二次鸦片战争，对中国来说那是又一次屈辱的失败。《天津条约》使英国发动的惩罚性军事战役达到高潮，它迫使中国废除令鸦片进口非法的法律，在九龙半岛上给英国更多的租界。进口的鸦片越来越多，随之而来的是基督教传教士的涌入，他们有着各种名目和国家背景，根据《天津条约》享有出入中国所有地方不受阻碍的特权。1860 年在中国与英国和法国之间爆发另一场战争，这一次是为了报复一些西方外交官被杀。由额尔金爵士率领的攻击部队占领了北京并焚烧了它的大部分地区。英国将军查尔斯·"中国"·戈登（Charles 'China' Gordon）参与了这次战斗，而且参与了对圆明园的焚烧和抢掠。用他记录在案的话说，圆明园简直太大了，无法"和平地劫掠"，因此，有必要焚烧圆明园及其无价的黄金装饰，那些装饰太重、太多，无法拿走（Parker 2005：360）。

19世纪中国与西方列强的敌对结束于义和团运动，在这场运动中，北京附近的欧洲宗教机构、贸易团体和领事馆被一股反基督教的狂热分子（"拳民"）包围，清朝的皇帝遗孀（即慈禧太后）予以默许。1900年，他们的起义以失败告终，那时一支国际远征队（即八国联军）解除了对北京的围困。大清朝持续到1912年，那时政府腐败导致的虚弱因一系列诸如洪水和饥荒之类的自然灾害而加剧。除了在欧洲列强手上遭受的无数失败之外，19世纪末清朝时期的中国也遭到复兴并向外扩张的日本的攻击和羞辱。

2. 日中对抗：17世纪至19世纪

在公元1433年之后，就像我们已经知道的那样，明朝皇帝闭关锁国，避免对外交往，使中国丧失了相对其他太平洋国家的令人印象深刻的领先地位。明朝后期的皇帝和公元1644年推翻他们的清朝统治者极其排外，把他们的注意力完全集中在扩大和巩固从蒙古到西藏的陆地征服上，导致其他国家发展太平洋的海运贸易和海上力量。16和17世纪日本海盗肆意入侵中国在黄海附近的领土，还入侵中国控制的朝鲜，例如日本铁腕人物丰臣秀吉发动的那次入侵。这些活动动摇了清朝统治的中国，为19世纪的军事和行政灾难创造了条件，那些灾难使中国一度丧失了像台湾这样的领土。

争夺台湾

成百上千年来，台湾岛一直受中国的管辖，而在明朝（公元1368－1644年）期间，它一直处于中国的行政统治下。虽然荷兰人在台湾南部安平的热兰遮城兴建了一家贸易工厂，但仅仅在30年之后他们就被中国人逐出。在 17 世纪末，中国的清朝统治者再次正式将台湾收复到其帝国的版图。1895 年，统治台湾的这段时期告终，那时摇摇欲坠的清王朝又输掉了一场战争，这次输给崛起的日本。台湾被日本人占领，直到 1945 年光复。

3. 环太平洋亚洲地带和美国扩张主义的起始

从 18 世纪到 20 世纪初，环太平洋亚洲地带的对外贸易主要涉及用欧洲的黄金、白银和工业制成品，随后是美国的纺织品和金属制品，交换中国、日本及其邻近地区的丝绸、瓷器和香料。在 1783 年美国人签署结束美英战争的"巴黎条约"之后不久，它迅速抓住美国作为太平洋周边国家的地位所提供的机会。美国最早的贸易投机之一是一群费城和纽约的商人联手派出一艘大型商船到广东执行贸易任务，它就是"中国皇后号"。此后不久其他美国船只以其为榜样，它们在绕过合恩角后在俄勒冈停留，装载运往中国市场的皮毛货物。夏威夷成为美国船只在完成中国和大西洋沿海地区之间的航行之前获得补给的地方。在 1849 年英国废止其高度限制性的"航海法"之后，在旧金山卸下淘金者的快速帆船的美国船东发现了一种获利丰厚的返程货物。在迅速横渡太平洋的航行之后，他们在船上装满中国的新茶，依靠其优异的速度，抢在其速度较慢的英国竞争对手之前，在伦敦卸下他们的货物，确保高价出售这种高质量的新鲜商品。当苏伊士运河开通，而蒸汽轮在茶叶贸易中成为常见品时，这种优势就失去了。不过，对美国船只来说，一旦巴拿马运河在 1915 年正式开通，在太平洋航行会变得更为容易。在此之前，美国与东方的贸易不仅受制于距离的暴君，而且受制于闭关锁国的清朝和封建的日本不愿意向美国的船只和商人开放其港口。

4. 日本的开放

虽然从 17 世纪到 19 世纪，德川幕府时代的日本闭关锁国，但它在 1853 年走出其排外的幻想，努力建设外向型的经济和一个军事－工业的综合体。日本的重新开放可以部分归因于中国的鸦片战争的教训，日本人没有忽视这种教训。他们不无忧虑地看到军事优势不是来自武士的人数，而是来自优异的技术、武器和组织。尽管如此，德川幕府依然拒绝西方国家提出的建立贸易关系的建议，比如说美国海军准将比德尔在 1846 年所提出的。拒绝将"不"作为对其开放贸易的要求的答复，1853 年，美国派出东印度舰队，在海军准将马修·卡尔布雷思·佩里的指挥下，前往江户送达美国总统米勒德·菲尔莫尔的信。在这封信中美国要求为贸易开放日本的某些港口。这支舰队以蒸汽动力的三帆快速战舰为首，即"密西西比号"和"萨斯奎汉纳号"（Susquehanna），日本人称之为"黑船"。他们计划在一年之后返航，以便得到日本对美国政府要求的答复。其含义是，如果日本给出的答案是错误的，那些黑船的大炮可能用于攻击日本帝国的中枢江户。作为回应，日本政府同意开放两个距离首都遥远的小港口，下关（马关）和函馆，允许美国船只购买煤和补给品。1854 年两国在横滨签署了具有这层意思的条约。然而，因对这种结果感到不满，美国在 1857 年派出另一名特使汤森·哈里斯，让他代表美国和寻求与日本人做生意的其他西方国家与日本谈判，以期达成更为全面的贸易条约。

起初，日本与西方的贸易业务进行得很糟糕。一些商品的价格在日本飞涨，比如说大米和生丝，而日本国库的黄金储备耗尽，原因是不现实的和人为的定价政策使得这种贵金属比世界标准便宜。随着德川幕府在日本商人阶层中丧失信誉，一位年轻而有魅力的天皇担负起

更大的权力。他就是明治，之前只是有名无实的领袖。他把江户改名
为"东京"，意思是"东部的首都"。在新近势力强大的商人和实业家
的支持下，明治天皇着手使长期昏昏欲睡的日本封建社会和经济现代
化。卫生和教育状况的改善，加上实际收入的提高，刺激了国内对工
业产品的需求。虽然人口的自然增长率依旧很高，而大多数日本人还
是与土地捆绑在一起，但现在有必要寻求工业原材料、粮食和能源供
给的海外渠道，对日本取得世界级的帝国地位的雄心勃勃的新计划来
说，其本土岛屿不足以提供这些东西。

在战胜排外的保守主义的力量之后，其中包括武士阶层，他们
在德川幕府时期的势力如此之大，明治天皇领导的新政府求助于西
方帝国列强帮它得到获取其自身的海外帝国的手段。从英国那里，
日本得到了第一流海军的榜样，其中包括英国建造的大型军舰，它
们使日本海军成为那时世界上最现代化而强大的海军之一。从德国
那里，日本为其征募而成的现代化军队得到了军事顾问和武器。
1894 - 1895 年，它在争夺朝鲜的战争中轻松击败中国使其得到在一
场即将到来的与当时帝国主义主要列强之一的对抗中所需要的信
心，因为俄罗斯在亚洲东部得到越来越多的领土，包括东北三省和
辽东半岛的旅顺港。

在随后的几十年里，日本利用其军事优势扩大它对东亚大陆和太
平洋周边一带的群岛的控制。除了在中国台湾施行殖民统治并使其成
为粮食生产地之外，1910 年日本帝国正式吞并了朝鲜，粉碎了朝鲜
半岛上的所有抵抗。有两万多抵制这次吞并的朝鲜人被杀。虽然日本
着手向朝鲜的农业和基础设施大量投资，但它的目的是把朝鲜半岛变
成日本的另一处粮仓，而不是为了朝鲜人。因此，朝鲜人在日本占领
期间遭受了大规模的营养不良和贫困。

1915 年，在孙逸仙的部队推翻清政权之后，日本向新生的中华

民国发出最后通牒（所谓的"二十一条"），将中国的东北三省和山东纳入它的势力范围。从 1927 年到第二次世界大战爆发，日本的帝国扩张囊括了华东的大块土地。但日本不曾巩固过它的帝国收获，尽管它有着军事优势和无情镇压平民百姓的计划，其中包括迫使受其统治的人学习日本文化、日语和宗教。除了为日本生产食物之外，超过 200 万名劳工被强迫投入日本的基础设施项目，其中大多数来自朝鲜；为服务于日本军队而征招的"慰安妇"超过 10 万人。

三、欧洲人在太平洋的对抗

1. 从 16 世纪到 19 世纪

甚至早在第一艘欧洲船只进入"南海"，而且确实早在巴尔沃亚从巴拿马地峡看到太平洋之前，欧洲人对太平洋的争夺就开始了。最早的竞争涉及西班牙和葡萄牙，在 15、16 世纪之交，两国忙于扩大它们的帝国并搜寻财富和香料的新来源。正如第三章所指出的，为了防止帝国对抗转变为这两个天主教国家之间的赤裸裸的战争，当时统治的最高主教即教皇亚历山大六世将天主教欧洲之外的已知和未知世界一分为二，分界线是沿亚速尔群岛以西 100 里格（1 里格等于 4.8 公里）的一条子午线。达成这种瓜分的协议就是《托尔德西里亚斯条约》，教皇亚历山大六世为此向西班牙国王费尔南多五世及其妻子伊莎贝尔王后和葡萄牙的若昂二世发出教皇令。两国君主在 1494 年签字的这份条约赋予西班牙王室大部分新世界的专有权利，巴西除外。虽然实际的分界线数次调整，但葡萄牙承认整个环太平洋美洲地带、太平洋的东部水域和岛屿属于西班牙的势力范围。

大多数最早冒险进入太平洋的欧洲船只都有武装，哪怕是贸易船只、捕鲸船和檀香木纵帆船，而且在他们感到受威胁时不会对使用他们的大炮有丝毫迟疑。然而，除了先前提到的英国私掠船①对西班牙宝船进行的海盗式袭击之外，在 19 世纪初期之前，相对而言，涉及欧洲、美国或俄罗斯船只在太平洋武装对抗的事件非常之少。尽管如此，不存在海军交战并不意味着欧洲各国不涉足在太平洋不断进行的占有土地、扩大势力和贸易的斗争。

　　从 1756 年到 1763 年，法国与英国交战（七年战争），而一些太平洋探险家卷入那次冲突，其中著名的有詹姆斯·库克和路易·安托万·德·布干维尔。库克勘察了魁北克市下游的圣劳伦斯河的河口，而他的海图使沃尔夫将军得以在 1759 年成功地攻占在那里的法国要塞。随着两国派出探险队到太平洋，旨在胜过其对手并获得宝贵的领土和战略基地，在这两个国家之间弥漫的是猜疑的气氛，如果说不是彻底敌对的话。同样，在拿破仑战争时期，英国与荷兰之间的关系紧张，因为英国抢先夺去了法国在环太平洋亚洲地带接管的一些荷兰属地。其中之一是爪哇，1811 年英国入侵该岛，但在 1816 年提出归还给荷兰。英国也与西班牙交战，而在太平洋水域里，它派出了由韦尔兹利将军（以后成为惠灵顿公爵）指挥的一支远征军，在西班牙的菲律宾占领了马尼拉。英国、法国和西班牙几乎为福克兰群岛（马尔维纳斯群岛）交战，它们全都觊觎通往急速增长的太平洋贸易的宝贵"途径"。

　　欧洲列强之间的这种敌对氛围意味着一个国家的探险家不知道他们到另一个国家控制的港口寻求修理和补给会不会受到友好的接待。在遥远的太平洋上航行往往持续数年，在此期间水手可能在不知不觉间成为出乎意料的战争的牺牲品。例如，就拿英国的太平洋探险家马修·弗林德斯来说，由于无辜地在法国控制的毛里求斯岛驻留，他被

---

　　①　私人所有的武装船只，在战时经政府授权攻击和掠捕敌方商船或军舰。——译者注

监禁了 6 年。但是，在 1812 年英国和美国之间爆发战争之前，实际的海战以及一个欧洲国家捕获或击沉另一个国家船只的情况并没有在太平洋内大规模地发生。

2. 1812 年的太平洋战争

与美国的独立战争不同，那时联合殖民地（亦作合众殖民地）及其法国盟友并没有在太平洋对英国构成军事挑战（事实上他们准备向伟大的英国航海家詹姆斯·库克提供他可能需要的任何帮助，哪怕战斗仍在持续），1812 年战争中英国和美国的海军在太平洋进行了数次交战。双方的军舰或私掠船袭击商业货船也是其特征之一。最著名的事件之一涉及美国三帆快速战舰"艾塞克斯号"，它是美国国会定制的六艘大型三帆快速战舰之一，在 1799 年下水。由好斗的大卫·波特船长指挥，"艾塞克斯号"成为第一艘进入太平洋的美国海军军舰。它在 1813 年初被派出，像一只"孤独的海狼"那样行动，袭击商船，在五个月的时间内，它实际上扫清了英国及其殖民地在太平洋中北部的航船。波特俘获了 13 艘船（大多数是捕鲸船、捕海豹船、檀香木船和岛际贸易船），把它们送到在马克萨斯群岛的基地。他兼并了该群岛并将其改名为麦迪逊群岛，以示对美国总统詹姆士·麦迪逊的敬意。

不过，"艾塞克斯号"对只有轻型武装的敌船的轻松胜利给波特船长造成了一个问题：如何处理大量被俘的船员。他们来自被其俘获的许多船只，他已经尽可能从那些船上拆卸了有用的设备。那些船员由"艾塞克斯号"派出的一支卫戍部队看管，使该船得以继续袭击英国及其殖民地的货轮。然而，一些被监禁的水手在 1813 年 5 月 6 日对美国卫戍部队发动了一次成功的暴动，乘坐捕鲸船"塞林加巴坦号"（*Seringapatam*）逃走。在经历横渡南太平洋的悲惨航行之后，殖民地的双桅横帆船"坎贝尔·麦克夸利号"救出饿得要死的幸存者并将其护送到悉尼。在还留在马克萨斯群岛的被俘船只中，一艘被改为美国武装船，名叫"小艾塞克斯号"（*Essex Junior*），其他船被凿沉或在一块环礁上搁浅，在那里被焚烧。

波特成功地在那么短的时间内确定那么多英国船只的位置并捕获它们是因为他聪明地利用了从英国人身上获得的情报，其形式是"公报"，英国船长旨在用这种形式彼此告知他们的计划路线。习惯上这些纸条被放在一处天然的邮箱，然后由其他人从那里取走，那其实是藏在一个乌龟壳里的升降信箱，位于现在称为加拉帕戈斯群岛的查尔斯岛的邮局湾（Philbrick 2000：74）。那时在太平洋不存在有能力挑战美国军舰"艾塞克斯号"的英国战舰。不过，在1814年初，它的破坏性生涯在智利的瓦尔帕莱索附近告终。那是场并非势均力敌的决斗，对手是拥有36门大炮的英国三帆快速战舰"菲比号"（*Phoebe*，亦译为"月亮女神号"）和拥有18门大炮的单桅纵帆战舰"小天使号"（*Cherub*），英国海军部匆忙派出它们保护英国在太平洋残存的捕鲸船队。英国人发现"艾塞克斯号"在中立港瓦尔帕莱索并将其封锁了6个星期。"艾塞克斯号"试图在一场风暴中突破封锁，但其桅杆折断，而在仅有6门用于远距离决斗的大炮的情况下，它不可能战胜那两艘英国军舰，它们迅速迫使其投降。在这次交战中，美国人死亡58人，受伤97人。

虽然美国在太平洋的海军行动随着"艾塞克斯号"被捕获而结束，但美国的私掠船继续发动对英国及其殖民地的船只的攻击，如"马其顿人号"（*Macedonian*）。在敌对行动停止之后，从被捕获并在马克萨斯群岛被焚毁的英国船只上得到的大堆废铜烂铁吸引了具有企业家精神的船长的兴趣，他们渴望得到有销路的货物，无论其性质或来源如何。1815年，在拿破仑战争激烈进行的情况下，废金属的价格高到足以使哪怕在太平洋的偏僻角落里进行这样的航行也有利可图（正如我们所知道的，这导致在马克萨斯群岛发现并开采檀香木）。虽然在 1812 年战争中，美国在太平洋遭受了一次战术的失败，但它在那次战争之后继续发挥其竞争的势力，主要在商业捕鲸和猎捕海豹业中，但也在贸易、勘察和测量中。从 1812 年到 1845 年，美国海军舰艇在太平洋进行了 25 次航行。

美国不是对太平洋中部感兴趣的唯一的后来者。1816 年 5 月，俄罗斯美国公司的总裁亚历山大·巴拉诺夫说服一位夏威夷的统治者卡穆雅理国王将瓦胡岛的一部分割让给俄罗斯，授予俄罗斯与夏威夷进行贸易的垄断特权，并且允许由 500 名俄罗斯海军士兵驻扎的要塞建在这些岛屿上。一艘俄罗斯军舰在场，迫使这份协议得以签订：它就是"鲁里克号"（*Rurick*），给它的命令包括这一点。然而，这份协议的寿命并不很长。美国的利益很快取代了俄罗斯的利益。

3. "太平洋之战"：智利和秘鲁—玻利维亚联盟

在太平洋涉及武装船只的下一场重大竞争是智利及其在南美洲太平洋海岸上的邻国即秘鲁和玻利维亚之间的战争。就像其他一些太平洋冲突的事例那样，打这场从 1879 年持续到 1884 年战争的目的是获取沿海港口和资源，这一次为的是在阿塔卡马（Atacama）区的用作肥料的海鸟粪和硝酸盐，那是玻利维亚的一个省。这次冲突的起因是根据玻利维亚总统伊拉里翁·达萨（Hilarión Daza）的命令，一家有着开采阿塔卡马硝酸盐矿藏的智利公司突然被取消了合同。作为报复，智利夺取了玻利维亚的港口安托法加斯塔（Antofagasta）。自 1873 年以来与玻利维亚一直结成防御联盟的秘鲁要求智利撤出军队，智利因此迅速对秘鲁—玻利维亚联盟宣战。它很快取得了一些令人象深刻的胜利，捕获了秘鲁的铁甲舰"瓦斯卡尔号"（*Huáscar*），使智利海军控制了那片海洋。这造成秘鲁海岸对入侵毫无防御可言。尽管秘鲁和玻利维亚的总统全都下了台，智利继续进行它在海上和陆上的攻击，在 1881 年占领了秘鲁的首都利马。在 1883 年的《安孔条约》中，秘鲁将塔拉帕卡（Tarapacá）的领土割让给智利，而智利也在 1884 年瓦尔帕莱索达成的休战协定中得到了玻利维亚的阿塔卡马沿海领土。根据在 1904 年最终达成的和平条约的条件，玻利维亚永久失去了这块领土。智利海军经过半个多世纪的建设，得到英国前海军上将托马斯·考克瑞恩（Thomas Cochrane）的帮助，在对秘鲁和玻利维亚的胜利中发挥了决定性的作用。在失去其太平洋沿海领土的情况下，其中包括阿塔卡马这块重要的矿区和安托法加斯塔的港口，玻利维亚失去了它通往太平洋的必要通道，此后退缩为内陆国家。

四、争抢殖民地

1. 法国的帝国主义：兼并与避免冲突

大约在拿破仑战争之时，虽然法国进入太平洋，但它没有从军事上在太平洋挑战英国，或在鲸油和海洋动物皮毛的贸易上取得进展。法国人把自己的活动局限于"科学"考察，例如德弗雷西内进行的那些考察。他在 1818 年绘制了澳大利亚东西海岸部分地区和新几内亚附近岛屿的海图。尽管如此，自 19 世纪初以后，法国一直试图扩大它在太平洋的帝国领土。因此，尽管英国之前宣告过对塔希提岛的主权，而伦敦传教会在那里活跃了几十年，并且不顾詹姆斯·库克发现并命名了新喀里多尼亚，法国并吞了这些太平洋岛屿并寻求进一步获取领土。它进行帝国主义扩张之际正是英国不想兼并更多太平洋领土之时。法国抓住这个机会在太平洋各岛屿上尽可能殖民，不仅包括塔希提岛和新喀里多尼亚，而且包括马克萨斯、土阿莫土、甘比尔和洛亚提群岛。它显然准备殖民并兼并新西兰。在 1839 年 12 月，意识到英国殖民者和贸易商与毛利领导人进行了一段时间的谈判，以期使新西兰成为英国属地，法国国王和政府采取行动，在班克斯半岛的阿卡罗瓦上率先建立一个法国移民区，从而占有南岛。1840 年 5 月，60 名法国移民从勒阿弗尔起航到阿卡罗瓦。然而，在到达之时他们得知，当他们在公海上的时候，在怀唐伊签署的条约实际上将整个新西兰让与英国王室，其中包括南岛。受阻于最后一刻，法国从其对新西兰的图谋中抽身而退。但它继续努力吞并太平洋的其他地方，以至于新南威尔士政府警觉起来，试图刺激无精打采并漠不关心的英国外交部，使其先发制人，兼并被认为对英国在太平洋的殖民利益至关重要的领土，主要是斐济、新几内亚和萨摩亚群岛。

2. 英国统治下的和平与太平洋

英国海军力量在 18 世纪末和 19 世纪鹤立鸡群，极大地推动了英国在太平洋的殖民活动。这使其能够建立和保护物产丰富的殖民地，例如新南威尔士，还有港口，例如悉尼、新加坡和中国香港。它们作为进一步探险和贸易的前沿基地，避免船只在每一次进入太平洋之后需要直接返回英国。英国的贸易利益集团迅速认识到从开发太平洋资源可以得到的利润。他们能够充分利用英国航海家的经验，正如第四章所讨论的，这些航海家掌握了顺利航行在遥远的海域而不伤害其船只或货物的安全以及其船员的健康的艺术，也掌握了对在偏僻地区的发现制作精确海图的技巧。这些优势意味着英国能够建立贸易路线和再补给港口的网络，使其拥有相对其一些欧洲对手的竞争优势，至少在太平洋竞争的初期如此。1884 年在美国华盛顿特区举行的国际子午线会议上，英国在航海研究和航海技术上的优势得到了承认，那正是欧洲列强"争抢"非洲和太平洋殖民地的高峰期。在同一次会议上，格林威治子午线被选为计算时间和经度的国际基准线。

尽管如此，19世纪中叶在英国是对进一步扩张殖民地的成本和麻烦感到厌倦和反感的时期，造成了"小英格兰"运动。这与早先英国在拿破仑战争期间强力吞并新领土的做法形成了鲜明的对比。虽然意志坚强的有着帝国建设议程的个人在英国不时出现并且权势显赫，但政府内的主流情绪是在全球偏远的角落对英国的冒险事业再进行开支巨大的救助是难以负担的，如像英国东印度公司这样的股份公司破产的沉重代价。英国也被拖入许多损失惨重的殖民地战争，而且不得不扑灭在印度、非洲南部和西部、加拿大、新西兰、中国和其他地方的暴动和当地人起义。

例如，1863年在新西兰战争期间，入侵怀卡托涉及一支英国领导并提供资金的1.8万名士兵和民兵的部队对付约5 000名毛利勇士。由于突然对战争感到厌倦，当法国、德国、美国的帝国主义分子吞并由英国人勘探并制图的太平洋领土时，例如马绍尔和桑威奇群岛、塔希提岛、新喀里多尼亚、洛亚提群岛、新不列颠和新几内亚东部，英国却袖手旁观。

在夏威夷，国王卡美哈美哈二世在他独立、国际公认的主权王国与大不列颠之间建立密切关系的企图成为泡影，当时他和王后访问伦敦，以便与国王乔治四世签订条约，因患他们没有天然免疫力的麻疹而去世。正如下文所解释的，美国传教士和种植园主随后侵蚀统治的夏威夷王朝，发动政变，导致美国在1898年并吞夏威夷。

在少数情况下，英国几乎在极不情愿的情况下才占有殖民地。它需要刚愎自用的英国人采取猛烈的先斩后奏的行动，才由无精打采的英国外交部不情愿地加以批准，从而使新西兰不至于成为法国的殖民地，新加坡不至于成为荷兰的货物集散地，巴布亚岛不至于成为德国的殖民地。在一些方面，考虑到19世纪末英国的态度并不热情，宣布斐济和所罗门群岛为英国的保护领地令人惊讶。

3. 美国在太平洋的积极扩张

需要在美国人作为太平洋的贸易商或捕鲸者的活动与美国国家力量在该地区的扩张加以区别。这种国力扩张往往由军队或使用武力威胁作为后盾，它是本节的主题。19 世纪末和 20 世纪，美国用了许多方式寻求使自己转变为一个太平洋的强国。首要的是它必须在太平洋拥有海军势力，具备数量充足的舰艇、火力和战斗部队，从而让它的主张和要求具有可信度，加强其外交政策，使可能在该地区挑战美国的任何其他强国踌躇不前。其次，它寻求得到被认为对其国家利益重要的各种太平洋领土的控制。

美国对太平洋领土的占有采取了一些形式，其中包括：

● 彻底吞并领土而不与其他帝国主义强国发生直接对抗或冲突，比如美国兼并夏威夷的情形。

● 与附庸国签订条约，这些国家向美国转让领土和其部分土地的其他权利，巴拿马运河区就是例证。

● 从另一个帝国购买领土，例如从俄罗斯那里获得阿拉斯加的地盘。

● 与其他帝国谈判以获取太平洋领土，有时用武力威胁策应美国的要求，萨摩亚群岛和俄勒冈地区的情形便是如此。

● 向美国移交托管领土的行政控制权，例如先前日本占有的马绍尔群岛和北马里亚纳群岛。

● 通过另一个殖民国家的军事失败获得太平洋领土，例如先前由西班牙在菲律宾和关岛的殖民地，或者武力并吞一个独立国家在该地区的领土，加利福尼亚脱离墨西哥的情形便是如此。

这些兼并由美国政府用门罗主义和"命运天定论"思想的逻辑延

伸加以合法化。

(1) 门罗主义和美国的太平洋扩张

甚至在 1823 年 12 月詹姆士·门罗总统公布其著名的原则之前，美国已经作为一个太平洋强国而崛起。1812 – 1814 年战争期间，由美国军舰"艾塞克斯号"的大卫·波特船长对马克萨斯群岛进行的短命的兼并和改名是美国在太平洋成为殖民强国的第一次尝试。门罗宣言是在其第七次向美国国会提交的年度咨文中表述的，其中明确表示欧洲列强在西半球对独立国家的任何干预或殖民地化会被美国认为是"对我们的和平与安全是危险的"，美国会尽力加以抵制。在这份宣言之后发生了许多对抗和兼并事件。加上"命运天定论"的理念，波尔克总统将门罗主义当作向西到太平洋积极扩张的基础，以便不仅阻止其他殖民强国的任何移民，而且在 19 世纪 30 年代和 40 年代兼并墨西哥的北方领土。在波尔克看来，"命运天定论"意味着美国应该"向上帝分配（给美国）的这块大陆扩张，以便我们每年增长的数百万人口自由发展"。

神意显然站在美国这一边的想法也应用于美国与英国在俄勒冈地区的争端之中，两国都声称对该地拥有主权，而且该地是 1818 年有关两国人民共同占有和定居的英美协定的主题。面对美国的好斗，英国放弃了北纬 49 度以南的所有土地，因此，在 1846 年的俄勒冈条约中美国得到了所争夺的土地，其南面远至北纬 42 度，也就是目前的俄勒冈州和华盛顿州。后来威廉·麦金利总统在其 1898 年兼并夏威夷的行动中提到"命运天定论"，那时他声称"我们需要夏威夷就像我们需要加利福尼亚一样，而且更加需要。这是天定的命运"。1904年，西奥多·罗斯福总统扩大了门罗主义，那时他宣称美国有权干预拉丁美洲各国的事务，为美国兼并巴拿马运河区和确立美国在西半球的永久霸权奠定了基础（Morris 2001）。

（2）美国力量在太平洋向西投射

19 世纪末变得显而易见的是美国的力量不会局限于西半球的陆地区域，而且会跨越太平洋投射，远至环太平洋的亚洲地带。第一批此类冒险行为之一发生在 1831 年，那时护航舰"波托马克号"使用其大炮和一群海军陆战队的登陆队伍扫平马六甲海峡的一个海盗据点，以报复海盗对一艘美国贸易船的攻击。1853 年，就像其他地方谈到的那样，海军准将佩里使用"黑船"大炮的威胁迫使不情愿的日本签订了贸易条约。同样，在 1871 年，美国军舰攻击了朝鲜的江华岛，而海军陆战队猛攻并摧毁了当地的要塞，以此报复朝鲜人之前对一艘美国船"谢尔曼将军号"的攻击。美国兼并之前由詹姆斯·库克为英国主张主权的夏威夷是美国在太平洋远处更为野心勃勃获取领土的一个重要前兆，那些地方是它在美西战争期间和之后夺取的。美国的借口是这种观念：这个半球的独立神圣不可侵犯只适用于国家社会，不适用于由"未开化的"人民占据的土地，美国可以兼并那些土地而无需当地人的同意。美国对太平洋中部的一些小岛（如巴尔米拉环礁）和图瓦卢群岛的四个外岛（在 1979 年放弃）主张主权就是这种观念的产物。

（3）兼并夏威夷

美国兼并夏威夷是一件夺取一个主权国家的异常事例，在近一个世纪里，这个国家作为王国和共和国都得到了国际上的外交承认。它不是根据门罗主义可以为兼并而公平竞争的"未开化"人民的土地。从 1810 年到 1893 年，对许多地方的捕鲸者、贸易商、传教士和冒险家来说，波利尼西亚的夏威夷王国一直是相对和平而繁荣的港湾。它最初由卡美哈美哈王朝统治，随后是短命的卡拉卡瓦王朝，它结束于针对最后一位女王丽丽乌欧卡拉妮（Lili'uokalani）的政变。那次政变的领导人是一群人数少但势力大的美国和欧洲的种植园主，他们希望防止这位王后恢复行使行政权力，那是由这些不在自己国家居住的种植园主强加给卡拉卡瓦国王的那部"刺刀宪法"所剥夺的。那次政变得到一些当地精英的支持，还有美国大陆的政治支持，美国希望保持它在这些岛屿上对贸易的近乎垄断的特权，而且抢在其他帝国主义国家之前兼并这块宝贵的领土。正当这位王后及其主要是波利尼西亚人的支持者试图夺回权力之时，美国派出海军陆战队制止暴力事件，实际上是确保反对丽丽乌欧卡拉妮女王的这次政变取得成功。这位女王在美国的朋友包括格罗夫·克利夫兰总统，他们无力驱逐种植园主的阴谋集团，该集团宣布夏威夷成为共和国。

在下一位总统即麦金利的任期内，他同情那些敦促兼并的美国人，这些岛屿的独立地位就此告终，1900 年夏威夷被正式宣告为美国领土。它在 1959 年成为美国的第五十个州。不过，在比尔·克林顿总统的任期内，美国政府在 1993 年正式就一个世纪之前推翻那位夏威夷君主道歉。

(4) 购买阿拉斯加

阿拉斯加和阿留申群岛先前是俄罗斯帝国的偏远领土，到 19 世纪中叶美国开始表现出购买它们的兴趣之时，它们的大多数宝贵皮毛已经基本耗尽。在美国内战之后，美国迫切需要尽可能限制英国在太平洋北部的领土扩张，英国同情美国南方的邦联。在克里米亚战争中英国及其盟国取得对俄罗斯的胜利，在这场战争之后，英国可以轻松地用武力取得俄罗斯在太平洋的领土。为了防止这种举动，安德鲁·杰克逊总统指示国务卿威廉·H. 苏厄德与俄罗斯王室就购买阿拉斯加进行谈判。协议在 1867 年 3 月 30 日达成，这片 150 万平方公里的土地以 720 万美元的价格出售给美国。虽然沙皇尼古拉二世很高兴签署这些条约文件以缓解其政府的金融债务，但美国的一些政治精英严厉抨击这笔交易，称阿拉斯加是"苏厄德的蠢事"。直到 1884 年美国才在阿拉斯加领土上设立文职行政机构，但此后不久在育空发现了黄金。阿拉斯加是通往克朗代克金矿区的入口，因此，该地区在黄金发现之后随着人口增加而繁荣起来。

第二次世界大战初期，日本军队占领阿留申群岛的吉斯卡岛（Kiska）和阿图岛（Attu），但美国在荷兰港击败日军，阿拉斯加作为保卫北太平洋环带的堡垒的战略价值得以显现。阿拉斯加高速公路的修建形成了从其北方前哨到美国邻近地区的可以四季通行的路线，而冷战期间修建 DEW（远程预警）防线再次凸显了"苏厄德的蠢事"的战略重要性。1959 年阿拉斯加成为美国第四十九个州。

（5）美属萨摩亚群岛

早在 1839 年，美国就产生了对萨摩亚群岛的兴趣，那时查尔斯·威尔克斯是美国探险远征队的队长，他勘察了图图伊拉岛及其帕果－帕果港，他说那是"在所有波利尼西亚岛屿中最非凡的岛屿之一"。1864 年，随着内战结束之际的美国在工业和地理上的扩张，增加与太平洋诸岛屿及其周边地区贸易的前景促使一家美国汽轮公司研究在萨摩亚群岛和南太平洋其他地方设立装煤站的可行性。差不多在同时，一些帝国主义强国认识到帕果－帕果港在战略上的宝贵地位：它有可能在未来成为太平洋贸易路线上的枢纽。

美国在该岛上的贸易利益集团严肃地看待英国或德国可能兼并萨摩亚群岛的传闻，他们在那里收购了约 15 万公顷的土地用作种植园。1873 年，美国国务卿汉密尔顿·费希（Hamilton Fish）派艾尔伯特·施泰因贝格尔上校代表美国商业利益集团与萨摩亚群岛的首领进行谈判，而他作为外交家和谈判者取得如此成就，以至于萨摩亚群岛的首领选他作为首相。然而，由于劝告萨摩亚人不再把任何土地卖给外国人，施泰因贝格尔招来了德国和英国种植园主、贸易商和一些传教士的憎恨，他们密谋把他押上一艘来访的英国军舰驱逐出境。这种未经授权的冲动行为导致与美国人、英国人和德国人结盟的派系当中越发不稳定而敌对，还有海军指挥官采取飞扬跋扈的行动，他们不时炮轰和焚烧土著人的村庄，以此报复萨摩亚人对外来欧洲人口犯下的财产盗窃或其他"罪行"。

1878 年，由于担心蜕化为无政府状态，萨摩亚群岛的首领寻求并得到美国对帕果－帕果港的保护，而 1881 年竞争的外国在美国军舰"拉克万纳号"（*Lackawanna*）上签订协议，承认顺从的萨摩亚首领马列托阿·劳佩帕为国王。这种暂时妥协持续到 1884－1885 年德国首相奥托·冯·俾斯麦召开柏林会议之际，那时在南太平洋发动了新一轮的殖民地争夺战。

4. 德国在太平洋的扩张

早在柏林会议之前，德国就开始在太平洋和其他地方寻求领土。其先驱是像汉堡的约翰·凯撒·哥德弗罗伊及其子这样开办贸易公司，他们在萨摩亚群岛和新不列颠做生意，用烟草、刀具、布料和珠子交换干椰子仁、椰子油、珍珠和玳瑁壳、珍稀木材和海参。这家企业的后继者以"长柄企业"（'the Long Handle Firm'，Die Deutscher-See Handels-Gesellschaft，德意志海洋贸易公司）而知名，由闯劲十足并充满帝国主义思想的西奥多·韦伯（Theodore Weber）掌控。他被任命为西萨摩亚的领事。韦伯在萨摩亚首领的内讧中偏袒一方，向受信任的土著盟友提供武器，作为交换，以大片富饶农田的形式收取费用。到 1889 年，他的公司以这种方式获得了超过 5 万公顷的萨摩亚最好的土地。在德国人试图废黜一位亲英国的首领并以准备按其指示行事的一位"国王"取而代之时，他们不明智地在 1888 年派出一支海军陆战队特遣队解除这位首领的萨摩亚支持者的武装。在因此发生的交火中，德国人被击败，其中 20 人被杀，30 人受伤。以一艘来访军舰的大炮作为后盾，德国驻萨摩亚的领事赫尔·克纳佩宣布对萨摩亚群岛上的所有居民实行戒严令，其中包括英国和美国公民。英国和美国拒绝接受，而在短时间内一场全面的国际危机就此形成，涉及向萨摩亚派遣军舰以及伦敦、华盛顿和柏林之间交换言辞激烈的外交照会。德国首相俾斯麦的行动只是暂时降低了这种情况的危险性，俾斯麦因为克纳佩领事独断专行地宣布戒严令而训斥他，要求他立即取消命令。

虽然德国在新几内亚的侵略活动也使邻近的澳大利亚殖民地的一些行政长官警觉起来，但起初他们的担心并没有引起无动于衷的英国政府采取行动。昆士兰殖民当局采取史无前例的措施，先发制人地对巴布亚岛提出主权要求，而事先没有取得英国王室的同意。星期四岛的常驻地方法官切斯特先生被派往莫尔兹比港升起英国国旗。在英国对这种鲁莽行动迟疑不决时，德国的行动迅速而果断，派出两艘军舰前往新不列颠，而且于1884年11月3日在拉包尔升起德国国旗。德国指挥官以俾斯麦命名整个群岛（切斯特先生宣扬主权的巴布亚地区除外），并且宣布它是德国的受保护领地。

最终因俾斯麦的行动而从昏睡中醒来后，英国事后批准了昆士兰政府的主权宣言（图14），而且在1893年也宣布所罗门群岛是英国的受保护领地。德国同意在南所罗门群岛承认英国的主权以换取英国让它在萨摩亚群岛"便宜行事"，德国认为作为太平洋的一个贸易枢纽，萨摩亚具有位置上的战略优势。随后德国巩固了它对俾斯麦群岛和新几内亚的统治。将其殖民地首府迁移至北新几内亚的芬夏范（一作芬什哈芬）之后，德国发特许状给一家私营公司（德国新几内亚公司）以便代表它管理这片领土。1899年行政职责由德意志帝国政府承担。1910年该首府迁至拉包尔，就在第一次世界大战爆发之前不久澳大利亚军队占领整个德属新几内亚。与此同时，新几内亚的整个西半部分被荷兰加入其在东印度群岛的殖民地。

图 14　1883 年 11 月，作为对俾斯麦吞并新几内亚东北部的反应，英国人在巴布亚保护领地上举行国旗升旗仪式并朗读主权宣言。（英联邦皇家协会）

5. 太平洋风暴与强权政治：1889 年的萨摩亚气旋

　　太平洋热带气旋的可怕力量实实在在在塑造历史的事例之一是 1889 年美国和德国舰队的毁灭。在俾斯麦的德国和美国试图兼并这些岛屿的帝国主义争斗中，英国也试图要求它对这些岛屿的主权的情况下，这些舰队被派往萨摩亚。在 1888 年南半球的夏天，俾斯麦为贸易的垄断利益、土地所有权和萨摩亚的开发而放手进行一场大赌注的博弈，涉及他的美国和英国对手。在德国领事克纳佩动用戒严令造成的紧张局势缓和后不久，德国威胁要采取军事行动，如果它的对手不同意它对这些岛屿的帝国主义计划的话。作为回应，美国国会一致投票同意"履行我们保护我们在萨摩亚的利益的义务"。向该地区派出三艘军舰。到 1889 年 3 月，来自这三个争斗的强国的不少于七艘军舰还有商船汇聚在萨摩亚。

　　敌对的舰队在阿皮亚以外的开阔海域里下锚，每支舰队得到的命令都是防止其他国家兼并这些岛屿，那时一场严重的太平洋热带气旋扫向它们。在美国旗舰"特伦顿号"（*Trenton*）上，舰队司令金伯利注意到读数下降的气压计预示着风暴来临，他向其他舰队发出信号，它们全都应该靠岸。德国舰队司令不理睬他的信号，因此，所有军舰依然停泊在其锚地，包括美国舰队在内。德国的"埃贝尔号"（*Eber*）在最靠近海岸的地方下锚，附近是德国的"奥尔加号"（*Olga*）和英国的"卡利俄珀号"（*Calliope*）。美国军舰"尼普西克号"（*Nipsic*）和德国军舰"阿德勒号"（*Adler*）停泊在这个无遮蔽港湾再向外大约200 米。离岸约两公里的是美国的"汪达利亚号"（*Vandalia*），而所有军舰中最大的是美国旗舰"特伦顿号"，它最后抵达阿皮亚，下锚在最开阔的位置，仅仅在那片裙礁之内。

　　1889 年 3 月 15 日晚上，舰队司令金伯利预测到的那场热带气旋降临萨摩亚。由于固执地拒绝起锚并在远洋上度过那场风暴，德国和美国的军舰经受了那场气旋的全力打击。到白天展现出来的是一幕恐怖的场景：巨浪击垮了不由自主的军舰，把它们圈在一起，推向参差不齐、礁石连排的岸边。德国的"埃贝尔号"第一个垮掉，因为一个巨浪令其舷侧撞上珊瑚礁，然后把破裂的残骸推向大海，几乎无人幸存。德国的"阿德勒号"被巨浪推到海湾对面，与"奥尔加号"相撞，之后其舷侧冲向礁石连排的海岸，造成其船底破裂（图 15）。"尼普西克号"试图避过礁石，在这个过程中撞沉一艘纵帆船，但随后被漂流的"奥尔加号"冲撞，由其船长使之搁浅，从而避免更多的人员伤亡。此后不久，"汪达利亚号"被英国的"卡利俄珀号"冲撞，船尾被撕开一个口子。它的船长试图使其搁浅，但巨浪拍打这艘正在下沉的军舰，造成大批人员死亡。漂流的"特伦顿号"与"奥尔加号"相撞，然后继续飘向失事的"汪达利亚号"。

图 15　1889 年大飓风之后，在萨摩亚群岛阿皮亚港岩礁上的德国战舰"阿德勒"
　　　　（Adler）的残骸。（英联邦皇家协会）

在两艘美国军舰接下来的碰撞中，"汪达利亚号"上的幸存者能够爬到"特伦顿号"上，后者承受了无法修复的破坏，因为一浪接着一浪的海水将两艘船撞在一起。只有英国巡洋舰"卡利俄珀号"设法用足全部引擎动力，避免与其身不由己的对手再度相撞，逃过了毁灭的命运，在风暴横扫阿皮亚之际，它穿过那片礁石，用蒸汽动力驶往开阔海域。

　　到 3 月 19 日早晨，最严重的风暴已经过去，而轻微损坏的"卡利俄珀号"重返阿皮亚，见到的是几乎无法想象的毁灭场景。德国军舰"阿德勒号"以及美国军舰"特伦顿号"和"汪达利亚号"已经完全成为废物，而虽损坏但依然可以航行的"尼普西克号"停留在海滩上动弹不得。德国军舰"埃贝尔号"彻底失踪。对德国和美国来说，生命和声望的损失巨大，而美国的海军部队在日本人攻击珍珠港之前不曾在太平洋蒙受过与之相当的损失。

　　在这次灾难后不久写就的《纽约时报》的一篇社论说：

　　损失三艘美国军舰，连同那么多的军官和船员，那对国家的伤害之大，使我们没有任何理由期望，在未来半个世纪的过程中，我们能够与那些岛屿进行的所有贸易可以完全补偿这种损失。

引自 Andrade 1981：79

　　在这次飓风期间，许多萨摩亚人冒着自己丧命的危险救助美国人和欧洲人，包括就在不久之前还镇压他们的德国水兵，他们的作为是勇气与无私的事迹，当这场灾难的新闻众所周知的时候，这些事迹令世界留下了极其深刻的印象。这起事件并没有改善德国和美国或英国之间的关系，而且在那场风暴后，德国幸存者在阿皮亚被小心地与美国幸存者分开，以避免发生暴力事件。多年后，德国军舰的残骸最终被纳入一个沿着阿皮亚市滨海地区形成的垃圾填埋场（Ellison 1953：107－114）。

五、太平洋上的公开战争

1. 美西战争

　　虽然西班牙在 19 世纪初失去了它在北美洲和南美洲大陆的殖民地，但由于它从 1564 年以来一直占有菲律宾殖民地，它依然被算作一个太平洋国家。在 1815 年之前，通过与阿卡普尔科的大型帆船贸易，菲律宾向西班牙提供财富。在门罗主义公布之后，西班牙与崛起的太平洋国家即美国的冲突在所难免。门罗主义明显意味着美国要夺取西班牙在加勒比海的殖民地，例如古巴和波多黎各，而且也包括在太平洋的殖民地，如关岛和菲律宾。在哈瓦那港下锚的美国军舰"缅因号"上的神秘爆炸为美国提供了攻击西班牙在新世界的殖民地的借口，愤怒的美国政府因此责难西班牙的破坏分子。

1898 年，在舰队司令乔治·杜威的指挥下，一支美国舰队在马尼拉港队摧毁了不是一个档次的陈旧过时的西班牙舰队。随后，在前流亡者埃米利奥·阿奎那多指挥下的菲律宾民族分子起义的帮助下，美国迫使西班牙在马尼拉的拥有 1.3 万余人的要塞投降。美国部队占领了菲律宾的首都，但不让民族主义者的部队进入该城市。在（结束这次冲突的）巴黎和谈中，根据威廉·麦金利总统的指示，除了其他让步，美国特使坚决要求西班牙向美国移交对菲律宾群岛和关岛的控制权。民族主义分子在这份条约中毫无发言权，只好继续对其美国占领军发动游击战。这一切结束于 1901 年，阿奎那多被捕获，超过 10 万名菲律宾人死亡，大多数是平民，而美国人仅死亡 4 200 名。

2. 日俄战争

当俄国在 19 世纪末采取行动，以便将朝鲜纳入其势力范围时，日本对这种前景变得警觉起来：拥有一支庞大的太平洋舰队的一个扩张主义、帝国主义的巨人成为它的隔壁邻居。而且日本认为俄国拒绝就朝鲜问题进行谈判是严重的挑衅。在预示日本在此后冲突行为的一次举动中，日本不加警告就攻击俄国的军队，在 1904 年对驻守中国旅顺港的俄国远东舰队突然发动了鱼雷攻击。日本新近现代化的军队夺取了俄国在中国东北三省的占地并包围了旅顺港，由于日本海军的封锁，俄国人无法增援旅顺港或给其补给。迫切希望收回它在远东的财富，俄国派出了它的波罗的海舰队。在舰队司令济诺维·罗日杰斯特温斯基的指挥下，该舰队大张旗鼓地从其母港雷瓦尔驶向中国的东海。到该舰队抵达之时，旅顺港已经落入日本人之手，而军舰和船员缺乏补给，需要休整。然而，他们并没有毫发无损地到达俄国在太平洋沿岸剩下来的最后一个港口符拉迪沃斯托克（即海参崴）。在朝鲜半岛和日本本州岛之间的对马海峡中，强大的日本舰队从朝鲜釜山港出发，拦截了俄国的波罗的海舰队。海军大将东乡平八郎是日本舰队的司令，他的旗舰是英国设计的新式战列舰"三笠号"（*Mikasa*），日本人与俄国人在 1905 年 5 月 27 日交战。在这一天的战斗中，东乡创新而大胆的策略被人们与纳尔逊爵士在特拉法尔加角①的策略相提并论。到傍晚，胜利的日本人消灭了俄国的波罗的海舰队，自身损失微乎其微。

正是这次战役才能真正说日本已经作为一个太平洋强国崛起，而且发出了它打算将其帝国势力投射到自己的海岸之外的信号。1905 年 8 月，在大洋对岸的美国新罕布什尔州朴次茅斯签订的和平条约中，日本从被击败的俄国人那里获得了朝鲜（在 1910 年正式被兼并）、萨哈林岛（库页岛）南部、千岛群岛、中国东北三省的广泛权利，还有对中国旅顺港的完全控制。

3. 第一次世界大战中的太平洋

在太平洋周围，包括英国、法国、俄国、荷兰、美国和日本，大多数军事化国家和殖民强国在第一次世界大战全部或部分时间内都是盟国或中立国。唯一的例外是德国，而在 1914－1918 年的时期内，随着同盟国夺取德国的殖民地和基地，在太平洋的冲突由小规模的战斗组成。敌对海军的实际交战非常之少：在战争爆发之际，德国的轻巡洋舰"埃姆登号"（*Emden*）一直在太平洋，在中国沿海青岛的德国基地，消灭驶往中国的同盟国船只，还有在马六甲海峡，此后在印度洋被澳大利亚巡洋舰"悉尼号"击沉。澳大利亚和新西兰的部队占

---

① Trafalgar，在直布罗陀海峡西北，1805 年英国海军在此击败法国和西班牙联合舰队。——译者注

领了德国的新几内亚、俾斯麦群岛和西萨摩亚群岛，而日本人占领了
德属密克罗尼西亚群岛。在战争结束之际，这种岛屿成为国际联盟的
委任统治地，由占领的国家管理。

日本在两次世界大战之间的扩张主义

由于日本人在第一次世界大战期间站在同盟国这一边参战，他们
得到了控制赤道以北先前属于德国的太平洋领土的奖赏，主要是加罗
林群岛和马里亚纳群岛。日本已经在中国台湾施行了殖民统治，在
20世纪30年代对华战争中占据了"伪满洲国"。当国际联盟要求日
本从"伪满洲国"撤出其军队时，日本的反应是在1933年退出国际
联盟。日本军国主义在两次世界大战期间高涨，受到一个军事－工业
复合体的培养，该复合体在1925年负责监督在高中和大学里训练候
补军官的一项全国计划的制订。从这些项目中毕业的青年军官的骨干
分子对他们所感到的高级军官和政客的绥靖主义和"弱点"越来越没
有耐心，导致在20世纪30年代初出现大量对温和派的政治暗杀。由
东条英机率领，他是一个有着扩张主义思想并且野心勃勃的军官，陆
军在1937年接管了日本政府，而且再次迅速入侵中国，犯下了无数
滔天罪行。南京大屠杀中30万没有武装的平民被日本士兵屠杀，它
是世界看到过的众多惨案之一，近年来它依然是冷酷野蛮的滔天罪行
的代名词。

4. 第二次世界大战中的太平洋

自然资源在太平洋环带周围分布的不均衡，一定程度上在太平洋
造成了导致1941－1945年战争的条件，人们往往认识不到这一点。
自从20世纪30年代初的大萧条以来，在利用这些资源上的冲突就在
太平洋酝酿。在大萧条之前和期间，各国纷纷采取限制性的贸易政
策，减少了资源在这个地区内的流动。虽然这些政策旨在鼓励当地的

制造业，但事与愿违，它们的效果是减慢而不是加快太平洋各国从那次大萧条中的恢复速度。

　　急于提高其工业产出的日本认为那些殖民国"占着茅坑不拉屎"，即其他殖民国家限制供应它们在太平洋控制的自然资源，主要是英国、美国、法国和荷兰。由于在 20 世纪 30 年代期间，日本对其太平洋邻国越来越咄咄逼人，诸如美国之类国家的反应是进一步加强对日本的石油、废金属和技术出口的限制措施。美国在 1939 年完全停止执行其与日本的贸易条约。这些举动没有吓倒日本人，他们在其他国家的殖民地上获取石油、橡胶、黑色和有色金属、食物供给的决心甚至更大，无论是通过谈判达成的贸易协议，还是在谈判破裂的情况下通过武力。部分由于那次大萧条，许多日本人在赤贫状态下生活，而且它需要南洋各国的田地安置其富余的人口。当 1940 年法国和荷兰被迅速从殖民的力量均衡中清除之时，当英国在敦刻尔克大撤退之后看来注定会追随它们败在纳粹德国之手的时候，日本政府看到了获取这些资源的机会。这使其需要对付的国家仅仅剩下有着孤立主义思想并且在军事上尚未准备好的美国，因为英国的殖民地和荷兰的东印度群岛依靠过时的武器和士气低落的雇佣兵或应征入伍者，经验丰富、装备精良、意志坚定的日本海军和陆军会轻易地战胜他们。

　　1940 年，日本与德国和意大利签订了一份军事条约，形成了柏林－罗马－东京的轴心国。1940 年 10 月 21 日纪念日本帝国形成 2 600 周年的仪式上，40 岁的裕仁天皇并非表示不赞同其政府的军国主义姿态，其身穿军官制服的照片挂在全国。日本在 1941 年也与苏联签订了互不侵犯条约，结束了在"伪满洲国"边界上的敌对行动并使日本对其已经扩张的帝国的北部边境有了一定程度的安全感。

　　1941 年，前陆军相东条英机成为日本首相。他加速落实军队提出的对环太平洋周边地区和东印度群岛的资源和地域的计划，那是实现日本扩张主义野心所需的。他批准了大胆的战略，用以在这些地域周边形成防御线，那会阻止美国和英国拦截运往日本本土的石油和其他必需品。这条防御线会要求日本占领并控制当时是美国殖民地的菲律宾，还有威克岛和中途岛、美拉尼西亚和西波利尼西亚群岛、阿留申群岛，加上日本在密克罗尼西亚已经拥有的岛屿领土。日本会夺取英国的马来亚和石油丰富的缅甸，如果可能，还需要入侵印度，给那里倾向于独立的运动一个站起来反对英国统治的机会。这会阻断供给在中国西南部依然继续抵抗日本人的中国国民党军队的路线。与此同时，日本与顺从的维希法国的印度支那政府签订的协议允许日本在那里建立军事基地。这使得英国在缅甸和荷兰在婆罗洲与苏门答腊的油田处在容易攻击的距离之内。然而，这份 1941 年 7 月签订的协议惹怒了美国，它宣布对日本实施石油和金属的出口禁运，在那之前日本从美国得到 80% 的这些商品的供给，而且该协议刺激美国加速实施重整军备的计划。

与此同时，在希特勒德国保证支持日本预期对西方利益的攻击打算的情况下，1941 年初日本已经形成了协调攻击英国在马来亚的基地和美国在菲律宾和夏威夷基地的计划。攻击珍珠港的计划是海军大将山本五十六的计谋，其基于 1940 年 11 月 11 日英国人在戒备森严的塔兰托（Taranto）港用航空母舰上的飞机成功袭击意大利舰队的模式。山本五十六所计划的作战主要目标不是敌军的战列舰，就像英国人在塔兰托港所做的那样，而是四艘美国太平洋舰队的航空母舰："约克镇号""列克星敦号""企业号"和"大黄蜂号"。日本的战略家认识到美国的航空母舰是对其入侵计划仅有的严重威胁，因为它们高度机动，装备精良，拥有现代化的攻击飞机，完全做好了作战准备。在日本人闯入东南亚之际必须消灭这些航空母舰以确保迅速成功。

日本在西贡的陆基飞机被指定掩护在马来亚和暹罗海岸上同时发

动攻击的登陆艇，以便摧毁消耗严重的英国远东海军，它由两艘刚到的主力舰和少量护航驱逐舰构成；消灭在新加坡的主要海军基地的过时空防，它没有防范步兵从马来亚发动攻击的陆上防御。1941 年 12 月 8 日和 1942 年 2 月 15 日之间，这些目标迅速得以实现，那时丧失士气的英国把新加坡交给胜利的日本人。到 1942 年 3 月，苏门答腊和婆罗洲的油田都落入日本人之手，而日本军队横跨缅甸冲向印度的英帕尔（Imphal）。

日本在珍珠港攻击美国太平洋舰队的故事众所周知。或许不太为人所知的是太平洋本身在日本成功攻击和美国军队未能预见那次攻击中的作用。太平洋的浩瀚帮助了日本人，令他们有一片辽阔的区域隐藏其 20 艘战舰组成的攻击舰队。这支舰队包括六艘航空母舰，上面载有 414 架鱼雷和俯冲轰炸机、歼击机和高空强击机，以快速的战列舰、巡洋舰和驱逐舰作为护航队。当自鸣得意的美国海军指挥官事先得到这支日本舰队从其母港失踪的警报时，他们认为它在日本水域演习，或者驶向印度支那，预计日本会在那里入侵英国的马来亚。

美国在夏威夷的海空军总司令哈兹本德·基梅尔得到了可能与日本人爆发战争的警告，他的反应是沿着到日本的直接路线在夏威夷西部进行时有时无的空中巡逻。这些巡逻未能侦查到这支日本舰队，该舰队从千岛群岛的单冠（Tankan）湾出发，绕了个大圈到夏威夷的北部，停留在北太平洋的空旷水域之中。基梅尔没有下令将美国太平洋舰队的战列舰开向大海，而在夏威夷的陆军指挥官沃尔特·肖特轻视空中攻击的想法，他实际上下令防御的飞机集中停放在瓦胡岛周围的机场上，作为防范破坏的措施之一。因此，这使得 12 月 7 日上午日本强击机的一轮轮扫射更为有效而致命。一系列迹象被视而不见，反应迟缓或错误解释，全局性的漠不关心，陆军和海军指挥官的错误假设和缺乏协调加剧了美国在太平洋主要基地缺乏战备的程度，该基地就是在瓦胡岛南部海岸上的珍珠港。

对日本人来说，在攻击舰队几乎到达其目的地之后得到的消息令他们突然感到惊慌失措：他们的主要目标即四艘美国航空母舰不在珍珠港。"约克镇号"和"大黄蜂号"两艘航母在大西洋执行任务，而"列克星敦号"和"企业号"在从威克岛返航的路上，它们向那里又运送了几个中队的战斗机。在一个至关重要的时刻，太平洋环境再一次介入，阻碍了军事计划，因为坏天气推迟了这两艘航空母舰的返回，它们起初的计划是在 12 月 6 日回到珍珠港。在那个生死攸关的早晨，太平洋舰队通常停泊在珍珠港的重巡洋舰也不在那里，无从解释。然而，对日本人来说，骰子已经掷下，总体上负责这支日本舰队的海军中将南云忠一接受命令，继续实施原先的计划，希望在攻击飞机到达其上空时至少有几艘航空母舰会回到它们在夏威夷的基地。

1941 年 12 月 7 日破晓时分，由 350 多架轰炸机、鱼雷机和战斗机构成，两轮攻击的日本飞机从约在瓦胡岛以北 300 公里的日本舰队起飞。上午 7:30 后不久，攻击以扫射和轰炸机场开始，以防止美国战斗机干扰对军舰的主要攻击。如前所述，起初的这轮攻击比所预料的更为容易，因为大多数美国飞机集中停放，从而可以由少量警卫保护它们不受破坏。此后不久，享有完全出乎意料的优势，第一批日本轰炸机到达珍珠港，发现 8 艘战列舰停泊在福特岛海军航空站的东南面，排列整齐。在仔细协调的攻击中，两轮飞机的轰炸造成 7 艘主力舰和一些较小舰艇沉没或严重受损。

在不到两个小时内，2 403 名美国军事人员和平民被杀，包括在战列舰"亚利桑那号"上的 1 177 名船员，还有"俄克拉荷马号"上的 415 人。另有 1 178 人受伤，21 艘船在其锚地被炸弹或鱼雷击沉、碎裂或破坏，而在珍珠港周围五个机场的 350 架飞机被毁灭或破坏。

在突袭发生之时，美国的航空母舰和巡洋舰队不在珍珠港，也不在日本机群从北方大规模冲入的路线上，过去有很多人将其归因于纯粹的运气，或者是那时至少一些美国海军高层指挥官的先见之明。对受到毁灭性打击的美国军队来说，第二股运气在于南云忠一的决定，一旦他认识到他错失了击沉美国航母舰队的机会，而它们可能近到足以对其舰艇发动突然的反击，他没有下令对被粉碎的美国在夏威夷的防御进行再一次打击。他未能发动第二次攻击给夏威夷港口留下了未受破坏的潜水艇基地和重型船只的修理设施，使美国海军能够抢救、修理在初次攻击中被击沉或破坏的许多舰艇，并使之迅速恢复到适于作战的状态。对这个海军基地如此重要的石油贮藏罐和发电站也未被日本飞机攻击。虽然美国海军的所有主力舰有近一半在 12 月 7 日变成残废，但在六个月内美国海军的力量几乎恢复到这次攻击之前的水平，而且在 1942 年头几个月里的后续太平洋战斗中迅速采取攻势。

在太平洋战争的头几个月里，日本攫取资源丰富的南洋土地并建立双重防线的计划进展顺利，成果辉煌。地图 7 展示了 1942 年的外层防线，包括威克岛、西阿留申群岛、新几内亚和马绍尔群岛、吉尔伯特和所罗门群岛。日本的战略规划者设想进一步延伸这道防线以包含新喀里多尼亚、斐济和萨摩亚群岛，从而切断美国和澳大利亚之间的盟国补给线并防止澳大利亚变成一个巨大的补给站，用于盟国最终对日本在南洋占领的油田和军事基地的攻击。

日本在 1942 年中已经确定了入侵这些岛屿的时间表。在澳大利亚大陆设立据点的设想也得到了讨论。这条延伸了的防线上的阿留申群岛和中途岛部分会使重要的美国海军和空军设施处于日本陆基轰炸机和远程战斗机的攻击范围之内，而且会防止盟国设立新的基地，它们从那些基地出发，可能危及日本帝国。哪怕是东北季风季节的反复无常的天气看起来也有利于日本的这种战略。

地图 7　第二次世界大战中日本的防御线和主要海战。

事后看来，盟国主要指挥官的不称职、骄傲自满和不良判断也许使日本初期的攻击变得更为容易，哪怕是日本人自己也不敢抱有如此希望。例如，在道格拉斯·麦克阿瑟负责美军防御的菲律宾，本来可能在珍珠港事件之后消灭来犯的日本入侵部队的美国 B－17 重型轰炸机依然在克拉克机场停放着，未加伪装，排列整齐，当攻击的日本飞机到达时迅速摧毁了这些飞机。麦克阿瑟在林加延（Lingayan）防止日军登陆的努力毫无成效，原因同样在于不适当的战略，而不是他指挥下的美国和菲律宾士兵的精神有任何不振。面对日本人在巴丹半岛和柯雷吉多尔岛（Corregidor）上一再对其部队取得胜利，麦克阿瑟撤到澳大利亚，但发誓会回来，他的这段誓言很出名。在臭名昭著的巴丹死亡行军中，他那被俘的部队大批死亡。

与此同时，在新加坡附近的水域里，英国海军上将汤姆·菲利普斯疏于及时安排战斗机掩护他的两艘主力舰——战列舰"威尔士王子号"和战列巡洋舰"反击号"（一作"却敌号"），因为他在徒劳无益地出动飞机，试图拦截在马来亚东海岸的日本入侵舰队。一轮又一轮轰炸机和鱼雷机的攻击迅速击沉那两艘军舰，840名军官和士兵死亡（包括海军上将菲利普斯）。对在珍珠港的美国战列舰以及对在新加坡海域里有驱逐舰护航的做好战斗准备的英国战列舰的成功的空中攻击标志着在海战中战列舰的时代告终。从那时起，在太平洋的第二次世界大战的剩余时间里，海军的空中力量独占鳌头。

日本的战略目标在六个月内得以实现：控制英国与荷兰在南洋殖民地的油田。日本人迅速消灭了盟国在那个地区内的海军、空军和地面部队，菲律宾、马来亚、新加坡与荷属东印度群岛相继投降，而且日本在爪哇海之战中消灭了美国、荷兰、澳大利亚和英国的巡洋舰和驱逐舰组成的海军联合特遣队。

1942年初，日本初步形成了它的外层防线，关键要素迅速得到加强，也就是分别在塞班岛和特鲁克岛、在马里亚纳群岛和加罗林群岛的海军基地，还有拉包尔，它在新不列颠的加泽尔半岛上。日本攻击新几内亚，旨在夺取莫尔兹比港和米尔恩湾，以此开始其计划好的外层防御线的延伸，而且它开始在布干维尔岛，在吉尔伯特群岛的塔拉瓦岛，还有在所罗门群岛的瓜达尔卡纳尔岛修建空军基地。这些基地旨在让日本控制珊瑚海以及从太平洋中部到澳大利亚的北方通航路线。日本在这一点上的成功得益于他们在太平洋岛屿环境中的优异战术，利用太平洋的广袤及其像迷宫一样的岛屿，在他们所选择的地点和时间对分散而装备低劣的防御者发动进攻，日本人的优势在于夜间作战能力更佳，而军队受过在岛上生活的训练。起初，他们的舰艇、飞机和军械也优于盟国。然而，他们适应新情况或创新的速度相当缓慢。他们也缺乏其敌人的技术和工业能力，那些敌人利用诸如电码破译机、两栖突击艇和雷达之类的创新，对他们造成了致命的影响。他们的初步成就造成日本人对其在军事上的杰出才能过度自信。然而，在 1942 年 4 月到 5 月，战争的运气开始转而对日本人不利。

在一定意义上可以说日本的失败始于 1942 年 4 月 18 日，那时在吉米·杜立特的率领下，美国陆军航空部队的飞机从"大黄蜂号"航空母舰上起飞，对东京进行了完全出乎日本人所料的轰炸袭击。当时"大黄蜂号"从西北太平洋的空旷水域靠近本州岛而未被察觉。这次成功的攻击靠的是 B－24 双发中型轰炸机，通常认为这种飞机对航空母舰来说太大。它造成日军统帅部①极度惊慌失措，它曾认为东京远在任何美国陆基轰炸机的攻击范围之外。美国飞行员把这次起飞的地点称为"香格里拉"，使这份神秘永存人们的记忆之中。

那时，在盟国的圈子认为这次攻击只不过是提高士气的举动，军事效果无足轻重。然而，后来的分析揭示这一次突袭对西太平洋的战争进展具有相当深远的影响。日军统帅部感到如此难堪以至于他们撤回其印度洋舰队以保卫本土列岛，推迟了所计划的对斐济、新喀里多尼亚和澳大利亚北部的入侵，而且决定立即入侵中途岛，用以加强他

---

①　日本文献称为大本营。——译者注

们的防线并建立前沿基地，由此从北太平洋扫荡美国军队。

1942 年 5 月，所计划的日本从海上对莫尔兹比港和米尔恩湾的入侵失败，那时盟国的航空母舰和陆基飞机在珊瑚海攻击了入侵部队，对日本舰队的打击如此严重，以至于它被迫放弃了这次企图。在珊瑚海之战中，"祥凤号"航空母舰丧失，其他两艘日本航母受损，77 架前线战斗机及其飞行员毁灭，使日本海军航空兵的攻击能力减少三分之一。日本人从陆上第二次夺取莫尔兹比港的努力也在科科达被澳大利亚民兵击退，他们令日本陆军在陆地战斗中第一次蒙受重大的失败。

对日本人来说，另一个挫折是美国密码专家在 1942 年 3 月破译了他们的海军密码（JN 25）。事实证明这是一个生死攸关的问题，那时一支巨大的日本入侵部队在 1942 年 6 月初起航前往中途岛，该岛在夏威夷岛链的西端。由于密码破译员的功劳，美国事先知道了日本的作战计划，包括具体目标和掩护入侵舰队的航空母舰和水面舰艇的力量。这使美国海军能够部署其自身的航母部队，由海军上将雷蒙德·斯普鲁恩斯指挥，从而在最有利的时间和地方拦截日本人。日本人指望突袭制服中途岛的防御，随后引诱美国航空母舰进入圈套，结果是他们自己被突袭。

然而，在太平洋的那个部分里，多云的天气条件又一次有利于攻击日本军队。但从中途岛起飞的侦察机在云层的缝隙中发现他们时，这次是日本人没有做好准备。即便如此，从 6 月 4 日到 6 日的中途岛海战是最终获得胜利的美国军队从中得到绝非少量的纯粹好运气的帮助。

在其机群从对中途岛的地面目标实施第一轮攻击返回之后，珍珠港袭击的胜利者海军中将南云忠一犯下了致命的错误：改变军械类型以适应在其航母甲板上的飞机的命令下得太晚。他在其侦察机报告一支美国航母部队在攻击距离之内后才这么做。他的舰艇正处在最容易受到伤害的时候，飞行甲板上满是重新加油的飞机、炸弹和鱼雷，此时数十架美国飞机正向它们俯冲。掩护的日本战斗机也不在适当的位置，它们因让位于低空的鱼雷轰炸机而不能迅速升到足以拦截美国俯冲轰炸机的高度，那些俯冲轰炸机利用云层作为掩护，避免了过早被察觉，它们迅速击沉了日本主力舰队的三艘航空母舰，外加大部分攻击飞机。此后不久第四艘日本航母被毁。

在几个小时内，战争的潮水掉头与日本人作对，使它在太平洋实施进一步进攻作战的能力严重受损。它再也无法从这些损失中恢复过来，而美国和盟军在太平洋的力量急剧增长。

在太平洋的第二次世界大战的剩余时间里，日本人遭遇了一连串的失败。从 1941 年 8 月到 11 月，在所罗门群岛周围发生了一系列激烈的海战，双方损失惨重。8 月份，美国海军陆战队在瓜达尔卡纳尔岛登陆，而且设法控制了一个至关重要的机场，尽管在萨沃岛进行的海战代价沉重，其中支持这次登陆的一艘澳大利亚和三艘美国重型巡洋舰被击沉。10 月 24 日，在圣克鲁斯群岛之战中，残余的日本航母部队蒙受了进一步的损失。11 月 13－14 日，在萨沃岛和图拉吉岛（Tulagi）之间进行所罗门群岛战役的最后一次海战中，海军上将威廉·哈尔西率领盟军舰艇对付的一支日本特遣队当时已无航空母舰提供的空中掩护。日本战列舰和巡洋舰部队的失败阻止了日军强大的增援部队登陆，因而无法继续围困守卫着他们在这个岛屿上修建的新飞机跑道的美国海军陆战队。在这次海军行动中，带着最后一批可以用于整个西南太平洋地区的日本预备队，由 11 艘舰艇组成的整个日军护航队被消灭。

美国的"越岛"战略

到 1943 年 2 月，日本军队从南所罗门群岛撤离，在最初建立的一年之内，这条战略性的外层防线开始崩溃。这为道格拉斯·麦克阿瑟指挥下的盟国地面部队把日军赶出新几内亚铺平了道路。在北太平洋，由海军上将切斯特·尼米兹指挥，美国海军陆战队开始他们的"越岛"（一作"跳岛"）战役，利用两栖登陆艇把突击队迅速送到敌人控制的海滩。这次战役使日本人士气低落，不知所措，因为它跳过他们最牢固的阵地，让他们孤立起来，并且阻断其供给和增援。例如，盟军并没有进攻在拉包尔的日军重要防御工事，而是让它在进行中的战斗里完全落入无足轻重的境地。预计美国下一步会攻击其在加罗林群岛的基地，日本人向其投入大量援兵，但出乎其意料，美国的攻击舰队转向远在其北面、防御更为薄弱的马里亚纳群岛。在接下来的菲律宾海战役（美国飞行员称之为"马里亚纳射火鸡大赛"）中，势力渐衰的日本海空军发现自己与一支庞大的美国海军航空机群进行着一场不对等的战斗。

几个月以后，日本海军失去了最后一个阻止强大的美国军队侵入菲律宾群岛入口的莱特（Leyte）湾的机会。在海军中将栗田健男的指挥下，日本人成功地利用诱饵舰艇引开了美国的主要航母舰队，使美军部队运输容易受到其主力部队的突袭。他的主力部队是从圣伯纳迪诺海峡（San Bernardino Channel）溜进来的，未被美国察觉。然而，他的计划受阻于美军飞机的凶猛攻击，迫使幸存的日本舰艇撤退，那些飞机来自海军少将斯普拉格指挥下的16艘小型护航航空母舰。在这次战斗之后，日本海军不再是值得重视的威胁，正是在这次战斗中日本人第一次使用了陆基的"神风"（自杀式）飞机。

在这次战争的最后一年里，日本除了失去最好的舰艇、飞机、经验丰富的飞行员之外，还失去了一些它的最杰出的将领。海军大将山本五十六是最有经验而且干练的日本海军战略家，1943年4月28日，在所罗门群岛上空的一次空中伏击中，美国"闪电"远程飞机将其击毙，因为破译的日本海军密码告诉美国在何地与何时能够准确地拦截到他乘坐的飞机。1944 年 7 月 6 日，当日本的塞班岛基地落入美国之手时，海军中将南云忠一切腹自杀。日本最终失败的另一个重要因素是日本的商船队及其虚弱的补给线大多被美国潜水艇和飞机摧毁。由于日本人没有采取诸如护航系统之类经过考验的战术，它的补给线毫无防御，令人费解。到战争的最后一年，日本失去了一半的商船队和三分之二的油轮。

到 1945 年初，日本的失败已经完全不可避免。它在太平洋的防线四分五裂，军舰、飞机、商船和军人的损失已经超越了它可以补充的能力，而且它耗尽了石油和其他必需品。然而，日本人继续战斗的意志依然坚强，而且现在针对盟军采取了孤注一掷的对策。其中包括日本陆军在前线大规模攻击的"拼死厮杀"①，它在硫磺岛和冲绳岛的无益反攻中造成许多生命浪费，还有"神风"，以几百年前挫败蒙古人入侵日本的"神风"而命名。"神风"其实就是用人操纵的飞行炸弹，由准备在自杀性攻击中为天皇牺牲其生命的年轻人充当飞行员，大多数是志愿者，没有受过良好的训练。随着硫磺岛和冲绳岛的两栖登陆在日本本土周围收紧了绞索，日本人动用数千名神风突击队员对付盟国的军舰和运兵船。在进攻冲绳岛时，美军伤亡 6.5 万人，而日本军民伤亡是这个数字的两倍有余。

美国参谋长联席会议担心即将对日本本土岛屿的入侵会遭遇防御者的自杀飞机和人海战术的空前攻击，如果发动类似于欧洲"霸王行动"（诺曼底登陆的代号）的常规入侵，它预计双方的伤亡人数或许高于一百万。虽然大批 B－29 轰炸机使用燃烧弹攻击日本城市已经对日本平民造成了灾难性的影响，但日本人继续打一场毫无希望的战

---

① 　banzai，原意是日本人对天皇的敬呼，后用于作战喊杀声。——译者注

争的决心并未消退。

不过，到 1945 年 7 月，美国拥有了动用原子弹迫使日本投降的手段。在那个月里美国已经在内华达沙漠测试了第一颗原子弹。哈里·杜鲁门总统批准使用这种非常规的手段。1945 年 8 月 6 日，一架特地改造的 B－29"超级堡垒"，即伊诺拉·盖伊号（Enola Gay），在日本的广岛市投下一颗昵称为"小男孩"的原子弹，从而将人类引入了核时代。其破坏力相当于 2 000 架满载炸弹的 B－29，这次由单架飞机进行的攻击杀死了八万人，大多数是平民，而且重伤 3.7 万人，其他无数的人患上了放射病，爆心投影点附近的一万名该市居民彻底消失。三天后，第二颗原子弹落在长崎，杀死 3.5 万人，重伤 6 000 人，还有 5 000 人从此失踪。在第二次攻击之后的广播讲话中，裕仁天皇转弯抹角地告诉其臣民，日本无法继续进行这场战争，日本政府和军队已经投降。9 月 2 日在东京湾美国战列舰"密苏里号"，日本签署无条件投降书。

在日本战败之后，盟国占领军监督日军在太平洋和东亚的复员、裁减和遣返，由道格拉斯·麦克阿瑟将军领导下的军政府落实。不过，这其中并不包括苏联军队，哪怕苏联在战争的最后几个星期内对日宣战，而且占领了日本帝国在亚洲大陆和邻近岛屿的部分土地。麦克阿瑟引导新的日本文职领导层接受了一部民主、和平的宪法，直到今天，它还在日本发挥着作用。

美国从太平洋战争中崛起，成为地球上最强大的国家，此后几十年里，它的军事、经济和政治的势力范围遍及太平洋的大部分地区。例如，它接手对密克罗尼西亚的管理，那是在第二次世界大战前由国际联盟委托日本管理的地方。不幸的是，在联合国授予其密克罗尼西亚托管统治权的情况下，美国利用其托管领土达到它自己的战略目的，包括试验核武器，而不是确保土著居民的福祉和愿望高于一切。

5. 朝鲜战争

在朝鲜半岛上的这场战争从 1950 年打到 1953 年，它的种子由胜利的盟国播下，在击败日本之后，盟国对处置其先前攫取地的决定考虑不周，朝鲜就曾被日本占据。苏联人坚持其在朝鲜半岛北部由金日成领导的共产主义政权应该控制第二次世界大战后的朝鲜，而美国支持一股与之争斗的派别，它反对共产主义，但同样独裁。结果是朝鲜分为敌对的两个部分。在第二次世界大战后期美国的军事和商业支持大幅度减少的情况下，苏联支持的打算统一朝鲜半岛的北方政权认为时机成熟。1950 年 6 月，朝鲜战争爆发，韩国和美国的防卫者被赶到南部港口釜山附近的一条小防线上，还有数以千计的难民随之逃命。道格拉斯·麦克阿瑟将军指挥美军和联合国军在靠近汉城（现在改称首尔）的仁川登陆，在共产党战线的背后进行反击。这次两栖登陆是战术上的杰作。美国的入侵部队迅速占领该市，摧毁共产党军队在南方的补给线，迫使他们撤回"北朝鲜"。

尽管中国发出警告，它不会容忍西方军队靠近中朝边境，但麦克阿瑟的军队把"北朝鲜"部队赶向鸭绿江，最终遭遇大批中国步兵师。中国人突破西方的阵地，迫使他们仓皇撤退，直到汉城①南部才止步。

1951 年初，美国总统杜鲁门用马修·李奇微将军替代麦克阿瑟。他设法依靠对中国军队及其补给线的大规模空袭和炮兵攻击阻止中国军队的前进。中国军队被迫撤回汉城北部，蒙受了严重的损失。此后形成的僵局使任何一方在数年内都无法打破这种军事对峙，而休战谈判议而不决。到 1953 年 7 月在板门店签署停战协定时，美国（由德

---

①　2005 年，汉城改名首尔。——译者注

怀特·艾森豪威尔替代了哈里·杜鲁门）和苏联（约瑟夫·斯大林刚去世）的领导人都发生了变化。在"南北朝鲜"之间目前还没达成和平协议，而这两个国家之间的不安定关系依然如故。

6. 太平洋的冷战

由美国和英国领导的西方民主国家与苏联的联盟在第二次世界大战中击败了轴心国，在 1945 年波茨坦会议后不久，这种联盟寿终正寝。那次会议寻求改造第二次世界大战之后的世界。斯大林对其所感到的西方弱点的蔑视导致他及其克里姆林宫的继承人在全球不同地区煽动和鼓励公开承认的共产党人和左倾政党试图发动革命和起义。其中包括太平洋周边的国家，如马来亚、菲律宾南部、越南、柬埔寨、朝鲜、印度尼西亚、中美洲和智利。在 30 年里，其标志是有可能使世界上的超级大国卷入核对抗，所有这些地方都经历了共产主义与反共产主义军队或民兵之间的武装冲突。

这段时期以冷战而知名，全球在其中数次濒临核武器大决战的边缘。在扩充其核与常规武库上的巨额军事开支使苏联和美国经济都承受了巨大的压力，这种情况最终导致苏联衰落，无力保持其在全世界范围内，例如在越南、古巴和阿富汗对共产主义事业的支持。

1985 年，一些共产主义国家开始认识到教条主义的国家社会主义和沉重的军事开支正在使其国家破产，例如波兰、越南、中国和俄罗斯自己，它们慎重地允许资本主义发展。在米哈伊尔·戈尔巴乔夫的领导下，斯大林时期闻所未闻的政治自由在苏联领土上也得到了鼓励，而这些很快导致一些先前的共产主义国家呼吁独立。

冷战结束于 1990 年，其标志是象征性地拆毁柏林墙和苏联的解体。西方与俄罗斯之间的关系从此以后起伏不定，尤其是随着弗拉基米尔·普京大权在握而冷却。

7. 越南战争

从第二次世界大战结束之时到 1975 年，环太平洋亚洲地带上的第二大冲突席卷越南，而且越来越猛烈，哪怕其间爆发了朝鲜战争。从 1940 年到日本在太平洋战争结束之际直接控制前，通敌的维希政府管理着这块法国殖民地，向越南人民承诺最终让他们独立，以便换取他们的合作。当法国在战后岁月里试图重申其殖民控制权时，得到苏联和共产主义中国武装和支持的越南人民举行起义，反抗法国的统治。美国对恢复法国在印度支那的殖民统治不感兴趣，只向法国击败"越盟"起义的行动提供不冷不热的支持。"越盟"的领导人是众望所归的胡志明。在 1954 年奠边府的战斗中，法国军队被彻底击败，而这个先前的法国殖民地一分为二，根据 1954 年签订结束殖民统治的《日内瓦和平协议》，分为共产党控制的北方和非共产主义的南方。胡志明从来没有接受他的国家的分裂，而在一场内战中，统一越南成为他的目标。在此后 20 年的大部分时间里，这场内战持续不断，使国际共产主义者和西方的支持者卷入其中。

到 1964 年，美国直接插手这场战争，站在反共的西贡政权一边，但该政权在政治上虚弱，而且腐败。在"北越"海岸线外攻击美国军舰成为美国空军和地面部队大规模卷入的借口，1965 年的"东京湾决议"使之合法化。包括澳大利亚、新西兰、泰国和韩国在内，其他国家派出少量部队支持美国，而美国大规模集结军队。然而，在湄公河三角洲树木茂密的山地和沼泽地中，对于孤立的美军基地采取有选择的打了就跑的游击战术，美国的火力优势毫无用武之地，农村人口对被称为越共的游击队的普遍支持方便了这种战术的运用。

当 1968 年越共针对南方城市发动"春节攻势"的时候，被征入伍的美军士兵在越南的伤亡人数开始激增，数量令人震惊，导致美国公众对这场战争的支持烟消云散。在美国，一场反战运动激起对美国撤军的尖锐争论和强烈呼吁，既破坏了军队的士气，又影响了政治决心。这导致美国在 1972 年撤出地面部队。针对重振士气并且深入西贡周围的南越腹地的共产党军队，南越军队继续打着必输无疑的战争，1975 年 4 月，西贡落入胜利的"北越"人手中。

越南战争是美国自 1812 年战争以来遭遇的第一次重大的军事失败，而这种情况对美国军事和外交的战略和政策都造成了深远的影响，尤其是关于它在太平洋作用的战略和政策。其中包括在一些太平洋国家撤出地面部队并关闭基地，更多依靠其庞大的太平洋舰队作为应对外国陆地基地以保护重要的海上航线的手段，在与先前的敌人打交道时更少采取对抗的姿态，比如说美国正式承认了新中国，而且新中国加入了联合国。

六、核武器时代的太平洋

1945 年 8 月原子弹毁灭日本城市广岛和长崎是开启太平洋核时代的事件。在从 1946 年到 20 世纪 90 年代的不同时间里，美国、英国和法国在浩瀚的中南太平洋，苏联在其远东地区进行了大气层和地下的核武器试验，后期则是热核武器的试验。遥远的太平洋环礁被当作核试验的场所，它们远离世界人口的主要集中地，减少了放射性尘埃对人类身体的影响，因此，降低了这些国家反对军事试验计划的负面舆论风起云涌的概率。尽管如此，马绍尔群岛的一些居民控诉美国，说他们在一些场合下暴露在极大地超过了被认为安全水平的辐射之下，哪怕是根据当时的宽松标准。在第二次世界大战后的早期，美国在比基尼和埃尼威托克环礁进行了大气核试爆。英国第一次试验热核武器的地点是基里巴斯的圣诞岛，而法国试验热核与中子武器的地点是靠近塔希提岛的穆鲁罗瓦环礁，它们全都使一些太平洋地区的人民遭受了辐射加剧的危险。与此同时，在俄罗斯的堪察加半岛，当地人口患癌率上升也被归咎于先前苏联核试验的辐射污染了食物链。

因核武器对太平洋环境构成的威胁而警觉，一些南太平洋国家积极反对核试验计划并宣布其领土为无核区。核动力与核武装的美国航空母舰和潜水艇曾被禁止进入新西兰的港口。取而代之经常访问新西兰港口的是针对 20 世纪 80 年代和 90 年代法国核试验的抗议船只。尽管如此，核动力的军舰使美国能够将其军事力量投送到太平洋对岸，而且减少了它对外国基地的依赖，而其树立着"北极星"和"三叉戟"导弹的潜艇有助于它在冷战期间相对苏联、中国及其共产主义卫星国而保持恐吓的平衡。

人们往往将在冷战期间阻吓共产主义阵营对日本、韩国、中国台湾和其他太平洋地区的大规模影响归功于美国的核保护伞。具有讽刺意味的是，虽然澳大利亚和新西兰显然受到这把伞的保护，但两国都反对使用核力量，哪怕是出于诸如发电之类的和平目的。不过，目前如果那些国家是核不扩散条约的成员并且保证不拥有核武器，澳大利亚倾向于对其出口它的铀。日本目前是太平洋中唯一为美国核动力军舰保持港口设施的国家，比如说巨大的美国航空母舰"乔治华盛顿号"。不过，2008 年它到达其在横须贺的基地，引发日本人的反核抗议。

在 21 世纪头十年里，对太平洋领土的争夺依然如故。在 20 世纪 90 年代后期中国收回香港和澳门并且坚决捍卫对南海的南沙群岛和西沙群岛的主权，两地都可能拥有丰富的海底石油或天然气储量。

第七章 描绘太平洋：艺术、文学和电影中的大洋半球

在历史上，太平洋始终是对人类文化、艺术、文学、社会和自然科学研究有着非常重大贡献的地区之一。多年来，无论是土著的太平洋人民还是欧洲人，亚洲和美洲的艺术家、作家、电影制片人和研究者都在这里留下了他们的印记。本章探讨太平洋艺术、文学和科学中的两个问题。第一个问题沿用了奥斯卡·施柏特的说法，即"太平洋是欧洲的人工产物"，但不是以围绕他最初概念化的方式展开：这里的主张是在欧洲艺术、文学和电影中找到的太平洋的景象本身是人工产物，现实在其中通过欧洲中心论的透镜被筛选。这使得太平洋的景观、文化和历史事件以顺应欧洲口味和感觉的方式被染色和曲解，也许根据欧洲的道德、美学与行为的标准加以比较和衡量，为欧洲的贸易市场而商品化和进行"包装"。然而，在使太平洋浪漫化和虚构的过程中，"真正的"太平洋以许多微妙的方式影响着欧洲的艺术家和作家。因此，本章所探讨的第二个主题的重点在于太平洋作为艺术家的缪斯女神和科学实验室的这种角色，研究了太平洋影响或以别的方式积极参与塑造人类想象和实证工作的产物的方式。

早期英国和法国航海家以南太平洋的"热带天堂"开始浪漫地参与欧洲的想象，例如瓦利斯、卡特雷特和布干维尔，第三章讨论了他们的探险。那时，在 1767 年，瓦利斯把新发现的塔希提岛称为"伊甸园"，而在一年以后，布干维尔把它改名为新锡西拉，以爱神的神秘住所命名。当库克和布干维尔完成南太平洋之旅返回欧洲时，他们

各自带着一名塔希提人，在巴黎和伦敦的小资文化中引发一阵骚动。在巴黎，人们认为年轻的奥陀娄（Aotourou）体现了法国对那个维纳斯住所的想象，布干维尔的船员用图像详细描绘了那个地方。在伦敦，欧迈造成了类似的骚动，约书亚·雷诺兹（Joshua Reynolds）爵士绘制了他穿着奇异的东方服饰的肖像画，而伦敦社会设宴款待欧迈。参与这些探险的艺术家修饰他们的现场素描，从而助长"南海"的尘世愉悦之园的神话，其中居住着魅力十足的男男女女，他们的生理特征和肤色几乎是欧洲人的。这些"高贵的野蛮人"很快成为浪漫的田园诗和赤裸裸的色情艺术的对象。

像约瑟夫·班克斯这样的探险家的叙述助长了这种幻想的发展：神秘的东方犹如一首田园诗。班克斯受到无拘无束的塔希提生活方式的诱惑，他放肆地坦承与波利尼西亚女人调情，令英国上流社会的某些成员感到震惊。他甚至以塔希提的方式文身。在这个遥远而奇异的区域里，受到挑逗的欧洲人这样认为，他们可以抛开自己的禁忌，享受自由自在生活的一切乐趣，而无道德非难之忧。"南海"作为地球乐园的神话持续时间异常之长，通过一些途径进入西方文化，其中包括得奖的电影。这种神话依然吸引着许多旅游者到该地区寻找这种难以言状的环境。

在维多利亚时期的欧洲，作为一种普遍的被贴上"东方主义"含糊标签的艺术运动，这种波利尼西亚原型在 19 世纪期间推动了一系列时尚设计，包括服装、珠宝饰物、艺术品和家具。毛利人的提基①雕像，塔希提的黑珍珠、贝壳、珊瑚和玉石首饰、塔帕树皮衣料②很

---

① 波利尼西亚神话中的男性形象，一说是世界上第一个男人，其雕像被毛利人当作护身符。——译者注

② 塔帕指一种桑树的内层树皮，碾压后形成类似纸张的布料，即塔帕纤维布，因此，tapa bark（塔帕树皮）的说法不当，因为塔帕本身就包含树皮的意思。——译者注

容易在欧洲被接受，成为被神秘化的波利尼西亚文化的著名象征。太平洋作为伊甸园的理想化和浪漫化的形象源源不断地吸引着作家、艺术家、诗人和梦想家放弃欧洲的生活，来到南太平洋这个遥远的岛屿世界，希望把握并持有这个奇妙地域的淳朴人民的精髓。其他人利用他们的经历为渴求的欧洲市场撰写有关波利尼西亚的文章，那些人是精明而讲究实际的贸易商、捕鲸者或檀香木砍伐者，还有经历了当然是足够骇人听闻的冒险而幸存的人们。

一、太平洋艺术与欧洲的想象

从马可波罗（1254－1324）时期开始，欧洲人就一直痴迷于有关"东方"奇异地区的图解和文字叙述。几百年来，来自环太平洋亚洲地区的艺术品自有其渠道进入富人的豪宅，其代表是丝绸织物和装饰性的瓷器，它们助长了对东方形象和艺术的持续需求。东方主义在欧洲兴起保持了非基督教世界的失真而浪漫化的景象，它是先前许多巨著的主题，超出了这本书的范围。另一方面，在18世纪开始的探险和殖民时代之前，太平洋海盆的文化和地貌的形象没有普遍出现在欧洲。尽管如此，浪漫化和理想化是中太平洋主题的艺术描绘的常规。

在西方的插图画家当中，长期以来共同趋势是利用艺术特有的自由描绘自然环境及其人民的外貌和装束（或者说没有装束），往往招摇地凸显其感官和色情的特性，目的在于使欧洲人感觉愉悦，同时避免超出品味和道德的界限。因此，像悉尼·帕金森这样的艺术家制作的有关太平洋人民和风景的油画超过200幅，还有大约600张素描，它们更接近于主题来自希腊和罗马神话的经典油画，而不是热带太平洋的真实景象。在詹姆士·库克第一次去太平洋的探险时，悉尼·帕金森是随行人员。这无疑是其艺术训练、贵格会背景和美感的产物。在他所生活的时代里，裸体的人物形象被认为是可耻的，除非放在古典的背景中，而一种习惯于对异国景色进行田园牧歌式的解释的文化会拒绝接受对热带风景的真实描绘，原因是它格格不入。因为帕金森在航行中去世，他的一些未完成作品由其他人完成并转化为雕刻，他们有可能修饰过他的原始素描。

在以海德堡派而知名的绘画流派问世之前，太平洋主题的现实描绘不曾出现。该流派是路易斯·比弗洛（Louis Buvelot）在澳大利亚创立的，19世纪末奠定了它的地位，令其作品被批评家接受。尽管如此，在欧洲内部对太平洋的浪漫理想化依然主导着艺术，直到20世纪中叶。在太平洋主题上最终扫除田园牧歌式艺术的艺术革命中，先锋人物之一是保罗·高更，他是法国后印象派的画家。具有讥讽意味的是，他造成一些有关波利尼西亚的浪漫俗套留传下来。他在波利尼西亚绘制了他最著名的画作。

保罗·高更的太平洋艺术

或许高更超越任何其他艺术家的地方在于，出生于1848年的他对"新锡西拉"的描绘点燃了几代欧洲人的想象力。他的绘画风格与其所描绘的形象同样奇特。高更的后印象派绘画具有象征主义的风格，在他所处的时代里基本上不被接受。他十分推崇尚古主义（一译原始主义），摒弃许多视觉艺术的主流习惯，对现代绘画造成了巨大的影响。孩提时代在秘鲁生活，青年时代在商船上作为实习水手，高更形成了对热带以及他在那里发现的无拘无束的生活方式的热爱。但世事将高更羁绊在欧洲，他在那里作为水手熬过了纪律严格的兵役，在法国的帝国快艇上驻留北海。他娶了一位丹麦妇女，他与她有五个孩子，但他越来越憎恶婚姻生活，而作为股票经纪人，单调的工作令其窒息。高更渴望在宜人的地方作为一名职业画家生活，在那里他可以逃避他认为是缺陷重重而且江河日下的文明，在那样的环境中，生活方式的简单和人们的质朴单纯会让疲惫的他重获新生。"你的文明就是你的毛病，我的野蛮是我在恢复健康！"是他对其批评家的著名反驳，那时他准备离开巴黎，不打算再回来（引自 Craven 2007：139）。离弃他的妻子和孩子，他启程前往西印度群岛，但在那里没有安定下来，于是继续前往法属波利尼西亚，1891 年到达塔希提岛。使自己安顿于距离首府帕皮提 50 公里的马泰亚村（Mataiea），高更接下来花了两年时间用其独特风格完成了 60 多幅作品，他的风格以综合主义而知名。波利尼西亚多彩的热带风貌，他生活在其中的村民同样富有魅力，这些都是其绘画的共同主题，而且他的绘画有着沉思、肉欲和几乎神秘的特质，使之独特。高更与一位年轻的塔希提女人同居，她成为他的许多画作的主角，比如说 1892 年完成的题为马奴·突帕苞（"死者的幽灵看着她"）的人物习作。

在 1893－1895 年短暂返回法国期间，高更写了一本题为《诺亚·诺亚》（*Noa Noa*）的书并为之绘制插图，详细叙述了他在塔希提岛的经历（高更，1985 年）。他也展示了他收集起来的艺术品，但这本书及其塔希提绘画都没有取得商业上的成功。梦想破灭，疾病缠身，穷困潦倒，高更返回波利尼西亚，在其过度的自由主义导致其被逐出塔希提岛之后，他迁往马克萨斯群岛的希瓦瓦岛。他又一次找了个十几岁的情人，继续绘制大多是浪漫化的风景和人物肖像，那时这些作品不符合欧洲艺术批评家的口味或体验。1898 年，在试图自杀失败之前不久，他绘制了一幅也许是他杰作的题为"我们从哪里来？我们是谁？我们往哪里去？"的大型油画。

在他最后的岁月里，高更受到辱骂和排斥，人们指责他有恋童癖的倾向。作为伤风败俗的偏激分子，他生活在主要是信仰天主教的波利尼西亚人中，他们憎恨他这样的人。由于酒精中毒和梅毒，高更死于 1903 年，终年 54 岁。在他死后不久，他残存的艺术品再次在欧洲展览，而这一次获得成功，在俄罗斯尤其受欢迎。对反社会的高更绘制的作品好评如潮，它们展现的美丽、浪漫和感性似乎不符合他的个性，现在这些作品高挂在欧洲和北美的主要艺术展览馆中，拍卖的价格非常之高。

二、太平洋艺术与欧洲的道德

在 18 世纪末和 19 世纪里，英国和法国水手带回的有关"新锡西拉"居民的流言蜚语耸人听闻，令欧洲的上流社会震惊和骚动。那些水手带回了珍奇小饰物，例如雕刻、面具、盾牌、有着精美羽饰的披风和其他土著艺术品，还有关于石质"偶像"和崇拜物，它们不仅刺激了欧洲人的想象力，而且证实了他们对太平洋文化的成见：那些文化崇拜偶像，而且未开化。

约瑟夫·班克斯爵士透露，他那大面积的文身在通常由衣服遮蔽的部位，引起反感。他还说他与许多参与库克第一次航行的其他人一样，有塔希提妇女的亲密陪伴，造成了 18 世纪末英国清教徒社会的骚动。欧洲人会轻易接受土著文化的想法被认为是不可原谅的对文明行为的违反。但正如格雷格·丹宁所指出的，在库克的许多船员和"邦蒂号"叛乱者身上的刺青是一群水手的独门标志，他们都在探险的早期岁月里曾在"南海"逗留（Dening 1992：35－36）。文身同时是广泛流传的土著太平洋艺术形式的典范，具有深刻的象征意义，是不可磨灭的个人纪念，它们被带回欧洲，撩动和刺激了保守的社会。即便到今天，在西方社会里文身依然是反主流亚文化的标志。

当基督教传教士跟随第一批探险家来到太平洋时，他们的最初冲动是把土著艺术作为异教徒的崇拜偶像加以摧毁，而且禁止诸如刺青、沙绘甚至跳舞之类的做法。在他们的成年皈依者当中，西方服装遮掩了已经有文身的身体部位，他们受到严格的要求，以便推广西方

图16　19世纪文面的毛利首长。长期以来，这种错综复杂的面部或身体装饰在波利尼西亚随处可见。（埃利泽·勒克吕，1891年，第442页）

的端庄观念。尽管有证据表明传统上最低限度的土著装扮更适合潮湿的热带气候，有利于健康和卫生，而西方服装做不到其中任何一点，但传教士还是坚持这么做。随着时间的推移，基督教的道德观念在太平洋的许多地方成为主流，而一些传统的艺术形式和个人装饰的风格失去了先前的重要性，或者彻底失传，只有在博物馆里才能找到它们。

三、太平洋艺术与欧洲的市场

土著太平洋艺术和文化器物的丰富性

充满活力的太平洋文化多年来以一些不同的方式影响着欧洲的艺术家和艺术市场。包括绘画、版画、雕塑、装饰织物和陶瓷在内，西式的视觉艺术如此吸收亚洲的影响力以至于它们被贴上了诸如日本风格、中国风格和东方主义的标签。然而，太平洋文化是动态的，它们的艺术是发展的，反映了部分来自西方、部分来自本土的混合影响。换句话说，当代的太平洋艺术形式因其他地区的艺术形式而丰富，同时使后者丰富。如今在全世界的博物馆、私人收藏和展览馆中可以看到丰富的太平洋艺术，它们既来自周边陆地，又来自太平洋海盆的岛屿世界。在这种艺术中，太平洋本身是一个共同的主题。

例如，就环太平洋亚洲地带而言，中国和日本的艺术受到太平洋的影响，表现为海景和帆船描绘的流行上，表现在对"神风"使日本免遭蒙古人入侵此类事件的叙述上。最著名的表现暴风肆虐的太平洋的日本影像之一是葛饰北斋在 1830 年制作的题为"神奈川冲浪里"的木刻画，它对德加（Degas）和图卢兹－劳特累克（Toulouse-Lautrec）这样的法国印象派画家造成了深远影响（Mannering 1995：35）。对传播中国的书法艺术、宣纸绘画（中国画）、雕塑以及在珠宝饰物和艺术品中使用玉这样的宝石来说，太平洋上的交往起到了重要的作用。中国对艺术的影响不仅传播到南洋，而且传播到欧洲，尤其是在 19世纪。

就环太平洋美洲地带而言，在与太平洋沿岸的特里吉特人、海达人和其他民族有关的图腾柱和泥质板岩雕刻上推崇像逆戟鲸这样的太平洋神秘生物的惊人、风格化的纹饰。塔帕纤维布图案在斐济和美拉尼西亚的其他地方是一种充分发展的现代艺术形式。使用广泛流传的波利尼西亚的提基形象和其他象征，毛利人的木雕已经成为一种独具特色、活力十足的艺术。复活节岛（拉帕努伊岛）的居民在几百年前就创造了巨型石像莫埃——拉长的头像，人们认为与他们的宗教有关，它们令第一批欧洲来客着迷，感到不可思议，影响了诸如阿米德奥·莫迪里阿尼（Amadeo Modigliani）这样的现代画家和雕塑家的艺术。文身一度是波利尼西亚艺术的普遍特征，如今在全球流行。在过去，还有现在，大多数太平洋艺术充满宗教、精神和象征的意义。这种土著艺术是太平洋环境的产物，对欧洲艺术风格和文化造成了深远的影响，这种影响得到了广泛的认可。

在欧洲和美国流行来自太平洋的奇特艺术品和"土著"器物，催生了原创艺术品和复制品的繁荣市场，其范围从珍奇和极其宝贵的真品到廉价的观光客纪念品，例如，哥伦布之前的摩且人（Moche）、奇穆人（Chimu）和印加人的陶器，还有玛雅人的玉石，塔希提提基毛利人的软玉仿制品。认识到原始的古器物和艺术品是其文化遗产的一部分，多年来合法与非法的出口已经失去了太多，许多太平洋国家通过严厉的法律，用以保护文化器物并防止未经批准的拆除。在一些情况下，这仅仅起到提高受觊觎的古玩的商业价值和秘密出口的动机的作用。它也形成了一个主要针对在太平洋的欧洲和美国游客的繁荣市场，仿制诸如雕刻的塔希提人的提基像、巴厘人的图符、斐济人的卡法酒碗和筐、毛利人的软玉和贝壳饰物。目前专门为卖给欧洲人和美国人而生产的这些物品很重要，因为它意味着传统的太平洋艺术现在得以保留，而技巧留传到子孙后代。

四、太平洋对欧洲文学的影响

马可波罗的旅行不仅引发了欧洲人对东方艺术的兴趣，而且在受过良好教育的欧洲人当中形成了对在东方和新世界冒险家旅行的出版读物的稳定需求，其中一些著作肆意混杂事实与幻想。事实上，许多现代学者如今认为马可波罗游记本身在相当大的程度上基于二手信息：他声称他去过那些地方，他其实没有去过。因此，从早期以来，太平洋主题的文学著作延续了神秘和浪漫化的气氛，导致欧洲对这个水半球的总体印象失真。因此，始终流行的丹尼尔·笛福的《鲁宾孙漂流记》是关于一位坐船遇难者的虚构故事，根据亚历山大·塞尔柯克的艰辛经历的真实记录，1704 年，在他自己的要求下，他被放逐到智利海岸之外的胡安·费尔南德斯群岛上。它对遭遇食人者的描绘给欧洲心态造成了深刻而持久的印象，既令读者感到恐怖，又吸引着他们，包括许多儿童。

迷恋和恐惧的交织助长了对有关太平洋故事的越来越浓厚的兴趣，部分推动力来自传说中波利尼西亚人和美拉尼西亚人对战争和吃人的嗜好。在此后几百年里，这种整个半球的失真图像因探险家、传教士和贸易商日记中的叙述而增强，他们说在分布范围广泛的地方成为俘虏的土著和欧洲人被杀并被吃掉，例如在新几内亚、新西兰、马克萨斯群岛和斐济。欧洲人对太平洋岛民所犯下的暴行要么不见于这些记述，要么说岛民对爱好和平的欧洲人发起挑衅，暴行是对其的惩罚性反应，以此表明暴行是合理的。在这个水半球里的环境和文化助长了这是一个危险的地方的感觉。

虽然太平洋享有相对平静的大洋的声誉，但它可怕的飓风也导致经历其狂暴状态的大多数作家因恐惧而颤抖。通过塑造"南海"的纯真、色情、危险或冒险的景象，早期作家影响后期作家到东方和太平洋旅行，一些人喜欢他们在那里发现的环境和人民，舍弃了荒谬可笑的城市工业文明的束缚，比如说罗伯特·路易斯·史蒂文森。其他人则退缩，他们认为波利尼西亚或亚洲文化因与欧洲人的交往而蜕化变质，在太平洋水域里进行相对短暂的逗留之后，他们带着失望和厌恶离开，比如说约瑟夫·康拉德（Joseph Conrad）。不过，现实在欧洲不曾有好的"销路"，欧洲渴望的是异国情调和高度冒险。虽然事实是他们更了解情况，但大多数太平洋作家乐于用神秘、危险、色情、遥远——经过神话处理——的太平洋来取悦他们的读者，主要是欧洲人和美国人。

1. 太平洋写作中的戏剧、浪漫化和冒险

赫尔曼·梅尔维尔

1819 年赫尔曼·梅尔维尔生于纽约市，成长于贫困之中，在离开清规戒律繁多的新英格兰，离开阴郁而压抑的生活，在航向利物浦的船上成为侍者时，他才 19 岁。两年后他成为"阿库什尼特号"（*Acushnet*）捕鲸船的船员，该船在 1842 年绕过合恩角，在塔希提岛驻留。塔希提岛令梅尔维尔入迷，他把它描述为"仙境"。他对"南海"的迷恋导致他在马克萨斯群岛的努库希瓦岛上逃离他的船，他在令人生畏的泰皮瓦（Tai Pi Vai）山谷躲藏，逃避追捕。该山谷中居住着传说中的食人族，但他们友善地对待这个无助的陌生人。《泰皮》（*Typee*）是他的第一部小说，出版于 1846 年。对他在努库希瓦岛上的波利尼西亚居民当中的生活，梅尔维尔的叙述部分出于虚构，以小说的形式出版，因为表示怀疑的出版商不能接受他的叙述是"真实的"。这部小说立即取得商业成功，有助于巩固公众对"南海"的印象：它是高贵的野蛮人过着淳朴而宁静生活的地方。梅尔维尔上了另一艘捕鲸船，旅行到夏威夷，在那里他度过几个月，随后签约成为护卫舰"美国号"的船员，该舰绕过合恩角前往波士顿，在 1844 年到达。他的早期小说《泰皮：波利尼西亚生活一瞥》还有《欧穆》（*Omoo*）在大西洋两岸受到了热情的赞誉，一段时间内使其享有一定程度的名誉和财务安全感，但这很快就烟消云散，他的后期作品遭遇严重失败，例如出版于 1851 年的《白鲸记》。

梅尔维尔是波利尼西亚社会的赞美者，就像罗伯特·路易斯·史蒂文森、约瑟夫·康拉德和其他人那样，他严厉批评试图使太平洋岛民"文明化"的传教士。梅尔维尔认为在像夏威夷和塔希提这样的地方，那是太平洋岛民的人数减少和文化衰竭的主要原因之一。他也严

厉抨击美国军舰"美国号"上海军军官的行动和态度，就像在他的书
《白色外套》（*White Jacket*）中所说的那样，他看到了对平等主义的
背弃，那是美国人在对英国的独立战争中为之战斗的价值观。虽然梅
尔维尔作为文学家的声誉在其生涯后期江河日下，但在过去的那个世
纪里，他的声誉日隆，以至于达到这种程度：他的作品《白鲸记》现
在普遍被认为是 19 世纪英语著作的杰作之一，自然是捕鲸船上生活
的最佳记述。

罗伯特·路易斯·史蒂文森

1850 年出生于苏格兰的爱丁堡的罗伯特·路易斯·史蒂文森是
一位著名的工程师和灯塔建造者的独子。他学习法律并立志成为作
家，据说在读了查尔斯·达尔文的《物种起源》之后，写下了畅销书
《化身博士》。带着对新奇事物的热切兴趣，史蒂文森利用写作带给他
的财富出国旅行，部分原因在于想找到某种适宜的气候，治愈慢性病
（结核病）或至少阻止其发展，部分原因是希望为其写作找到灵感和
素材，写作是他谋生的唯一手段。

1879 年他搭乘移民船前往美国，又搭乘移民列车横跨美国大陆
前往加利福尼亚，在旧金山定居、结婚，继续展开其文学生涯。太平
洋召唤他继续旅行，寻找其故事的素材，他的大多数作品至少部分根
据他自己在船上生活和岛屿冒险的经历。1888 年，他租用了装备豪
华的上桅帆的纵帆船"卡斯蔻号"（*Casco*），以便到"南海"航行六
个月。他希望太平洋温暖的气候会治疗他的疾病，也会为他提供灵
感，从而撰写他计划发给一家报刊辛迪加的系列信件，详细描述他的
旅行经历。

1842 年法国吞并了马克萨斯群岛。在史蒂文森到达那里时，法
语和天主教文化已经占据上风。他和他的家人得到了王室般的待遇。
发现先前吃人的马克萨斯岛民并不是"野蛮人"，就像他受到诱导所

预期的那样，史蒂文森形成了对波利尼西亚人的强烈赞赏，他们伴随他度过他的余生。他给他在伦敦的朋友西德尼·科尔文（Sidney Colvin）写信："那根本是个骗局：我选择这些岛屿，认为这里有最野蛮的人，而他们比我们好得多，更为文明。"（Ellison 1953：17）。在希瓦瓦岛和努库希瓦岛，史蒂文森注意到那里的人口数量在锐减，感到关切。他表示他相信根源在于捕鲸船船员带来的欧洲疾病使岛民孱弱的影响，加上传教士的清教徒教诲，他们禁止跳舞、唱歌和土著仪式。他确信那些传教士使土著居民丧失的正是其文化的灵魂，导致他们悲观而沮丧，缺乏生活的激情。许多年轻的马克萨斯岛民自杀，而不是在法国的统治下继续生活。

　　史蒂文森的分析看来是有充分依据的：在法国吞并时约有两万人口，到 20 世纪中叶马克萨斯岛民的人数减少到约十分之一，而且如今许多住人的岛屿被舍弃，或者差不多如此。因此，正是在马克萨斯群岛，针对咄咄逼人、贪婪成性的殖民化形式，史蒂文森坚定地成为波利尼西亚人的辩护士。那种殖民化已经在剥削南太平洋并使其人民丧失体面。史蒂文森的病情不稳定，加上需要修理"卡斯蔻号"，从而使其能够航行到夏威夷，这些因素使他有必要在塔希提岛上长期旅居。他发现帕皮提那半波利尼西亚半欧洲的文化令人窒息，同时他沉迷于塔希提岛更为遥远的地方的社会生活。他从几乎丧命的疾病中恢复，靠的是当地妇女用波利尼西亚人的医药治疗，因而在"南海"永久定居的想法也许在史蒂文森的脑海里扎了根。"卡斯蔻号"向北驶向夏威夷，史蒂文森在那里支付了船员的薪资，而且在怀基基海滩（Waikiki）的住所继续恢复他的健康。在这里，他发展了与夏威夷国王戴维·卡拉卡瓦的友谊，投身于受到排挤的波利尼西亚王室反对帝国主义蚕食的政治斗争之中。

　　由于渴望继续进行他在太平洋的精神寻求，1889 年 6 月，他租用了第二艘船——64 吨的贸易纵帆船"赤道号"，船长是年轻的苏格兰人埃德温·里德（Edwin Reid），他赢得尊敬和名誉是因为他使这艘船安然无恙地经历了当时有记录的破坏性最大的太平洋飓风之一。里德作为海员的技能毫无疑问，这使史蒂文森有信心乘坐这艘相当狭促的小船"赤道号"进行这次旅行，尽管他非常害怕风暴。他写道："我总是害怕风声甚于任何东西。在我的地狱中总有狂风在劲吹。"（Stevenson 1895）他对在海上被风暴困住的恐惧反映在他的故事之中，可怕的狂风是其中一再出现的主题。"赤道号"带着史蒂文森及其妻子先到布塔里塔里（Butaritari），然后到吉尔伯特群岛的艾佩玛玛（Apemama），在那里他与其继子劳埃德·奥斯本（Lloyd Osbourne）合作，写下了名为《打捞者》（*The Wrecker*）的小说，那是一个神秘的故事，大致上根据在无法无天的北太平洋上发生的一起真实事件。继续航行到萨摩亚群岛的乌波卢岛，史蒂文森发现了一块青翠而宜人的土地，"太平洋上的爱尔兰"，最终他认为他发现了他一直在找寻的东西：在适宜的气候中，在他所喜爱的波利尼西亚人当中，他可以度过余生的某个太平洋岛屿。

随着他租用的纵帆船"赤道号"在 1889 年 12 月于阿皮亚港下锚，史蒂文森看到在美国、德国和英国领事馆上空飘扬的各自国旗，知道三国在吞并萨摩亚群岛问题上依然势不两立，注意到在港口停泊的军舰依然完全是 1889 年 3 月特大飓风的破坏性影响的证物。美国和德国太平洋舰队的六艘失事军舰和五艘商船的残骸依然沿着阿皮亚港的礁脉和海岸四处散布。

史蒂文森对这个由少数欧洲人和混种人口组成的分裂国家的第一印象是敏锐的。他宣称，英国、美国和德国的领事：

全都在相互争斗，充其量是二对一的小帮派；三个不同宗派的传教士，关系并不融洽；在宣告上课时到底应不应该击打木鼓上，天主教徒和新教徒处于厌恶无从化解的境地。

引自 Ellison 1953：74

乌波卢岛的气候有益于健康，风景如画，让他高兴，而实际考虑令其感到舒适，例如邮政服务良好，有船定期往返于阿皮亚和英国与美国之间，1890 年史蒂文森及其妻子决定在西萨摩亚群岛定居。他从苏格兰同乡那里购买了一块土地，在靠近五条溪流交汇处的地方修建了一套大房子，适当地称之为"维利马"（五条河）。在造房期间，他到悉尼（澳大利亚）旅游，在那里他的健康再度恶化。听从医生叫他立即回到更为温暖的地方的建议，他和他的妻子乘坐汽船"珍妮特·尼科尔号"（*Janet Nicoll*）返回，而萨摩亚群岛成为其五年余生的固定住所。

一旦在"维利马"安顿下来，史蒂文森说服其出版商相信他的日记值得出版：它们详细叙述了他在到过的岛上及其周围的经历，主要是马克萨斯群岛、土阿莫土群岛、塔希提岛、吉尔伯特群岛（基里巴斯）和萨摩亚群岛。这些作品的最初构想是作为一系列信件——"维利马之函"，发往美国和英国的杂志，但他的出版商提出应该把它们放在一起，作为一项庞大的对地方和文化的比较研究，题为《在南海》。随着时间推移，随着他认识到把一系列信件转化为单一的庞大叙事的困难，其中一些信件并非想得很清楚才写的，或者具有格调，史蒂文森对这个项目的最初热情就消退了。这件事谈不上成功。反之，他开始写作旨在供给当地波利尼西亚读者的小说，而不是供给欧洲人消费。他对其萨摩亚邻居和朋友给他的称号感到骄傲："图西塔拉"（说故事的人）。

史蒂文森对定居于其中的住宅的热情因德国、美国和英国争夺他所热爱的这个岛屿的帝国主义拉锯战而消退。萨摩亚人自己在这个问题上分为两派，其中两位酋长是合法的统治者。一位是马列托阿·劳佩帕，他虚弱无力而且优柔寡断。德国人支持他，认为他们可以控制他，令其顺从他们的要求。他的对头是意志坚强的萨摩亚民族主义分子马塔阿法（Mataafa），他希望驱逐所有外国势力。在接下来的冲突中，马塔阿法的力量被击败，部分原因在于许多萨摩亚人不愿意参与他的事业——担心停泊在阿皮亚港的德国军舰会实行报复。虽然他支持马塔阿法的事业，但史蒂文森不能阻止德国和英国在萨摩亚的海军指挥官将他及其追随者放逐到遥远的、德国人控制的马绍尔群岛。在最后一次去夏威夷旅行时，他懊恼地发现他认为是美国种植园主的阴谋小集团废黜了夏威夷的王室家族，他完全拒绝进一步涉足政治，听任欧洲和美国的帝国主义取得势不可挡的胜利，波利尼西亚文化和民族自决受到侵蚀。奇怪的是，他依然是一位公认的帝国主义分子的坚定支持者，那就是乔治·格雷（George Grey）爵士，后者的想法是由新西兰牵头组成泛波利尼西亚联邦，它与史蒂文森自己对南太平洋应该如何演变的看法不谋而合。令史蒂文森感到失望的是他与格雷失之交臂，尽管他们在太平洋上的路线数次交汇。

　　正如他的日记和信件所显露的，史蒂文森对太平洋的看法混杂了浪漫的理想主义和苏格兰人的实用主义。他认为萨摩亚的气候恢复了他那朝不保夕的健康，说：

　　　　岛屿生活具有其他地方找不到的魅力。仅仅居住在世界上的这个可爱角落，人类的一半疾病就可能无影无踪，无需医生或药物。我们欧洲的朋友对他们可能在萨摩亚这里找到的安逸所知甚少。

引自 Ellison 1953：129

对他来说，与出版商和在其文学生涯中的其他重要人物保持良好的交流同样重要，他的生计取决于他的文学生涯。因此，相比塔希提岛或马克萨斯群岛，萨摩亚的积极特征之一是与悉尼、旧金山和伦敦有着良好的邮政关系。一艘德国汽轮定期往返于阿皮亚和悉尼之间，一艘新西兰船在往返于奥克兰和塔希提之间时在那里停留。信件只需要两个星期到达旧金山，只要一个月到伦敦，而只要一个星期到奥克兰，在那里可以利用到欧洲和美国的电报服务。萨摩亚被称为"太平洋的中途会馆"，因此，史蒂文森满意地声称：

> 大海、岛屿、岛民、岛屿生活和气候真的使我更快乐，保持快乐……我不曾失去对蓝色海洋和船舶的忠诚。因此，在我看来，背井离乡到纵帆船和岛屿构成的地方显然绝不能被视为灾难。
>
> 引自 Ellison 1953：136

1894 年，只有 44 岁，而且在感到他即将实现完成一部文学杰作的雄心壮志之际，史蒂文森突然因中风而去世，使用鸦片酊可能是造成他中风的原因。根据他的意愿，他被葬在瓦埃阿（Vaea）山顶，俯视着他的住宅。纪念石碑上镌刻着最著名的英语碑文之一，那是他本人写下的。他去世之后多年，在第一次世界大战期间新西兰士兵驱逐德国人之后，史蒂文森的大屋成为西萨摩亚总督的住所。现在它是博物馆，用以纪念也许是该岛最著名的历史人物的生活和著作。

2. 文学的名誉和觉悟

杰克·伦敦

1876 年杰克·伦敦出生于旧金山。他是第一批在商业上取得成功的美国作家之一，他们为新型的流行期刊撰写短篇小说和虚构的冒险故事。就像当时为生存而奋斗的许多其他作家和艺术家那样，他在童年饱尝了贫困的滋味。他基本上靠自学成才，有着爱冒险的个性，他希望靠大海谋生。他起先是捕捞牡蛎的渔民，后来成为太平洋贸易船上的船员。1893 年，他成为捕猎海豹的纵帆船"索菲萨瑟兰号"（*Sophie Sutherland*）上的船员，在日本沿海亲身经历了台风的恐怖。1897 年，杰克·伦敦回到加利福尼亚，加入到克朗代克的淘金者行列。他淘金并不成功，反倒因坏血病而遭受严重的健康问题。带着伤病累累的身体回到旧金山，以其惨痛的淘金和航海经历为背景，他开始写作短篇小说，向诸如《星期六晚报》这样的流行杂志投稿。他的成名作是短篇小说《生火》，它叙述了一位孤独的淘金者在育空地区艰苦奋斗的故事，捕获了大众的想象。

杰克·伦敦在年轻时曾是一名热爱大海的水手。他用写作得到的部分金钱建造了自己的帆船"蛇鲨号"（*Snark*，一作史纳克号，蛇鲨是一种想象出来的动物，用来指难以追捕的人或动物），驾驶这艘帆船带着他的第二任妻子查米恩（Charmian）和少量船员在 1907 年到 1909 年横渡太平洋。他到过塔希提岛、马克萨斯群岛、斐济、所罗门群岛和澳大利亚。他出版的书《蛇鲨号之航》叙述了这次航行的情况。然而，他非但没有沉迷于他在波利尼西亚的所见所闻，反而谴责他所看到的欧洲人对无辜人民的侵害，在失望中离开了"南海"。在 1911 年出版的题为《南海故事》的选集当中，一些故事反映了 20 世纪初在太平洋的欧洲人与波利尼西亚人或美拉尼西亚人之间种族交往的这种负面态度，核心是欧洲人——比如说珍珠贸易商——在对待其他文化时的唯利是图。

在他的作品中也注重大自然的凶狠力量，尤其是在他的许多作品中描述过的太平洋飓风。杰克·伦敦在太平洋环境中的经历因其自制帆船的缺陷而更加糟糕："蛇鲨号"严重漏水，它的发动机出现故障，在关键时刻失灵，而他的食品储存安排不恰当，哪怕在短途航行中也会造成食物变质。正如他在《蛇鲨号之航》中所述，他访问隔离波利尼西亚麻风病人的地方，即夏威夷群岛中的莫洛凯岛，也使其感到震惊。这个令人抑郁的地方先前影响了罗伯特·路易斯·史蒂文森，他因此写作，义愤填膺地为负责这个麻风病人安置地点的比利时天主教神父达米安辩护，他认为夏威夷的新教传教团的攻击是卑鄙的。杰克·伦敦试图严肃地探讨这种令人恐惧的疾病本身，把莫洛凯岛的麻风病人当作人对待，而不是被同情、责难或回避的社会弃儿。

将莫洛凯社会放在更为广泛的背景之下，他写道：

> 如果让我选择被迫在莫洛凯岛还是在伦敦东区、纽约东部贫民区或芝加哥牲畜围场度过余生，我会毫不犹豫地选择莫洛凯岛。

引自 Farrier 2007：197

然而，杰克·伦敦在所罗门群岛染上了一些皮肤和肠道疾病。这些疾病不仅使他中断太平洋之旅，而且干扰了他的写作能力，迫使他在悉尼寻求医疗，就像史蒂文森在几十年前那样。1915 年杰克·伦敦最后一次旅行到夏威夷时，他把"冲浪"描述为夏威夷王室的运动，他的描述有助于滑板冲浪在加利福尼亚、澳大利亚和其他地方流行开来。在他后期岁月里，他的文学天赋看来离弃了他，虽然他认为自己是一位伟大的作家，但他的批评者认为这是自我欺骗。

约瑟夫·康拉德

1858 年约瑟夫·康拉德出生于俄罗斯占领下的波兰，11 岁时成为孤儿，只受过几年正规教育，他自学了数种语言，而在大量阅读像哥伦布和巴尔沃亚这样的英雄人物的探险故事之后，他渴望逃到他在关于早期探险家的书籍中找到的那个迷人世界。16 岁时，他到达法国马赛，在该港附近的领航艇上工作几个月后，他签约在一艘开往法属加勒比地区的船上作为实习水手。他一度涉足军火走私，将军火供给哥伦比亚的反叛团体。他负责监督非法枪械的卸货，把它们装上阿斯平沃尔公司的跨地峡（Trans Isthmus）铁路的火车。在大约 20 年的时间里，作为年轻的航海冒险家，他周游世界，为其小说和短篇故事收集素材。

他的大多数作品取材于 1874 年到 1894 年间帆船时代的末期他在全球奇异角落的个人经历的丰富宝库。例如，在 1878 年，康拉德成为羊毛快速帆船"萨瑟兰郡公爵号"（Duke of Sutherland）的船员。该船驶往澳大利亚，在那里它装上小麦和羊毛的混合货物，绕过合恩角，返回英格兰。这次旅行使康拉德对这种暴风骤雨下的航行拥有了丰富的经验，后来他在关于这个南半球的海上生活的小说和短篇故事中加以利用。事实上，在他的航海生涯中康拉德绕过合恩角两次，绕过好望角许多次，在热带的太平洋里旅居，尤其是沿着环太平洋亚洲地区驻留。

认识到普通水手的生涯会意味着贫困的生活，康拉德成功地通过了英国的考试，使其有资格担任英国商船队里的官员。1880 年他签约成为"埃蒂夫湖号"（Loch Etive）的二副。那是由格拉斯哥普通航运公司拥有的一艘快速帆船，也驶往澳大利亚。在这一时期内，康拉德得知东部海域发生的一些戏剧性事件，使他得到写作其最成功的小说之一——《杰姆老爷》（Lord Jim，一作《杰姆爷》）的原材料。它是一则虚构故事，讲述了一起臭名昭著的事件，英国汽轮"杰达号"（Jeddah）携带数百名穆斯林朝圣者从新加坡到麦加，它的船长及其大多数船员在开阔海面上抛弃出现故障的超载船只，拯救了他们自己，却让他们倒霉的乘客听天由命。在另一个场合，正如其短篇小说《青春》（*Youth*）所讲述的，康拉德在一艘运煤船"巴勒斯坦号"上经历爆炸和沉没而幸存，那是在邦加海峡（Bangka Strait）。

由于他经常往返于欧洲和东南亚之间，他对马来亚和婆罗洲的海岸与河流非常熟悉，在那里他一度（1887 – 1888）作为装配纵帆的汽货轮"维达号"（*Vidar*）的大副。他也很熟悉新加坡那个城市，因为 1887 年他在其综合医院花了六个月才从影响其走路能力的神经损伤中复原。出院后，康拉德第一次受命当船长，在他的指挥下，货轮"奥塔哥号"（*Otago*）从瘟疫肆虐的曼谷装载柚木到澳大利亚市场，随后带着疾病缠身的船员返航。那是一次压力重重的航行，但它让康拉德有更多机会研究人性在危险和困难的条件下的许多反应。

在 1901 年写就的"台风"故事与康拉德得知的在中国海上发生的一起事件有关，他把那艘船称为"南山号"（*Nan-Shan*），用于遣返中国苦力回到其祖国。它探讨了水手对热带飓风的实际危险的反应，康拉德带着一丝嘲讽的幽默加以描述。在他的年轻岁月里，康拉德无法容忍枯燥或单调的生活：他选择危险和艰难，而不是他可能拥有的安全而平凡的生活。然而，在他的晚年，几十年前令其苦不堪言的瘫痪正凶猛地卷土重来。他在比利时统治下的刚果患上的疾病使之加剧。疾病令充满活力而精神饱满的康拉德基本上变成隐士，令其受这种症状类似于痛风的疾病的痛苦折磨。他在肯特郡借住的村舍中苟延残喘，64 岁时因心脏病发作而去世。

五、太平洋的现代描述的事实与幻象

描述太平洋历史和当代事件最成功的现代种类包括史诗般的历史小说和电影剧本，它们都把神秘化和浪漫化的太平洋带给全球的读者。这里探讨的一些例子是美国作家和记者詹姆斯·A. 米切纳所写的流行书籍，还有讲述和再现"邦蒂号"哗变者故事的一系列电影。

米切纳的太平洋著作最初源自他在第二次世界大战期间作为美国海军历史学家的经验，他的职责是汇报西南太平洋诸岛屿的问题。以法属殖民地新喀里多尼亚的通透塔（Tontouta）空军基地为根据地，他在新赫布里底群岛、萨摩亚群岛和其他地方四处旅行，观察当地人民和欧洲人关系的积极和消极的方面。作为一名有着贵格会教养的"自学成才者"，他形成了对该地区人民的决心和力量的钦佩，其中包括新喀里多尼亚和新赫布里底的法国种植园主社群、战时报告日本军事航运的澳大利亚"海岸观察哨"、有着美拉尼西亚－欧洲的混血背景并成为两个文化世界之间的桥梁的人们。他的敏锐观察形成了短篇小说集《南太平洋故事》的基础。他因此在 1948 年获得普利策奖，随后以书籍形式再版该著作（Michener 1949）。这部极其成功的小说混杂了事实与虚构，成为电影《南太平洋》的基础。它的广泛吸引力确保了米切纳作为历史小说作家的生涯在未来的成功，其中两部《夏威夷》和《阿拉斯加》是为其赢得全球声望的史诗般的巨著。

或许没有其他太平洋传奇能够像"邦蒂号"哗变者（在很大程度上浪漫化和虚构化）的故事那样彻底吸引公众的想象力，那个故事是众多书籍和不少于五部大电影的主题。这些电影的头两部是澳大利亚制作的，发行量并不大：第一部是无声片，在 1916 年首次公映，第二部描绘了皮特凯恩岛，题为《邦蒂余波》（*In the Wake of the Bounty*）。发行于 1935 年的第三部是典型的好莱坞冒险电影，历史时间在其中被扭曲。它把布莱船长描绘成虐待狂，他在随后的航行中抓获了那些哗变者，让他的船员遭受残忍的虐待，那些船员的首领是高贵而正直的弗莱彻·克里斯蒂安。关于那次哗变的最近两部电影分别首映于 1962 年和 1984 年，它们还是不顾历史的真实性，而追求戏剧化的影响和视觉的"真实性"。其结果是延续描绘太平洋及其人民和历史的不准确而且不适当地浪漫化的趋势。

六、作为研究实验室的太平洋

在太平洋实地调查的科学著作的出版始于 18 世纪末和 19 世纪初，它们是法国和英国探险队的工作结晶，在那些探险船只上有装备精良的一群群学者、天文学家、数学家和博物学家。有趣的是，在增进对该地区的科学知识的问题上，西班牙人是落后分子，而当他们在太平洋进行探险之旅时，他们领先于其竞争对手一个多世纪。哪怕是就携带著名科学家的西班牙探险而言，比如说 1789－1794 年亚历杭德罗·马拉斯皮纳（Alejandro Malaspina）指挥下的那次探险，安东尼奥·皮涅多（Antonio Pineda）率领三个人组成的科学团队随船工作，并没有发表科学研究论著（至少在 1885 年之前如此）。因此，我们会归入"科学"一类的最早著作始于像约瑟夫·班克斯和查尔斯·达尔文这样的名人。所谓"科学"的基础是仔细的描述、分类和系统的分析。尽管如此，这些科学研究者和追随他们的其他人发现难以在其关于太平洋这个新世界的著作中避免欧洲中心论。就像在他们之前的非科学探险家那样，那些探险家看到太平洋风景就想起家乡，启发他们使用像新荷兰、新南威尔士、新西兰、新几内亚、新不列颠和新喀里多尼亚这样的名称，博物学家也是这样用不恰当的旧世界的名称给他们遇到的许多新植物、鸟类、鱼类和哺乳动物命名。

1. 太平洋自然史的写作

约瑟夫·班克斯

约瑟夫·班克斯爵士在詹姆士·库克第一次到太平洋航行时陪伴着他。他是一名贵族，一名来自林肯郡（英格兰）的富裕地主；也是一名博物学家，受到像瑞典植物学家和分类学家卡罗卢斯·林内乌斯

（即林奈）这样的著名科学家的影响。当他参与库克探险时，班克斯
只有 25 岁，但已经是深受尊敬的科学家和英国皇家学会的会员。他
捐款 1 万英镑无疑使其顺利受邀参加那次探险，加上他聘用了他先前
的老师丹尼尔·索兰德，索兰德曾是林奈的学生，他招来了一批研究
助手、秘书和工匠。参与观测金星凌日的有查尔斯·格林，他曾是皇
家天文学家的助手，还有两位艺术家，即患有癫痫病的亚历山大·巴
肯（Alexander Buchan，他在塔希提岛被俘而死亡）和悉尼·帕金森，
他是年轻的贵格会教徒，以其精美的植物图画而知名。

　　班克斯在库克第一次航行的大部分时间里辛勤工作，收集、编
目、描述和绘制植物与动物标本，对科学来说，它们往往是全新的。
他们靠这么做达到了英国皇家学会为他们设定的一些要求，该学会嘱
咐班克斯和库克：

> 仔细观察土壤的性质及其产物，栖息在或经常到那里的禽
> 畜，在河流中和海岸边发现的鱼类及其数量，如果你们发现任何
> 矿藏、矿物或宝石，你们应该带回每一种的标本，你们可能收集
> 的树种、水果和谷物种子的标本也应如此处理，把它们交给我们
> 的秘书，从而使我们可能促成彻底的研究并用它们进行实验。
>
> 引自 Baker 2002：112

　　尤其是在新荷兰的东海岸，这些发现如此丰富。库克将这个海湾
重新命名为植物学湾，“奋进号”在这次发现之旅期间于此驻留。在
他返回英格兰时，班克斯带着不下 3 600 种植物样本，其中 1 400 种
是当时的科学所未知的。

　　班克斯不仅是一位敏锐的博物学家，而且是一个地主，与加勒比
地区的英国种植园主、贵族和殖民地官员的社群关系密切。他在社会

群岛发现有丰富的面包果树生长，让当地的波利尼西亚人容易栽培，为他们提供了丰富的食物，他的发现引起了加勒比地区奴隶主的极大兴趣，随着美洲殖民地的减少，其奴隶先前廉价食物的来源日趋枯竭。班克斯和加勒比地区种植园主社群的影响力促使英国海军部派出英国军舰"邦蒂号"，在威廉·布莱的指挥下，收集面包果树的幼苗，以便移交给英国统治下的加勒比地区的奴隶殖民地。就像众所周知的那样，布莱的第一次尝试以其船员的哗变而告终。他的第二次尝试比较成功，向圣文森特的植物园移交了 544 株面包果树的幼苗。这只是班克斯将动植物的科学研究与在其发现的商业方面的实际和企业家利益相结合的众多事例之一。

查尔斯·达尔文

正是乘坐测量船"猎兔犬号"（一作"贝格尔号"）在加拉帕戈斯群岛逗留时，年轻的查尔斯·达尔文开始形成彻底改变我们对自然世界看法的著名理论。他的开创性思想涉及自然选择在生物进化中的作用，在他访问位于厄瓜多尔海岸以外 1 000 公里的该群岛之后数十年才得以发表。尽管如此，1835 年，当他在圣克里斯托瓦尔（San Cristobal）登陆，踏上全新世的火山熔岩时，他的进化理论的第一批种子在他的头脑里生根发芽。

起初这位年轻的博物学家认为加拉帕戈斯群岛荒凉而无趣，它们的干旱土地是扭曲的熔岩，吸水的火山灰、浮石和熔渣，但他认识到火山作用依然塑造着这些岛屿。我们现在知道，仅仅在大约 300 万或 400 万年前，这些火山峰顶的第一个才从太平洋中露头，在地质的时间量程上，那是相当新近的事情。查尔斯·达尔文那爱追根究底的头脑开始思考在"猎兔犬号"测量的每个岛屿上可能造成动植物异常特征的原因。惊人的动物包括 14 种巨大的陆龟，其中之一有着长长的脖颈和鞍状的硬壳，第一批西班牙来客就是用它给加拉帕戈斯群岛命名的①。虽然在常常干旱、布满仙人掌的马切纳岛（Marchena）上，这种乌龟以小树枝为食，但在该群岛的植被更为浓密、供水条件更好的邻近岛屿上，其他乌龟是食草动物，头颈短，外壳光滑圆润。"猎兔犬号"的船员把一些巨龟带上船，不是作为科学研究的对象，而是作为新鲜肉类的补给，因此，这位年轻的博物学家没有充分的机会研究其背甲的特征或得出其任何身体组织结构差异的原因的结论。

不过，达尔文确实特别注意到一些种类的嘲鸫类似于之前在南美洲看到的嘲鸫，但与那些嘲鸫有着细微的差别，也与加拉帕戈斯群岛不同岛屿上的其他嘲鸫有所不同。随着此后研究他在这次对不同岛屿的短暂访问期间收集到的这些鸟类的防腐标本，他开始认识到这些差异显然与不同的栖息地以及不同岛屿的食物来源有关。他也推断，如果这些岛屿是新近形成的火山峰顶，它们看来是如此明显，那就表示该群岛的实际地质情况在不断变化，在那里发现的鸟类、动物和植物也是相对新近的到来者，而可以看到的差异可能是随着时间推移适应能够得到的栖息地的结果。

顺着达尔文的推理思路，他的嘲鸫使其得出了极其不安的结论：加拉帕戈斯群岛的嘲鸫种类之间的明显差异并没有在地球上的其他地方发现，意味着除非在当地特地创造个别物种的方式占据上风，否则进化的根源必须是在遥远的过去从南美洲到达该群岛的嘲鸫的个别种类。达尔文知道这种思想挑战了当时正统的宗教和科学信仰，因为它质疑了《圣经》的创世记。极少有人敢于公开挑战正统的信仰，而达尔文对公开他的思想感到犹豫是可以理解的，尽管他在其"研究日志"（一译"考察日记"）中暗示在加拉帕戈斯群岛"我们似乎被带

---

① 加拉帕戈斯在古西班牙文中的意思就是"龟"。——译者注

到多少接近那个伟大事实的地方——那个谜中之谜——新生命在这个
地球上的第一次出现"（Darwin 1845）。然而，达尔文确定了其他独
特的动物和鸟类，它们似乎证实了他的革命性假设，其中包括在附近
生活的海鬣蜥，它们在外表上与陆生鬣蜥非常相似；不会飞的一种鸬
鹚；13种小鸟，他起初错误地确定它们属于完全无关的属，但后来
发现它们全都属于同一种雀形目[①]。现在这些小鸟被称为"达尔文
雀"，因为它们确实证实了他的假设：新物种通过自然选择和适应变
化中的环境条件而形成。

随着他的进化论成形，达尔文后来认识到有时加拉帕戈斯群岛中
的不同岛屿上的生态龛位（又作生态位或小生境）的显著差异会最终
导致鸟类的身体特征的适应，那些差异因地理分离而加剧，这种分离
确保了每个岛屿的种群不会与其他岛屿上的种群杂交。这些差异包括
不同大小的鸟喙，用以敲开坚硬的种子，或者使用细枝作为工具，用
以搜寻树皮下的昆虫。当1859年他得知另一位生物学家阿尔弗雷德·
罗素·华莱士独立地致力于相同的观念，准备公开基本上相同的结论
时，他抢先发表了自己的革命性理论，授权出版了他那开创性的著作，
全名是《论物种起源：借助自然选择的方法，在生存斗争中保存优良
物种》。这本书依然是有史以来最有影响力的著作之一。达尔文和华莱
士发现太平洋的环境几乎不可避免地导致自然选择和适应是物种多样
化的基础的结论，这并非出于偶然，在那里，岛屿与世隔绝造成的生
物学状况简直就像是受控制的实验室环境。因此，太平洋是一个物理实
验室，它提供了人类和自然史写作的革命——自然选择理论——的背
景，在一定意义上，它是这段故事中的一个活跃的角色。科学史在太平

[①] 严谨的说法是雀形目燕雀科，达尔文一共搜集了14种，其中13种分布在加拉帕戈
斯群岛。——译者注

洋发生革命，而太平洋史本身因"猎兔犬号"航行而变化。

甚至在 21 世纪里，新的研究成果依然支持着达尔文。例如，芝加哥鸟类学者特雷弗·普里斯（Trevor Price）和其他人最近对加拉帕戈斯雀鸟进行的 DNA（脱氧核糖核酸）研究证实 14 种雀鸟在基因上与一个共同的祖先有关，但演变为地理上分离、生态上适应、体格上不同的多个种类（O'Neill 2008：26 - 27）。在地理上与世隔绝的群体和生态上不同的环境中繁殖许多代之后，"雌性"物种可能有时回到其共同的起源点，但依然继续占据不同的生态龛位，而且避免与其同源物种杂交。看来这就是在加拉帕戈斯群岛发生的情况，在那里吃种子的雀鸟现在与吃叶子、水果和昆虫的雀鸟居住在同一个岛屿上，却没有发生任何杂交的情况。

英国海军部在 19 世纪期间的传统是当海军到太平洋探险时在船上定员中包含"科学绅士"。1845 - 1850 年，在欧文·斯坦利的指挥下，英国皇家海军"响尾蛇号"（Rattlesnake）军舰前往新几内亚—大堡礁地区的航行延续了这一传统。托马斯·亨利·赫胥黎在"响尾蛇号"上作为年轻的军医、博物学家开始了他的职业生涯，他在 19 世纪末的英国科学界成为著名人物，而且，像其他地方所谈到的那样，他是生态旅游的发起人。1849 年，在他负责的科学职责当中有研究新几内亚海岸周围的植物和动物状况。虽然其间有令人深感沮丧的事件发生，但赫胥黎坚持他对海洋生物的研究，从而能够提供坚实的证据支持达尔文—华莱士的进化论。赫胥黎随后将其注意力转移到太平洋岛屿的文化研究和人种学，也对使太平洋岛民能够与新几内亚周围群岛之中的贸易伙伴保持联络的航海技艺极感兴趣。

2. 20 世纪的环境研究

太平洋也为全球气象学的研究提供了至关重要的实验室，而且增进了我们对海洋学和海洋生物学的了解。虽然全面叙述该领域里的最新科学贡献超越了本书的范围，但在这里简要介绍一些 20 世纪研究计划的典范，它们对全球人类社会造成了广泛的影响。其中之一就是了解全球气象模式的综合科学研究，它的焦点是太平洋的环流。在1982 −1983 年厄尔尼诺在太平洋部分地区造成巨大灾难之后，联合国的世界气象组织制订了"热带大洋与全球大气"监视计划（TOGA），涉及利用气象卫星、潮位测量系统、大洋中部的浮标以及船上的监视系统收集数据并加以分析。该计划旨在提供连续的数据，涉及用于构建全球环境的复杂模型的大洋温度、气压、风力模式、洋流、海平面变化和其他关键参数。这些模型使科学家能够更好地预测气象状况，进行气候变化的长期研究，为测量在全球变暖加速的状态下海平面上升的速度设定基准。

　　第二个著名的计划由法国海洋学家雅克−伊夫·库斯托（1910 −1997）制订。长期以来，库斯托和一组电影摄影师和海洋学家拍摄并记录了热带太平洋的海洋环境，这有助于形成全球对无数海洋生物——以及许多太平洋岛国的人民——赖以生存的礁石生态环境的脆弱性和灭绝危险的公共意识。在 21 世纪里，许多太平洋海洋学研究机构（如加利福尼亚州圣地亚哥市的斯克里普斯海洋研究所）和太平洋周边地带的许多大学研究项目把注意力集中在范围广泛的太平洋海盆的环境问题上，对研究和传播环境问题的数据来说，太平洋海盆已经成为一个巨大的野外试验室。

七、描绘太平洋的文化史

　　就像上面讨论的一些自然科学工作那样，对太平洋的社会科学研究没有逃脱欧洲中心论的批评，即西方研究者选择和强调他们认为重要的方面而无视其他方面。一些著名的太平洋人类学家的工作事例将用于说明这个论断。

人类学家和民族志学者的开创性工作

布罗尼斯拉夫·马林诺夫斯基

在波兰出生的布罗尼斯拉夫·马林诺夫斯基（1884－1942）是一位有着巨大影响力的文化人类学家，他的理论和田野工作方法有助于塑造随后数代人类学家和民族志史学家所采用的研究路径，尤其是在太平洋内。马林诺夫斯基坚决主张文化必须通过理解其内在动态进行研究，使其成为社会人类学的功能学派的创始人。马林诺夫斯基最著名的著作是《西太平洋的航海者》（*Argonauts of the Western Pacific*，亚尔古［Argonaut］是希腊神话中去海外寻找金羊毛的英雄），那是他第一本关于特罗布里恩德岛民的"库拉圈"贸易的伟大著作（Malinowski 1922）。然而，他的解释基于这种假设：他研究的是一个传统社会的最重要而且没有发生变化的方面，这个社会没有受到外部世界的影响。这种假设难以由一位欧洲而非太平洋文化的传承者在仔细的、代表性的、"时间切割的"实地考察的基础上加以证实。在第一次世界大战期间，澳大利亚政府允许马林诺夫斯基留在特罗布里恩德群岛，继续进行他的工作，哪怕当时他一度在理论上应该被作为敌国侨民拘禁。在那次大战之后，马林诺夫斯基继续努力，成为受人尊敬的英国人类学研究的带头人，后来曾任耶鲁大学的客座教授。虽然他影响了像雷蒙德·弗思和罗伯特·雷德菲尔德这样的人类学家，但马林诺夫斯基对玛格丽特·米德的工作批评有加，她在青年时是弗朗兹·博厄斯（Franz Boas）的美国学生。他认为，在太平洋岛屿的亲缘关系结构、语言和一种文化的其他方面等问题上，她是外行，他认为那些东西太复杂，不可能像米德做到的那样，在几个月里就加以掌握。米德后来成为得到最广泛承认的美拉尼西亚文化的权威人士，尽管马林诺夫斯基并不赞赏她。

雷蒙德·弗思

雷蒙德·弗思是一位出生在新西兰的人类学家。他是马林诺夫斯基的学生。他的学术生涯漫长而卓越，他写下了关于太平洋岛屿文化的许多书籍和文章。在 20 世纪 20 年代，他把第科皮亚当做家，那是圣克鲁斯群岛最南端的一个岛屿，而他写了 10 本书探讨这个岛屿文化的方方面面。第科皮亚在太平洋的一个角落——所罗门群岛，是波利尼西亚文化领域西部的"局外人"，这里盛行的是美拉尼西亚文化。他最著名的著作是 1936 年出版的《我们的第科皮亚》（*We the Tikopia*），多少有些放肆。在弗思的解读中，这个岛屿文化强调的是互赠礼物以巩固友谊，毫无保留的对客人的慷慨，土地的占有根据四位传统的酋长即阿利基（Ariki）的裁决：这种制度在第科皮亚依然重要。这个小岛抵制现代化的诱惑，在它看来现代化有害于它的一些邻居，比如说陷入困境的所罗门群岛。弗思在 2002 年去世，在讣告中他被称为"现代英国人类学之父"。

玛格丽特·米德

作为一位就太平洋文化而写作的人类学家，玛格丽特·米德最为人所熟知的是她在波利尼西亚和美拉尼西亚妇女和成年女孩当中的开创性的实地考察工作。她的书《萨摩亚人的成年》（*Coming of Age in Samoa*）是一部经典著作，尽管以后的学者提出了一些问题，涉及 1925 年她在那里进行其实地研究时对她所观察到的事件和情况的各种解读（Freeman 1983）。在一定意义上，米德认为人类学家的工作就是为后人记录某种消失中的文化，假设是它在与欧洲人接触之前的真正土著文化。作为一名年轻的研究生谈到她作为人类学家的任务时概述了她的思想："拉罗汤加岛上最后一个知道过去任何事情的人很可能在今天死去。我必须抓紧时间。"（Mead 1972：338）米德的太平洋岛屿人类学的工作在 1925 年始于萨摩亚群岛，在 1938 年结束于新几内亚。米德的后期实地考察工作在阿德默勒尔蒂群岛的马努斯岛（Manus Island）上进行，那时这是新几内亚托管领土（先前是德属新几内亚）的一部分。在当时，她的实地研究方法相当新颖，尽管她受到德国/美国学者弗朗兹·博厄斯的影响。她在 20 世纪 30 年代里的后期工作涉及太平洋文化影响男性和女性预期行为方式的研究。她的工作往往把注意力集中于在一个社会内部养育孩子的问题上，标新立异，因为它使人类学研究具有动态的一面，否则它看上去就是一个静态社会的"略影"或典型观点。

20 世纪末 21 世纪初，在位于太平洋领域的高校研究机构资助下，人类学家、民族志史学家和其他社会科学家对太平洋文化开展了众多的研究。在英语研究组织的长长清单上突出的有：位于火奴鲁鲁的毕晓普博物馆（Bishop Museum），夏威夷大学的东西中心，位于堪培拉的澳大利亚国立大学的太平洋和亚洲学研究院，还有位于苏瓦（斐济）的南太平洋大学。对太平洋文化的学术研究成果的传播来说，一大贡献来自雄心勃勃而涉猎广泛的丛书，它是由丹尼斯·弗林（Dennis Flynn）和阿尔图罗·吉拉尔德斯（Arturo Giraldez）组织的作品选集，丛书的总标题是《太平洋的世界：土地、人民和太平洋史，1500－1900 年》。该丛书计划出 18 卷，其中一些还在制作过程中，而其他各册已经付样。该丛书的著作由重印各种杂志的文章构成，其中一些写于 30 多年前。虽然编辑为各书所写的引论是宝贵的概述与综合，但无论在事实还是在解读意义上，许多材料相当过时的情况依然存在。

八、关于太平洋的科学之谜

关于太平洋的一些错误的科学观念在该区域的历史上造成了严重

的影响，一些错误观念的持续时间相当长，只是在最近才被证明是不正确的。这里讨论的是许多此类错误中的两个例子。有科学家和外行人相信在热带太阳的强烈直射对人类头脑造成了有害的影响，热带太平洋的热度和湿度有损于欧洲人，在这种状况下他们无法忍受长期的户外体力劳动。第二个谜团是太平洋的岛民从南美洲向西散布，而不是从环太平洋亚洲地带向东移民。

"有害的"气候成为贩卖奴隶劳工的理由

"遮阳软帽"无处不在。那是一种厚实的防护帽，用纤维或软木作为衬里，我们可以轻易地在太平洋的欧洲传教士、种植园主和行政官员的早期照片中看到它。它不仅仅是地位的标记或时尚的宣言。人们在户外戴它，外加一条长长的、红色的毡制脊柱垫，旨在防范"有害的"阳光伤害大脑和脊柱神经。在 19 世纪和 20 世纪初，许多医学"专家"坚定地相信任何时候去除这种保护性的头盔都会造成对欧洲人的危险，他们的智能会因暴露在太阳的直射光线下而衰竭。这种错误观点的典型是温斯顿·丘吉尔说的话，他说这话时任英国殖民地部的次长：

> 阳光的直射——几乎在一年的任何季节里都是垂直的——伤害着人类和野兽，而对未得到防护的白人来说是灾难！
>
> Miller 1971：450

同样，欧洲人认为自己的生理使其无法在热带太平洋气候中从事艰巨的工作：

> 硕大露珠在清晨落在甘蔗上，而砍甘蔗的工作有着令人窒息

的性质，因此，在大多数情况下，为了保持他们的健康，白人不会持续地干这种工作。

Smith 1892：1

另一方面，来自印度、非洲或热带太平洋地区的劳工是"大自然（为这类工作而）设计的"。在昆士兰、斐济和夏威夷的甘蔗种植园内，亚洲或美拉尼西亚的契约劳工作为苦力和体力劳动者引进，承担根据流行的医学和科学认为不适合欧洲人承担的任务。如今可以看到这种错误信念的后果是在斐济、夏威夷和太平洋其他地方拥有大量的亚洲人口，而在一些太平洋岛屿文化中留存着强迫劳动力招募的恶俗。如前所述，在澳大利亚，1901 年成立联邦之后，数十年前从其母岛骗取的卡纳克契约劳工被强制从昆士兰遣返。在第二次世界大战期间，关于阳光影响的谜团消散，那时数以千计的美国海军工程营成员在炙热的热带阳光下，不穿衬衣，不戴帽子，在那些岛屿上辛勤地修建飞机跑道和军事基地，没有发生令人害怕的早期医学专家所预言的大脑或神经伤害。

"康提基号"与美洲的波利尼西亚起源之谜

近至 20 世纪 50 年代，波利尼西亚人的起源及其在太平洋中部和东部的"波利尼西亚大三角"内四处扩散的情况依然是一个争论不休的话题。虽然大多数人类学家相信亚洲起源和太平洋人民向东扩张的理论，但少数人坚持认为在南美洲和波利尼西亚文化之间存在着某些相似之处，表示波利尼西亚人是从秘鲁或美洲沿岸的其他地方向西扩散的。著名的挪威人类学家索尔·海尔达尔在 1948 年着手证明发生过这样的航行，他用原始的轻木木筏"康提基号"航行，向西横渡太平洋，到达土阿莫土群岛。然而，虽然他证明了这种航海是可行的，但并未因此证明他的理论：波利尼西亚人确实在过去数个世纪里从南美洲旅行至此。这一点还有待后来的考古学家、语言学家和 DNA 专家令人信服地证明太平洋岛民及其文化是自东方而不是从西方传来。值得注意的是，辛勤的对太平洋岛屿的艺术形式的考古研究有助于解决这个谜题。被称为拉皮塔的陶器的独特样式是考古学家能够追踪太平洋文化传入西太平洋地区的手段之一，它从新几内亚到斐济和更远的地方，在本书其他地方加以讨论。

第八章　开发太平洋：政治独立、
经济发展和环境保护

本章的重点是最近出现在太平洋发展中的政治、经济和环境问题。它凸显了太平洋袖珍国家的国家建设、城市和工业扩张、航运的技术变革、港口发展和商品流动、发展对太平洋生态和环境的影响。本章讨论了外国援助、投资、金融、旅游业、教育和工业多元化，以此阐明当代的发展趋势和问题，包括 2008－2009 年严重衰退的影响。本章也讨论保护全球"公地"不受有害的开发利用和缓解似乎不可避免的气候变化影响的行动。

一、太平洋海盆的国家建设

虽然许多新近形成的袖珍岛国现在不再受殖民统治，但它们面对令人畏缩的挑战是在微小、分散、文化和环境有时不尽相同的领土上锻造切实可行的经济和社会。讨论其中一些太平洋袖珍国家的独立之路有助于我们了解它们面对的发展问题。虽然它们先前大多是欧洲和其他太平洋强国的殖民地或托管地区，但许多在其成为独立国家的变迁过程中有着非常相似的历史和问题。笔者选择的事例如下：

● 先前属于美国托管领地的太平洋岛屿（密克罗尼西亚联邦、北马里亚纳群岛联邦、关岛、帕劳共和国和马绍尔群岛共和国）

● 先前属于新西兰的托管领地（萨摩亚和库克群岛）

● 一块先前的英国殖民地（斐济群岛共和国）

● 澳大利亚的一块托管领地（巴布亚新几内亚），它与西伊里安

(West Irian，西新几内亚）有着边境纠纷，后者先前是荷兰的东印度群岛的一部分，但现在是印度尼西亚的一个被边缘化的省份。

本章也研究了未来可能成立的国家，它们由目前法属波利尼西亚的殖民领土构成。

1. 先前属于美国托管领地

密克罗尼西亚联邦由新几内亚以北的加罗林群岛中的 600 多个小岛和环礁组成，1986 年美国让其独立。但它选择与美国自愿联合，自第二次世界大战结束以来，美国一直把它作为联合国的托管领地进行统治。这些岛屿一度由西班牙控制，1899 年西班牙把它们出售给德国。在第一次世界大战期间，日本人占领了这个群岛，根据国际联盟的托管令加以管理，直到在第二次世界大战时又被美国军队逐出。该联邦的四个主要岛屿混杂着密克罗尼西亚人和亚洲人，反映了它们的殖民地历史漫长而复杂。它们的遥远及其基础设施的不完善妨碍它们发展旅游业，因此，它们的约 11 万人口必须依靠外国援助，主要是美国援助，才能补充勉强维持生命的农业、渔业和微不足道的海鸟粪开采业。它们继续依赖美国反映在它们采用美元作为官方货币上。每年的人均收入约为 2 000 美元。

北马里亚纳群岛联邦在它附近，但在政治上独立于密克罗尼西亚联邦，前者在独立时拒绝加入后者。北马里亚纳群岛联邦是一个由环礁和火山高岛组成的群岛，居住着约 8 万名查莫罗人和菲律宾人的后裔，塞班是其首都。西班牙在 16 世纪把这些岛屿作为殖民地，引进菲律宾工人，而且几乎造成查莫罗文化的灭绝。这种文化在 17 世纪缓慢地恢复其从前的一些力量。在 1895 年美西战争后，该群岛由美国（它兼并了关岛）和德国瓜分。日本人在第一次世界大战期间占领了德国人持有的那些岛屿，也在 1942 年夺取了关岛。一系列激烈的战斗最终赶走了日本人，在第二次世界大战后，作为太平洋岛屿托管领地的一部分，美国管理着这个群岛。

在拒绝与其邻岛组成联邦之后，北马里亚纳在 1975 年选择成为美国领土。作为美国的正式部分，一些来自美国本土的企业家利用其低廉工资——远远低于美国的最低工资——设立服装厂。他们引进中国女工缝制可以合法地在美国以高价出售的服装，因为它们带着"美国制造"的标签。由于这种女工流入，马里亚纳群岛的人口形成了显著的性别失衡（在这些岛屿上，男女比例一度约为 7∶10）。不过，最近这个行业已经萧条，导致该地经济严重依赖美国政府的拨款和补贴，还有日本人的旅游。

虽然关岛与北马里亚纳群岛一样盛行查莫罗文化，而且它在西班牙、美国和日本统治下的历史也多少与之相似，但关岛在独立时选择在政治上保持分离，尽管它也选择成为美国领土。它的生活标准相对高，其 17.4 万人的平均年收入约为 2.1 万美元，这些收入来自它作为美军主要基地的功能和日本旅游者。目前性别失衡，男女的比例为 104∶100，也反映了它的军事特征。附近的帕劳共和国在 1994 年独立，其人口为非密克罗尼西亚居民，人们认为他们来自澳大拉西亚和印度尼西亚。这在一定程度上解释了帕劳愿意在政治上保持分离，哪怕它的殖民地历史也与其密克罗尼西亚联邦和北马里亚纳群岛联邦相似。帕劳与美国自由结盟，只有两万人口的帕劳是最小的太平洋袖珍国家之一。以前它依靠其丰富的铝土矿和磷酸盐矿床，现在其经济依赖美国的金融援助以及小规模的农业、渔业和旅游业。

在先前属于美国托管领地的所有太平洋岛屿当中，马绍尔群岛共和国面对的发展障碍或许是最大的。起初它在 1885 年成为德国的殖民地，在第一次世界大战期间由日本人占领，此后作为国际联盟的托管领地，依然由日本人管理，直至 1944 年美军占领该群岛为止。在

1946 年到 1956 年间，它是美国核试验场的所在地，环境遭到破坏，其岛民的健康因原子辐射而受到一些影响。1979 年它开始自治，而从 1986 年起，根据与美国的自由结盟协议，该共和国成为一个主权国家。然而，它的联合国托管地的身份到 1990 年才告终结。最近几年来，因长期干旱和石油成本急剧上涨造成的能源短缺，这个微小、偏僻、相对贫穷的国家必须依靠石油发电，境况越发糟糕。由于全球变暖而造成的海平面上升有可能导致这个群岛的一些低浅环礁在未来几十年里被淹没。

2. 先前属于新西兰的托管领地

萨摩亚（先前的西萨摩亚）和库克群岛都有着波利尼西亚文化的传统，在独立之前都是新西兰的托管领地。两国的主要岛屿都是火山高岛，珊瑚环礁形成每个群岛的一部分。在 19 世纪帝国主义强国德国、美国和英国的戏剧性对抗之后（在第六章中已经讨论），萨摩亚成为德国的殖民地，直到新西兰军队在第一次世界大战期间占领了它。从那时到 1962 年，它由新西兰管理，有时新西兰会面对动荡和政治抵抗。自从它独立以来，在萨摩亚及其邻居美属萨摩亚之间出现了强烈的差异，美国依然将后者作为其太平洋领土的一部分加以占有。在约 50 万人口集中于两个主岛上的情况下，萨摩亚的波利尼西亚人数仅次于新西兰人。它与新西兰自由结盟。近几十年来大量萨摩亚人迁移至新西兰，这个岛国的经济严重依赖侨民的汇款，还有外国援助，出口干椰子肉和香蕉。

库克群岛这个自治的民主国家由 15 个小岛组成，人口以毛利人为主，他们大多生活在南部的火山高岛上，即拉罗汤加岛。英国新教的传教士在 1821 年到达那里，因此，那里约有 1.5 万人依然是虔诚的基督教徒。库克群岛在 1901 年被新西兰兼并，在 1965 年实现独立。就像萨摩亚那样，它选择与新西兰自由结盟，现在新西兰是库克群岛的约 5.8 万毛利人的永久住所。因此，库克群岛是其人口生活在海外多于在本土的许多太平洋小国之一。就像旅游业、境外银行业、养殖珍珠业、热带水果的出口那样，侨民的汇款对维持库克群岛的经济很重要。在当前的全球经济萧条中，无论是库克群岛还是萨摩亚的经济都因旅客抵达的减少以及进口商品和燃料的成本提高而低迷。因为在严酷的经济氛围里，空中客流锐减，所以两个小国都需要投入更多的补贴以保持其太平洋空中联系——其经济的生命线——继续发挥作用。在试图避免经济衰退的过程中，一些太平洋国家正在探索这样的倡议：共同购买航空燃料，从而使价格更便宜，而且它们正在培养更密切的对华关系，中国已经在向库克群岛提供发展援助。

3. 先前的英国殖民地：斐济

从 1874 年到 1970 年，斐济是英国的殖民地。斐济群岛共和国是由约 300 处环礁和一些大型的"陆地"岛屿构成的群岛，其中三分之一有人居住。它的人口主要是美拉尼西亚人，其中超过 85％集中居住在两个主要岛屿上，即维提岛和瓦鲁阿岛。在英国统治时期，大量契约劳工从印度次大陆被引进，以便在甘蔗种植园工作，因为斐济的本地人拒绝这么做。印度劳工的繁殖快于美拉尼西亚人，其后裔在该群岛独立时几乎占总人口的一半。从那以后，民族矛盾成为斐济政治的主线，导致了一些政变，破坏了它的经济，促使斐济的印度人迁出，而且伤害了它与邻近太平洋国家的关系。到 2009 年为止，斐济依然无法恢复民主政府，而动荡的气氛阻碍了旅游业的发展，它是斐济外汇收入的主要来源之一，也是许多斐济人的就业渠道。2008 － 2009 年全球经济危机的连锁反应加剧了斐济的发展问题。

4. 巴布亚新几内亚的发展

巴布亚新几内亚在 1975 年独立，结束了澳大利亚殖民管理的时期，那段时期始于 1907 年，当时英国同意澳大利亚兼并巴布亚的要求，而澳大利亚军队在 1914 年占领了德国统治下的新几内亚。虽然在德国统治时期新几内亚政府的所在地是拉包尔，但澳大利亚人将其行政职能集中在莫尔兹比港。澳大利亚殖民当局的期望是热带水果、咖啡、橡胶、甘蔗和可可的种植园会造成生机勃勃的经济，由负责扩大贸易的种植园白人精英掌控，那些精英主要由第一次世界大战的退伍军人和移民构成。它期望土著人作为种植园劳动力的来源，而澳大利亚的"基亚皮"（kiap①）——澳大利亚政府的地区管理与土著事务部（Department of District Administration and Native Affairs）在巴布亚新几内亚当地的行政官员——在这个偏远地区内密切注意事态发展并维护法律与秩序。

现实的演变多少不同于澳大利亚当局对该地区的最初规划。白人拥有的种植园并不容易从当地的部落成员中得到劳动力，而澳大利亚政府的政策排除了从其他渠道引进劳动力的可能性，比如说在热带太平洋其他地方引进的印度或中国苦力。虽然传教士试图教当地人耕作，但这也没有取得显著的成绩。

在 1960 年之前，作为新几内亚领地的受托人，澳大利亚向联合国安理会的托管委员会负责，此后它向联合国大会设立的类似机构负责。该机构以非殖民化委员会而知名，负责监督所有殖民地管理组织

---

① 据说是德语 Kapitän（Captain）变异而成的洋泾浜英语，此处系航海用语，即船长或队长，而非军事用语（德语为 Hauptmann），即上尉或队长。在 20 世纪 60 年代之前，"基亚皮"均为白人，此后澳大利亚政府也招募土著居民充任当地的行政官员。严格说来，基亚皮也不完全是现代意义的行政官员，而更多是集警察与初级法官职责于一身的官员。——译者注

的解散。因此，到独立时，巴布亚新几内亚的经济相当脆弱，依赖外国投资开采黄金和铜矿，还有援助赠款，从而保持该地区的行政机关正常运作。巴布亚的铜矿由布干维尔铜业有限公司经营，其大股东是澳大利亚康辛里奥廷托有限公司，加上奥克泰迪铜矿，两者在独立后一度支撑着巴布亚新几内亚的经济。

在其第一位总理迈克尔·索马雷（Michael Somare）的领导下，新近独立的巴布亚新几内亚在存在的头十年里得到了良好的治理。澳大利亚政府的援助赠款在头十年里约占其预算的一半，有助于新政府在一个极其分散和分权的民族国家里开办学校、医院、诊所，经营交通基础设施，提供民事服务，开展农业发展项目，这个国家的人口分散在四处，文化不同，与世隔绝。虽然在任何新近独立的国家里，这项任务都会是一大挑战，但在巴布亚新几内亚，事实证明这个任务几乎是不可能完成的，因为它拥有数百种不同的语言，在主岛周围多岩石的高岛和群岛中有几十个在地理上分散的社群，传统的人民适应现代世界的时间非常短，而且它在 20 世纪 70 年代初突然与澳大利亚这个殖民地国家分离。

20 年内，在新不列颠这样的岛屿上，各种权利要求者之间爆发了土地争端；在偏僻的高地上，老的部落对抗重新出现；种植园经济有可能崩溃，而许多侨民离开这个国家，导致训练有素的巴布亚人不足以替代他们的职位。20 世纪 90 年代，随着失业率急剧上升，犯罪率飙升，而各级政府的普遍腐败见诸报端。在拉包尔和外侧岛屿的其他地方发生了土地暴动，造成人员大量伤亡。在 21 世纪的头十年里，巴布亚新几内亚及其邻居所罗门群岛都出现了预示公民社会分崩离析的症状。这对于如此乐观地期望，一旦实现独立，太平洋的这个地区就会出现发展的那些人来说，可真是事与愿违。

5. 西新几内亚的困境

印度尼西亚的领土西伊里安实际上就是新几内亚的西半部。那是一块山峦起伏，森林茂密，但人口稀少的领土，在文化、历史和地理上，它是美拉尼西亚的一部分，但被荷兰人作为其东印度群岛的一部分加以统治。在第二次世界大战之后，联合国迫使那些荷兰的殖民者离开，而这片领土被交给印度尼西亚统治，直至在十年后举行有关独立的全民投票时为止。印度尼西亚利用其控制的十年谋取私利，从印度尼西亚的其他地方把数以万计的马来族人移民到美拉尼西亚的西新几内亚。他们的意图显然是确保在举行全民投票时马来出生的投票者会在人数上占尽优势，他们会以票数胜过当地的美拉尼西亚人，选择留在印度尼西亚内。与此同时，印度尼西亚政府镇压在本地人口当中发生的倾向独立的运动。全民投票的结果是西伊里安正式被印度尼西亚在 1963 年兼并，没人为之感到惊奇。

新名称为西伊里安的这块地方有着丰富的资源，主要是木材、黄金、铜和石油，它们由大型的私营企业开发，其中许多公司的所有人是印度尼西亚的高级军官。这种"发展"滴漏到本地人口的好处少之又少。因为该地区的基础设施、教育、土地政策和服务部门都在印度尼西亚的控制之下，所以基于马来的文化和语言，还有印度尼西亚企业家和殖民者，开始排挤土生土长的巴布亚文化、语言、宗教和制度。

在印度尼西亚前总统苏哈托的统治时期，印尼在 20 世纪 80 年代启动了被称为"移民行动"的计划，从人口过多的爪哇和马都拉迁移超过 6 000 万人到印度尼西亚"欠发达的"外围岛屿领土上，包括西伊里安在内。虽然本地人抵抗运动之一巴布亚独立组织（OPM）开始针对这种移民方案发动游击战争，但它几乎没有得到外界的支持，

而且受到马来族民兵和印度尼西亚军队的无情报复。"移民行动"的
宏大计划也没有成功，受阻于环境上的困难、分配土地中的丑闻、游
击队的攻击。许多现在赤贫的马来殖民者放弃了分配给他们的土地，
那些土地往往在完全不适合农业生产的地区里，他们要么迁到城镇，
要么回到自己的母岛。

　　6. 伺机成立的太平洋国家：法属波利尼西亚

　　法属波利尼西亚是一片辽阔的殖民地，包括诸如土阿莫土群岛、
社会群岛、马克萨斯、新喀里多尼亚和洛亚提群岛。虽然在过去的几
十年里，这些岛屿领土中的许多土著人对他们会实现独立抱有很大的
希望，但这种情况还没有发生。针对走向真正独立的缓慢进展、针对
法国出于自身目的利用这些岛屿领土的政策，偶尔会爆发的与之有关
的暴力事件，阻碍了这些岛屿的发展。例如，塔希提岛东北的土阿莫
土群岛因在20世纪末作为法国热核试验的场地而声名狼藉。穆鲁罗
瓦、方阿陶法（Fangataufa）和豪（Hao）环礁拥有与核试验计划有
关的军事设施。虽然1997年前后这个试验场地不复使用，但在南太
平洋依然留下了猜疑和对这些试验的环境后果的顾虑。在第五章中谈
到的法国控制新喀里多尼亚农田和矿山的经历也表明了欧洲殖民者与
土著太平洋岛民的愿望相抵触。

　　旅游业一直是法属波利尼西亚的主要增长行业。对许多人来说，
社会群岛是在旅游手册中所展现的南太平洋天堂的缩影。主要的旅游
岛是塔希提岛、莫雷阿岛和波拉岛。东南太平洋中最大的城市中心是
帕皮提，它是法国殖民当局的核心，也是主要的国际空港。最大的三
个岛屿都是火山高岛，巍峨的山峰俯视着环绕这些岛屿的潟湖和黑沙
或优美的珊瑚海滩。帕皮提的东北角是马塔瓦伊湾和金星角（Venus
Point），詹姆斯·库克和威廉·布莱访问塔希提岛时曾在那里下锚。

莫雷阿岛毗邻帕皮提，与马耶瓦海滩（Maeva Beach）相对，它是一个风景如画的岛屿，也是东南太平洋中最早拥有基督教教堂的地方（图5）。赖阿特阿岛（Raiatea）是东南太平洋中第二大群岛，人口数量位列第二，乌土罗亚（Uturoa）是仅次于帕皮提的第二大城市地区。偏僻的土布艾位于奥斯垂群岛之中，它是"邦蒂号"哗变者在前往皮特凯恩岛之前试图定居但失败的地方。这些岛屿难以通航，使其无法实现人们在受欢迎的休闲岛屿上所看到的那种经济发展。

二、环太平洋地区的发展

1. 区域影响

许多观察家认为飞速发展的环太平洋地带是全球经济的未来增长引擎。过去20年来在该区域经济蓬勃发展背后的推动力量是中国内地，就国内生产总值而言，它已经是全球四大经济体之一，其增长率保持在每年10％左右（在2008－2009年经济低迷期间减速，低于8％）。就购买力而言，它也是第二大经济体。然而，中国不可能实现这种增长而无需太平洋周边的其他主要国家的投资、市场和原材料资源。日本，美国，被称为"四小龙"的新加坡、韩国、中国香港和中国台湾地区——向中国工业品提供了投资、技术和市场，而澳大利亚、加拿大和东南亚满足了中国对原材料和食物的巨大需求。由于2008－2009年首先爆发于美国的这场经济危机，这些太平洋的主要经济体甚至比过去更加休戚与共。美国的外债膨胀到10.6万亿美元以上，而美国财政部债券的47％由日本和中国的央行持有。不幸的是，太平洋周边国家保护自然环境的努力让位于经济增长，因这场全球金融危机而进一步受到损害。事实上，这个地区已经成为温室气体和其他污染物的主要来源之一，而推土机铲平了森林和草地，以便给城市建设项目腾出空间，而那些项目本身现在面对的是不确定的未来。

2. 城市、工业和金融在太平洋地区的发展

在全球前 30 大城市群当中，有 16 个在太平洋区域，而其中 13 个在亚洲。东京位于日本本州岛关东平原上，是这个多山的国家拥有大片平地的少数地区之一，而且靠近日本最好的港口之一横滨。它是一个大都市圈的中心，目前人口超过 3 500 万，使其成为全世界最大的城市。在太平洋区域内的其他大城市包括洛杉矶（2 000 万人）、大阪（1 100 万人）、北京（1 100 万人）、马尼拉（1 000 万人）、上海（1 500 万人）、墨西哥市（2 000 万人）、雅加达（900 万人），拥有超过 200 万居民的其他城市多达 20 个。

近几十年里太平洋形成了一些新的金融中心：为成熟和发展中的经济体的增长提供动力的全球企业网络的枢纽。香港和上海兴起，成为企业在股票市场上市和投资资本交易的主要场所，与纽约和伦敦组成的"成型的"全球金融枢纽平分秋色。先前是主要中心之一的东京相对衰退，而新加坡成为蓬勃发展的东南亚投资项目和金融服务的区域中心。中国香港和新加坡受到国际投资者的青睐，因为它们使得在一个多语言的市场环境中运营的非亚洲和亚洲的商业公司都感到舒适。

个别探讨太平洋周边国家的经济发展而不是综合地加以看待是不恰当的，因为该地区的制造业生产和消费高度关联，受到私营企业和跨国公司的推动，尽管在像中国和越南这样的重量级"选手"中，其政府依然是社会主义的政府。选择生产地点的原因很复杂，其中包括：

- 劳动力的供给、工资预期、技能、可塑性和勤劳程度
- 宽松但有效的监管氛围

- 得到投资和金融的程度及其可靠性
- 低征税和富有吸引力的地区生产的激励措施
- 接近消费者，在一些情况下，远离竞争者
- 制造技术、基础设施、交通设施、住房和生活便利设施的状况
- 诸如电力、水和通讯之类的公用事业的成本

对于总装以及用集装箱船或滚装船和特制的单元列车向全球市场运输成品来说，外包零部件的生产、"零库存"组装和制造、迅速调整设计和生产方式的能力全都表明在海边或河口的大型城市－工业中心是首选之地。因此，在印度尼西亚、马来西亚、泰国、日本和韩国生产的组装部件通常被运往中国的沿海城市进行总装、包装并运往北美、欧洲和亚洲。虽然全球经济在 2008 – 2009 年的低迷降低了这种活动的水平，但并没有人预计这种总体模式从长期来看将会变化。

在拥有 13 多亿人的情况下，中国是世界上人口最多的国家，尽管印度的人口增长速度更快，也许会很快占据首位。过去几十年来，从共产主义的偶像毛泽东在 1976 年逝世，到注重实效的邓小平对经济政策进行重大改革之后，中国迅速发展，在此期间，其总体的经济增长率平均每年约为 9％。

邓小平的名言是"不管白猫黑猫，抓住老鼠就是好猫"，他以此消除了在共产主义与资本主义上的意识形态之争。教条主义的规划和对西方经济和技术发展的排斥让位于谨慎地——然而后期是大批量地——引进资本和技术，还有政府许可的私营企业。在 1978 – 1984 年内，邓小平及其支持者批准在太平洋沿岸设立一些经济特区，向海外贸易开放了 14 个港口城市，邀请外国在中国各行业投资。

1984 年，中国启动了第二轮经济改革，使港口城市不再受制于僵化的政府对贸易和商业的控制，推行了与毛泽东在中国内陆发展工业的想法不同的"沿海发展战略"，那种想法不适合参与全球贸易的

外向型战略。在开发现代化的浦东新区的情况下，上海成为一个工业枢纽，而沿海地区和长江流域的数十个城市中心向外国资本投资开放。到 2003 年，至少有 250 家全世界顶尖的制造企业在迅速发展的珠江三角洲的城市里，在深圳、广州和东莞开设工厂，它们也促成了中国出口总量的约三分之一（Frost 2008：74）。与此同时，中国政府实行了"独生子女"的人口政策。这成功地控制了巨大的中国人口，防止经济进步的果实因人口迅速增长而被吞没，就像在欠发达世界的其他地方所发生的那样。随着中国的财富增长，就生产而言，令其成为第四大经济体，就总购买力而言，使其成为第二大经济体，它也成为世界上的第二大石油消费国，仅次于美国。如果其经济增长速度依然如故，中国大约在 2015 年会取代受衰退困扰的美国成为全世界最大的经济体。

先前西方在南中国海边的飞地已经成为像深圳这样的新兴工业地区的焦点，比如说香港和澳门。那些新兴工业地区结合了西方资本的流入（通过香港）和丰富而廉价的劳动力，还有欣欣向荣的中国企业。在英国统治下的香港和葡萄牙统治下的澳门在 20 世纪末回归中国之后，这些地区和其他先前的外国飞地（如上海）加速转型。

中国农业生产率的提高，转向更有利可图的经济作物而不仅仅是口粮作物，使得中国有可能放宽集体化和行政管制，意味着它不再需要劳动力密集型的耕作方式。数以百万计的中国农民得以腾出身手，从而在沿海经济特区里如雨后春笋涌现的新工厂里出现，他们有可能作为廉价而缺乏技能的劳动力。因此，珠江和长江三角洲已经成为全球层面的制造中心。

虽然沿着中国的太平洋海岸而出现的现代化城市是这种经济转型的产物，但硬币的另一面是农民的失业率居高不下，农村地区贫穷而落后。正如中国领导人最近所指出的，中国城乡之间的贫富差距较大，而且不断增大。在外国投资，技术、管理和营销专业技能的引进、低廉的制造业工资和全球出口量激增的推动下，中国实现显著的经济增长超过 20 年之后，数以百万计的中国人摆脱了贫困，但更多的人看到他们的农田消失在城市的混凝土或水电站的水体之下，而他们的生活方式就此永远改变。中国已经成为亚洲的工业中心，其制造业和用于投资的巨额现金储备推动了整个太平洋地区乃至于全世界的贸易和发展。

如果这种工业繁荣得以维系，哪怕现在出现经济危机，它将需要甚至更多的原材料和燃料投入，还有愿意为可怜的工资而辛勤工作的劳动力储备大军。中国的人均收入依然很低：几乎三分之一的中国人每天劳动所得不到两美元。中国必须指望其他国家提供大量其蓬勃发展的经济所需的工业原材料和燃料。例如，在 2006 年，中国进口了足以生产 3.52 亿吨钢材的铁矿石，其钢铁产量超过美国、日本、俄罗斯和韩国之和。鉴于中国的制成品依赖海外的供应来源和市场，东亚地区的政治和军事稳定与和平对中国经济的持续快速发展至关重要。

自从加入世界贸易组织以来，非同寻常的中国经济扩张加速。自 20 世纪 80 年代初以来，中国占全球贸易的比重提高了十倍，而在 2004 年它取代日本成为世界第三大贸易国。它的经常项目保持着巨额顺差，2007 年拥有的外汇储备约为一万亿美元，而在 2004 年吸引的外国直接投资为 600 亿美元。2007 年它的经济增长率达到整整 11%，是迄今为止有记录的最快增长率（Frost 2008：114）。2008 年它举办了奥运会，从而推动了现代化基础设施的大量建设，在城市扩张之路上，往往以集体农田的传统占用为代价。过去 20 多年来，中国国营行业中的制造业就业比例减少了一半：现在制造业就业人数不到全部城市就业人数的三分之一。沿着自由市场、私营企业的路线组织起来的新工厂一路领先，继续以每年 20％的速度扩张。

然而，快速的经济增长掩盖了中国社会、政治和经济结构中的潜在问题，其中包括尚未成熟的银行系统，诸如 2008 年在乳制品业之中发生的行业腐败的严重案件，依赖外国技术，还有环境问题。在当前的全球经济氛围中，中国的经济增长率急剧下降是一种现实的可能性，那会造成这些问题浮现，带来灾难性的后果。由于日本的人口老化、巨大的债务负担、近期的金融灾难、高工资和依赖外国的原材料，使其无法在 21 世纪亚洲经济中与其庞大的邻国并驾齐驱，中国注定会取代日本，占据日本长期把持的在环太平洋亚洲地区的经济领导地位。

3. 太平洋发展中的航运和港口

商品航运和装卸的规模经济越发导致这种简单的二分法，即散装和集装箱货物，它表明只有少数港口和装载中心有能力处理巨量的当代船运贸易。世界上最繁忙的港口大多数在太平洋，它已经成为全球贸易的枢纽之一。事实上，六个最大的集装箱港口位于太平洋的环带上，而一些散装货物的最大港口也是如此。简短回顾航运的当前问题以及主要超级港口的历史和作用将会表明，在太平洋环带作为 21 世纪全球经济的主要增长引擎而崛起的过程中，超级港口具有重要地位。

大洋航运是现代亚洲的生命线。大量的矿石、煤炭、石油和天然气货轮带来了日本、韩国、中国台湾和大陆的蓬勃发展的各行业所需的原材料和燃料，而集装箱革命使亚洲货物能够廉价而迅速地到达世界市场。中国的出口以每年超过 20％的速度增长，大多数货物采用 20 英尺或 40 英尺的标准集装箱运输。目前全世界使用的 2 000 万个集装箱有四分之一在中国制造。

　　为了在货物运输中追求更大的规模经济，航运公司与造船厂（大多数在亚洲）签订了购买更多巨大的集装箱船、散装矿砂船和超级油轮的合同。这些巨型轮船及其背后的经济动力正在重新塑造太平洋贸易和工业的模式。一些先前繁忙的太平洋港口的问题之一在于它们无法适应代表着 21 世纪航运先锋的巨大的新型集装箱船和散装货轮，哪怕是巴拿马运河也不能再接纳这些船只，它们的吃水深度和船幅对该运河的闸门和航道来说太大了。

　　(1) 超巴拿马型船只的太平洋航运

　　近几十年来，能力有限的巴拿马运河对航运的制约变得越来越棘手。能够通过巴拿马运河的船只的最大规模受制于船闸的大小、航道的水深、在巴尔沃亚横跨该运河的"美洲大桥"的高度。许多船只是针对这种最大容量而设计的，因此以巴拿马型船只而闻名。它们的最大长度约为 294 米，宽度 32 米，吃水深度 12 米，而净空高度（吃水线以上的高度）约为 57 米。这就将巴拿马型船只的容量限制在约6.5万吨，即对集装箱船来说容量约为 4 000 到 5 000 个标准箱（长度相当于 20 英尺的集装箱）。通过巴拿马运河所花费的时间和对使用运河而收取的费用也构成了对航运的约束。

　　在过去的十年里，太平洋上出现了新型船只，对通过巴拿马运河来说，它们简直太大了。这种所谓的超巴拿马型船只使得通过太平洋和大西洋港口之间的深水路线的货物运输有可能实现规模经济的显著效益，抵消了通过那条很浅的运河走捷径的优势。现在许多集装箱船的容量超过了 9 000 个标准箱，相比巴拿马型船只，节约成本 35% 或以上。目前有一些容量超过 15 000 个标准箱的庞然大物穿梭在太平洋的贸易路线上。就太平洋的散装货贸易而言，许多超级油轮、运煤船和矿砂船、一些其他种类船只的总载重吨位现在超过 15 万吨，少数超过 25 万吨。在太平洋只有少数港口能够接纳这等规模的船只。

(2) 环太平洋亚洲地带的主要港口

在许多方面，环太平洋亚洲地带的主要港口是西方的产物。如今的一些最大港口是并不情愿的、内向的日本和中国在 19 世纪被迫与西方进行贸易时而创建的，比如说横滨和上海。其他港口是殖民地投资重新创建的，比如说新加坡和中国香港。与西方的贸易以及运输和装卸货物的西方技术青睐少数地理位置优越的港口，同时判定其他港口日渐消亡。目前，全世界最繁忙的集装箱港口只有少数不位于太平洋周边。

因此，日本的横滨港目前被归于"超级枢纽港"之列，它的存在是因为美国舰队司令佩里的胁迫导致 1854 年和 1858 年的神奈川和哈里斯条约，在第六章中曾加以讨论。到 1896 年，横滨出口丝绸和其他纺织品，它们在迅速工业化的关东平原生产。1923 年，它因关东大地震而毁灭，但得以重建和扩张，直至在第二次世界大战临近结束时，美国的轰炸使其饱受重创。在第二次世界大战后，它成为美国的海军基地和军事补给站，后来被移交给横滨市的文官当局。到 20 世纪 50 年代末，包括钢铁和汽车、石油产品和有色金属的进出口在内，该港口的吞吐量比第二次世界大战前大两倍有余。当 1967 年引进利用标准化集装箱装卸货物的革命时，横滨港抓住这次机会，利用收回的土地扩张，从而成为一个主要的集装箱港口。从 1993 年处理总量为 200 万标准箱的集装箱货物起步，该港口现在的吞吐量是这个数目的几倍，每年处理的总量将近 1.4 亿吨货物，接待 4.2 万艘船只。

上海位于中国东部，靠近长江入海口，就装卸的货物吨位而言，它已经成为世界上最繁忙的港口。在 19 世纪鸦片战争之后，它被迫向西方贸易开放。它处在一些内陆水道和国际航运线路的交叉口的地理位置有利于它的早期扩张。1949 年之后，它长期止步不前，直到 1991 年，那时政策变化和经济改革使上海有可能扩大对外交往并参与横渡太平洋的集装箱贸易。从那以后，进出口的增长异常迅速：
2006 年，上海装卸了 5.4 亿吨的货物，其中包括 2 600 万个标准箱的
集装箱化的货物，到 2008 年增至约 3 000 万个标准箱，因此与新加坡
并列为世界上最大的集装箱码头。

　　然而，就航运总吨位而言，新加坡依然保持着作为世界上最繁忙
港口的领先地位，2005 年它吞吐的总吨位达 15 亿吨。从 1819 年起，
它开始作为国际交往的商埠，那时一位有远见的英国人斯坦福·莱佛
士把它建成一个自由港，与荷兰人的货物集散中心巴达维亚（现在是
印度尼西亚的雅加达）竞争。处于穿越南海和马六甲海峡的两条主要
海运线路交汇处，它的战略地位有助于确保它作为转运的货物集散地
的商业成功。虽然被英国人选作军事要塞，用重炮炮台防范来自海上
的攻击，但它还是在第二次世界大战的头几个月里落入日本人之手，
此后经历了长期的相对萧条。在 1965 年一个城市国家实现独立之后，
新加坡从此取得的工业和贸易复兴非同凡响。它在岌巴港（Keppel
Harbour，又作凯普尔港或吉宝港）的设施包括三个集装箱码头和燃
料贮存设施，使得新加坡成为世界上轮船中途加油的主要中心，每年
提供 2 500 万吨船用油，而其集装箱设施在 2007 年吞吐了 2 600 万个
标准箱。

　　在环太平洋亚洲地带的其他重要港口包括：位于中国珠江入海口
的香港，它先前是英国的一处重要的货物集散地；中国台湾的高雄，
韩国的釜山。虽然香港岛在鸦片战争期间被清政府割让给英国，但在
1997 年从英国人那里回到中国的掌控之下。它目前是世界上第三大
集装箱港口，它的九个集装箱枢纽每年吞吐约 1 800 万个标准箱，但
在过去的十年里，作为中国大陆主要港口的上海令其黯然失色。相对
亚洲的其他太平洋港口，高雄也在走向衰落。虽然在 20 世纪 90 年代
里它是世界上第三大集装箱港口，但现在位列第七，每年吞吐约 750

万个标准箱。釜山是韩国的最大港口，拥有 1 300 万个标准箱的集装
箱处理能力。对美国太平洋舰队来说，它也是一个重要的基地。然
而，它容易受到风暴的破坏。1959 年 9 月 15 日，一次非常强烈的台
风摧毁了釜山。实际上，除了新加坡，环太平洋亚洲地带的所有重要
港口都处在台风带，容易受到周期性风暴的破坏。

(3) 环太平洋美洲地带的港口

美国依然是环太平洋亚洲地带出口的工业品的最大市场。美国西
海岸的三大港口吞吐了跨太平洋进出口的大多数货物。它们是洛杉
矶-长滩、旧金山-奥克兰，还有西雅图。洛杉矶是美国最繁忙的港
口，2004 年吞吐了 700 多万个标准箱。附近的长滩港在吞吐标准箱
上与洛杉矶势均力敌，两者相加构成世界上第五大集装箱综合设施。
不过，洛杉矶也是环太平洋美洲地带最大的游轮码头。虽然就货物吞
吐量来说旧金山-奥克兰仅次于洛杉矶-长滩，但正在衰落，部分原
因在于缺乏合适的空地扩张。尽管如此，奥克兰是美国第四大集装箱
港口。西雅图也是集装箱和散货运输的大码头，它拥有距离亚洲大陆
最近的美国港口的优势。它吞吐的有美国出口的大量粮食（每年约为
500 万吨），而在 2007 年它吞吐的集装箱化货物几乎有 200 万个标
准箱。

环太平洋美洲地带上值得一提的其他两个港口是：温哥华（加拿
大）和瓦尔帕莱索（智利）。包括在罗伯茨湾的庞大的煤炭设施在内，
温哥华港是加拿大最大的港口，就吞吐总重量（2007 年为 760 万吨）
而言，它是环太平洋美洲地带最大的港口。它的集装箱设施在 2005
年吞吐 180 万个标准箱，使其成为北美第五大集装箱港。瓦尔帕莱索
是智利的最大港口，2007 年吞吐的集装箱化货物超过 75 万个标准
箱。预期它在 2008 年吞吐的货物超过 1 100 万吨。就像旧金山港那
样，1906 年的地震摧毁了瓦尔帕莱索，致死 3 000 多人。亚洲的港口

容易受到台风的破坏，而美洲沿岸的港口容易受到地震和海啸的影响，地震和海啸的发生频率低于台风，但破坏性并不亚于台风。

总之，北美西海岸的港口在 21 世纪头十年里发展繁荣，从墨西哥和加利福尼亚到加拿大不列颠哥伦比亚省和艾伯塔省，在太平洋沿岸或靠近太平洋的出口型地区经济体也是如此，尽管美国和亚洲之间制成品贸易的失衡导致数千艘集装箱船每年离开长滩向西空驶。不过，2008 年末，这次全球经济缩减造成跨太平洋的集装箱运输急剧减少，许多集装箱船因没有充足的货物而闲置。

(4) 澳大利亚的大港

散装出口的煤和铁矿石造就了一些澳大利亚港口的巨大规模，最明显的是黑德兰港（在澳大利亚西部）和纽卡斯尔（新南威尔士）。自从 1967 年在威尔巴克矿山（Mount Whaleback，一译鲸背山）发现巨大蕴藏量的铁矿石之后，对日本的出口一直在增长，就出口的吨位而言，黑德兰港是澳大利亚最大的港口。它可以容纳总重量超过 25 万吨的散装矿石船。纽卡斯尔是世界上最大的煤炭出口港口，每年吞吐量约为 7 700 万吨。就繁忙程度而言，布里斯班是澳大利亚的第三大港，每年吞吐 2 800 万吨货物。它也是该国增长最迅速的集装箱港，尽管墨尔本港的吞吐量依然占澳大利亚集装箱运输的约 39%。

4. 改善太平洋的通航与通信条件

中国与北美东海岸之间水上贸易的激增导致经过巴拿马运河的大型货船的数量增加。如前所述，对于大型集装箱船来说，该运河是一处瓶颈，因为相比更新的、容积更大的集装箱船，现在设计的巴拿马型船只（能够勉强通过现有的运河）处于竞争劣势。2008 年，世界上集装箱船运输的一半以上的货物由于船只太大以至于无法通过巴拿马运河，因此该运河有可能被逐渐废弃。

(1) 巴拿马运河的扩建

自从美国从运河区撤出并把设施移交给巴拿马政府以来，该运河一直处于资金紧张的状况，就在船运公司开始为避免该运河船闸的瓶颈，越来越严重依靠超巴拿马型船只，相对而言减少了巴拿马从使用费上得到的收入的同时，维护过时设备的成本不断增长。现在已有拓宽加深该运河的计划，旨在操控更大的船只并安装效率更高的新船闸。预计扩建工作在 2015 年完成。这应该使容量为 1.1 万个标准箱的集装箱船只能够利用更新后的运河设施，显著延长其使用寿命。然而，全球变暖可能在 21 世纪中叶或此前造成大西洋和太平洋之间出现一条全年无冰的北冰洋海上航线。因此，从亚洲通过白令海峡，跨越波弗特海，沿着阿拉斯加北部和加拿大的海岸到巴芬湾，随后南下经戴维斯海峡到拟议中的新集装箱港口——位于新斯科舍省的坎索海峡（Canso Strait），或者哈利法克斯或纽约长岛的现有设施，这样一条不经过巴拿马运河的免费航道可能会很快出现。

在通往环太平洋亚洲地带的西南航道上，对超巴拿马型船只，甚至更大的好望角型船只来说，越来越明显的趋势是避免马六甲海峡，改走更宽、更深而且不容易受到现代海盗拦截的龙目－望加锡海峡。人们也在讨论建造全新运河的想法，例如在克拉地峡（Kra，连接着马来半岛与亚洲大陆）和哥斯达黎加建造。提高太平洋——全球经济增长的新引擎——通航能力的必要性已经显而易见。

(2) 太平洋的电子商务和空中交通

互联网一直是亚太地区经济增长和现代化的主要引擎之一，互联网用户的人数增长快于其他地区。比如说移动电话和因特网，电子媒体的商业应用使亚洲身处电子革命的前沿。太平洋地区现在至少拥有全球互联网用户的三分之一。数亿中国大陆人、近 9 000 万日本人、约 3 500 万韩国人，还有 70％的新加坡人和中国香港人以及 60％的中国台湾人，经常使用互联网。许多人用英语——万维网上的通用语言——交流，乘坐国际空运航班出行（Frost 2008：65）。

横跨太平洋的航空货运量和旅客人数也在迅速增长。从 1985 年到 1995 年，亚洲各机场在全球空运吨位中所占的比重从 30％提高到了 42％（Frost 2008：69），而亚洲内部的增长率依然每年高于 8％。空中客运的兴盛也得益于放宽管制和廉价航运公司之间的竞争。单是从中国各机场起飞的每年就有近 100 万架班机，虽然 2008－2009 年的全球经济衰退造成了萧条，但预计班机架次将随着中国人口的城市化而稳步增长。

三、太平洋的环境保护与发展

京都议定书旨在减少造成气候变化的温室气体排放，它的命运众所周知。它的失败在很大程度上是因为它免除了发展中国家里的主要污染源，例如中国和印度，而且没有得到美国——世界上最大的污染源——加拿大和澳大利亚的保守派政府的批准。虽然最近几年里的政权更迭导致这些国家出现更为开明、环境意识更强的政府，这也许是更愿意采取减少排放的艰难决策的信号，但一些科学家担心现在采取的任何决策只怕为时已晚，而且力度太小。研究工业迅速发展、人口增长甚至是太平洋生态旅游造成的环境后果的一些例子将有助于阐明这片地区在未来岁月里所面对的问题。

1. 中国工业增长对环境的影响

过去 30 年来，中国的工业迅速增长，其燃料是本国和进口的煤炭、石油和天然气，对整个太平洋地区造成的环境影响日益明显。2006 年，中国消费了 27 亿桶石油和相当于 12 亿吨石油的煤。迄今为止，京都议定书的排放限制不适用于中国。在黄海、东海和南海一带的沿海城市周围可以看到数以千计的新工厂聚集在一起，成为推动中国经济产出迅速增长的工业奇迹的见证。鉴于在每天靠不到两美元生活的 6 亿中国农民和城市地区里更为富裕的居民之间的经济不平等日益加剧，越来越多的农民从农业部门蜂拥至这些沿海城市。

在未来岁月里，这种大批人口脱离农业也许会使天平倾覆，令目前中国粮食生产大体上自给自足的状况不复存在，要求增加粮食进口。已经有 50 多个中国城市的人口超过了 100 万，他们的食物需求不断增长。主要在中国沿海城市的各行各业依赖原材料的进口，例如铁、镍、铜和其他矿石，木材和农业原材料，还有大规模进口的煤和石油用于其永不满足的能源需求。这些进口货物主要依靠散装矿石船和超级油轮承运，来自诸如澳大利亚、印度尼西亚、波斯湾和加拿大。中国沿海的港口设施正在努力满足不断增长的停泊、贮存和装卸货物以及处理进口原材料的需求。虽然到 2006 年中国已拥有世界上第三大的商业船队（占全球船只总吨位的 7.2%），但通过海上航线带着货物驶往中国的大多数船只是在外国注册的。2001 年，中国取代日本成为世界上第二大石油进口国，而到 2004 年它平均每天进口 320 万桶石油。

中国日益转向非洲和南美洲寻求原材料的新来源。中国矿业巨头之一中国铝业公司最近收购了秘鲁的一处铜矿，当完全开发之后，该处将成为世界上最大的铜矿，为中国工业提供异常便宜的铜。2005年，中国消耗了世界上生产的四分之一以上的粗钢，47%的水泥和37%的棉花。它的城市消耗了全球稻米产出的 32%。中国城市的水供应接近临界水平：中国用仅占世界 8%的淡水却养育了世界 22%的人口。

就其对太平洋环境的影响而言，中国的碳"足迹"对整个地区的影响越来越严重。它的工业依然在很大程度上靠高度污染的煤提供动力，煤在 2004 年造成中国二氧化碳排放量的总额超过 50 亿吨，距离排放 61 亿吨排名第一的污染大户美国不远（*Economist* 2008：106）。这表明中国自 1990 年以来排放的温室气体增长了 67%。

2. 韩国、中国台湾和日本发展的环境影响

长期以来，韩国是其强大邻国——中国和日本——的争夺对象，在与依然是共产党执政的北方签订结束公开战争的停战协定以来，它的境况蒸蒸日上。20 世纪 60 年代初，依托海外投资和韩国的财阀集团，韩国坚定不移地走上了迅速工业化之路，使其成为环太平洋亚洲地带上最富裕的国家之一。拥有核能力但管理不善的朝鲜很穷，它的边境距离韩国首都首尔不过咫尺之遥，它依然是韩国及美国人严重关切的问题。在 2006 年不完全成功的核试验以及试射中程弹道和巡航导弹之后，朝鲜重新启动宁边的铀处理设施加剧了环太平洋亚洲北部地带的不稳定。它的威胁不只是针对韩国，而且涉及日本，还有可能针对美国本身。在说服朝鲜领导人不再继续实施其核武器计划上，中国发挥了建设性的作用。许多人担心该计划有可能危及太平洋的环境。2007 年，朝鲜中止了它的核计划，尽管这种计划可以在相当短的时间里重新启动，而且无论如何很难加以控制。

韩国的经济生命线在于它的工业品出口，而那取决于太平洋环带的和平与稳定，还有海上航线的安全。在 1997 年亚洲金融危机之后，韩国采取了支撑其经济的严厉措施，金融稳定重现于韩国。这些措施包括政府接管破产的银行，向国际货币基金组织贷款以避免国家破产，分解或允许外国收购不成功的财阀，还有消除政治和商业缺陷的措施。在这些措施之前出现了高失业率。这些措施使韩国经济恢复了它先前的活力，提高了外国投资和就业创造的水平。然而，当前的全球萧条有可能逆转其中一些最近取得的进步。

中国大陆与台湾的关系显露出它那极其矛盾的态度，有可能对该地区的未来稳定和发展造成不利的影响。在台湾的贸易与投资帮助中国大陆实现了经济复兴。台湾发展了牢固的太平洋航运网络。台湾仅有2 300万人，只是大陆13.4亿人口的一小部分，台湾在环太平洋亚洲西部地带的地区当中只是一个小角色。中国大陆的持续发展、在其环太平洋地带上的城市里出现更为外向型的城市社会、与台湾的经济和社会关系更为密切也许预示着两岸的和平统一。相对分裂会必然引发的混乱和破坏而言，这无疑会是最佳结局。虽然美国保证一旦台湾受到攻击就提供帮助，但它和国际社会其他部分并不承认台湾有权正式独立，这种情况有助于缓解中国和西方之间的对抗，而且消除了对太平洋政治稳定的潜在威胁。

自从日本在1945年战败之后，它用武力实现其"大东亚共荣圈"的目标不复存在，日本走上了去除军国主义、自由民主的政府、大众教育和工业扩张的道路，使其成为当今全球社会中三大经济体之一。此外，它依靠美国的军事保护伞防范该地区的威胁，而自朝鲜战争结束以来，这有助于在太平洋北部环带保持稳定与相对的和平。有利于本国庞大行业但排除外国竞争的政府政策、政府深度插手工业发展、设定目标而且廉价的银行融资、引进（但加以改善和提高）技术的结合造就了日本的"奇迹"——在1945年颜面尽失的战败之后重新崛起。例如，在汽车业中，日本从一个为本国市场生产汽车的小型而且没有竞争力的制造国发展成为世界上最大的机动车出口国，2007年丰田公司的销量首次超过通用汽车公司。诸如"零库存"零部件供应、自动化和灵活制造的技术取代了老旧的生产线技术，导致了质量和效率更高的生产。经营日本现代工业的大型工业集团依靠数百万普通的日本人的储蓄得到最初的资本，他们的个人储蓄使日本银行业成为世界上最大的银行业，使其能够向日本工业提供廉价贷款。

　　然而，在 20 世纪 90 年代之后的 20 年里，政府对银行业活动的监管宽松、对不可靠的投资项目轻率发放贷款、政治丑闻和派系林立造成日本经济停滞。虽然日本各银行在海外投资的失败理应导致其中一些银行倒闭，但政府的救援使缺陷重重的银行系统依然虚弱地营运，而消费者和投资者缺乏信心继续阻碍着日本经济的复兴。美国和其他地方的大型投资银行和抵押贷款担保机构的"坍塌"造成了 2008－2009 年从美国开始的全球衰退，加重了日本金融部门的困难，它无法以大幅度下调利率应对衰退。因此，相比它在 1990 年之前岁月里的生机勃勃的表现，日本依然远远落于其后。尽管如此，它那老龄化的 1.28 亿人口依然享有东亚最高的生活水平，而它的国内生产总值（2006 年为 4.3 万亿美元）几乎是中国的两倍（*Economist* 2008：26）。它继续依赖进口造成污染的煤和石油发展各行各业，尽管它在核电上大量投资。而且它也进口从太平洋遥远地区捕获的大量海鲜，加剧了本书之前讨论的资源枯竭和过度捕鱼的问题。

　　（1）环境的压力和发展的不平等：菲律宾的例子

　　在农业人口对土地和环境造成压力的太平洋各国当中，提高教育和技能水平，使富余的农业劳动力能够到城市寻找工作，是重要的发展战略之一。越南、泰国、印度尼西亚和菲律宾都在试图这么做。然而，单靠技能训练或教育并不总会转化为生活水平的提高。例如，在 21 世纪之初，8 500 万人的菲律宾有着亚洲第三高的识字率，仅次于日本和韩国：94％的人口能够阅读和理解至少一种语言或方言。然而，超过 30％的菲律宾人的生活水平远在贫困线之下，而仅仅 15％的人口拥有该国超过 85％的财富。这个精英集团掌握着巨大的政治力量，阻碍了收入差距日益显著的问题的解决。因此，大多数菲律宾人（65％）是穷人，他们无望从继续把持菲律宾经济的地主阶级那里实现财富的重新分配。中产阶级大多是城市的专业人员，还有中层的企业经理和文职官员，它们构成了剩余的 20％的人口。其中许多人加入了向西方国家或东南亚其他地方移民的菲律宾人流，以期提高生活水平。然而，对菲律宾经济来说，这些海外侨民非常重要，因为他们向留在菲律宾的家庭提供的汇款在 2006 年的总额为 152 亿美元（*Economist* 2008：38）。

(2) 西南太平洋的发展和环境

在西南太平洋地区，澳大利亚和新西兰借助其出口矿物和农产品的优势日益欣欣向荣。那些产品大多出口到急速增长的亚洲经济体。虽然澳大利亚和新西兰与英国有着那种历史关系，但它们都认识到其未来在于太平洋，而它们的政策反映了这种现实。两国都捐赠了援助资金，数额至少相当于其国内生产总值的 0.25％，还派遣专业的行政管理人员、警察与维和部队到诸如东帝汶和所罗门群岛这样不稳定的局部地区。近几十年来两国还致力于安置与融合它们自身流离失所的土著人民。例如，1993 年《澳大利亚土著权利法》确认了土著权利的延续性，包括收回先前批准租给非土著居民放牧的土地。在争论不休的太平洋移民问题上，澳大利亚直至最近所采取的政策是在审议其难民要求并做出决定之前否认新难民有权登上其大陆。在 2007 年瑙鲁岛上举行新政府选举之前，难民的新申请人在圣诞岛等候处理，那里有澳大利亚联邦政府提供资金建造的收容所。澳大利亚 2007 年与日本签订了一份安全协议，而且依然保持其与美国相对密切的结盟关系，而新西兰在南太平洋地区反对核武器上的立场坚定，因此它与其先前美国盟友开始疏远。新西兰强烈反对法国在太平洋进行核试验，禁止载有核武器或核动力的船只进出其港口。

虽然新西兰向诸如库克群岛和萨摩亚这样的太平洋岛屿领土的移民开放其国境（而对所有其他地方的移民保留基于技能的限额），但澳大利亚更不愿意接纳大量太平洋岛屿的人民，尽管对巴布亚岛和瑙鲁岛这样的地方来说，它有着作为殖民地核心的历史。不过，20 世纪 60 年代以来，托雷斯海峡的岛民和新西兰的毛利人大量定居在澳大利亚。虽然英国和欧洲的传统市场依然消化了它们的大量农产品，但澳大利亚和新西兰的出口产品现在大多流向亚洲和东太平洋地区的新市场，包括美国、加拿大、日本，还有日益重要的中国。举例来说，澳大利亚签订了其历史上最大的贸易协定，将大量液化天然气用船运往位于珠江三角洲的广东大鹏湾的新设施。这份协议价值约为200 亿美元，每年涉及 370 万吨的液化天然气，通过管线系统分配，用于广东、深圳和香港的发电厂、各行业、家庭和企业。虽然在过去半个世纪的大部分时间里澳大利亚享有强劲的经济增长，但它没逃脱2008－2009 年全球经济衰退的影响，这次衰退对出口和当地就业造成了负面影响，加剧了十年之久干旱的经济后果。

新西兰稳步脱离"福利国家"的政策，提高由市场引导的竞争力，这种竞争力使其在几十年里实现了强劲的经济增长。但在社会和文化领域内，新西兰走上了不同于其邻国澳大利亚的道路。过去几十年来，毛利人的土地权利是一个大问题：在 100 年之前达到低点之后，毛利人的数量稳步增加，而新西兰不可能无视或搁置他们对化解怨恨的要求，尤其是涉及不平等条约和土地征用的愤恨。然而，在教育和经济发展上，毛利人依然落后于帕基赫人（Pakeha，指祖先是欧洲人的新西兰人），而在当前放宽管制和取消政府补贴的氛围中，这种差距在加大。尽管如此，在拥有高度城市化的 400 万人口的情况下，新西兰设法实现的经济增长率令人印象深刻，它的人均收入水平在亚太地区位居前列。

（3）太平洋南美环带的发展和环境

在 20 世纪最后十年里，拉丁美洲的太平洋环带成为发生一些不利事态的场所。马克思主义和社会主义在该地区的退潮，辅之以美国支持的智利、尼加拉瓜、秘鲁和其他地方的反共政权，并没有导致所预期的民主传播和全民共享的经济繁荣。相反，出现了新的问题，其中包括毒品贸易，在少数富裕的拥有土地的企业或军队精英与大多数农民或居住在贫民窟的城市人口之间的收入差距越来越大。在相对而言的近期之前，政治异议在像智利和阿根廷这样的国家受到压制，而采取社会进步政策的企图遭遇挫折。例如，旨在降低人口高增长率（在 20 世纪 90 年代初平均每年为 3. 2%）的生育控制措施受到天主教会的反对；农业依然面向诸如咖啡和烟草之类非粮食作物的大型庄园和种植园的出口；非法的出口（尤其是可卡因）依然在哥伦比亚增长，稍后则是在邻近的玻利维亚和秘鲁的安第斯山地区。在秘鲁、厄瓜多尔和哥伦比亚的环太平洋国家的高原地区里，与贩毒集团结盟的游击队的叛乱依然如故。尽管如此，主要的沿海城市继续发展，比如说圣地亚哥、瓦尔帕莱索和利马，在那里大批相对富裕的中产阶级人口掌握了政治权力。自从皮诺切特（Pinochet）政权下台以来，智利崛起为拉丁美洲太平洋环带上最发达而进步的国家之一。相对于此前几十年而言，它那极大的矿藏财富和庞大的受过良好教育的城市中产阶级引导它走上富裕之路。

沿着中美洲的太平洋环带，像哥斯达黎加、危地马拉、萨尔瓦多、尼加拉瓜和巴拿马这样的国家在过去几十年里的命运悲喜交加。它们全都经历了人口的高速增长，贫富之间不平等显著，富人往往是拥有土地的西班牙人的后裔，而穷人大多是农村的美洲印第安人和梅斯蒂索混血儿（Mestizos，指欧洲人与美洲印第安人的混血儿）。这些国家大多依旧处在从前几十年的革命和内战中恢复的阶段里。哥斯达黎加有着牢固的民主政府和进步的土地和社会政策的传统，它是最富裕的国家，就人均收入而言，它是最平等的国家。危地马拉是一个收入差异显著的国家，其贫富依种族而划界。西班牙-美国的精英对土地和军队的控制程度都远远高于其人口比重。在内战和外部干预的动荡时期之后，萨尔瓦多似乎拥有了稳定的民主政府，诸如咖啡之类种植园出口产品的贸易不断扩大，而本国货币与美元挂钩赋予其经济进步的动力。尼加拉瓜在 20 世纪 80 年代曾是桑地诺民族解放阵线（Sandinistas）和美国提供资金的尼加拉瓜反政府武装之间打内战的舞台，它受困于高失业率，它的大多数人口依然贫穷。在中美洲的大部分地方，联合果品公司（后来的联合品牌公司）是主要的土地所有人之一，廉价劳动力的雇主，影响当地政府实施有利政策的一股政治势力。洪都拉斯、危地马拉、萨尔瓦多、尼加拉瓜和巴拿马全都在相当长的时期内感受到联合果品公司的政治影响。近年来，左翼的或民粹的政府造成华盛顿担心它与西半球的未来关系，譬如委内瑞拉政府。

(4) 北美的太平洋环带

1911 年墨西哥才成为一个现代国家，那时其农民起来反抗波菲里奥·迪亚斯（Porfirio Diaz）将军的寡头政治。革命的骚动持续到 1914 年，美国出手干预：伍德罗·威尔逊总统派出了海军陆战队。几十年来，教会和大地主的权势和财富缩减，而土地改革导致政府普遍地向农民重新分配农田。诸如石油之类的资源被国有化。大规模的城乡迁徙使像墨西哥市这样的城市地区的人口膨胀起来，墨西哥市现在拥有超过 1 900 万人。更多的移民离开了人口超过 1.08 亿的墨西哥，前往邻近的美国，在像加利福尼亚、新墨西哥和得克萨斯这样的州，他们所占的人口比例显著。

虽然墨西哥的石油收入增长，它加入了"北美自由贸易协议"，旅游业发展，而组装工厂的兴起提高了数百万人的收入，但大多数墨西哥人依然相对贫穷，尤其是在更依靠农业的南方各州里的那些人。虽然人口增长率在下降，但家庭收入水平低给提高生活水平造成了不利的影响。在 20 世纪后期的几十年里，墨西哥经济滑向破产的边缘，大量的外债和拖欠这些债务的威胁阻碍了外国投资，外国控制的组装工厂例外。近年来，有组织的犯罪以及与毒品有关的暴力活动激增，加剧了墨西哥的问题。

在最近的半个世纪里，美国越来越注重太平洋，就经济而言，它与太平洋环带上的其他国家和地区的关系已经成为华盛顿的重大注意事项。这些太平洋国家包括加拿大（美国最大的贸易伙伴）、中国、墨西哥、日本和韩国，它们在 3 万亿美元的美国进出口总额中占据大头。

就军事而言，自从第二次世界大战以来，美国一直在深度插手太平洋事务，越南战争使华盛顿蒙受了美国在现代历史上的最糟糕的失败。在老布什执政时期内，1989 年美国出兵干预巴拿马，抓捕了号称参与毒品交易的曼努埃尔·诺列加总统。

在克林顿执政的 20 世纪 90 年代中期，与日本和中国的贸易成为一个重要的政治问题，就中国而言，美国把贸易与政治联系起来。克林顿说服并不心甘情愿的美国国会支持在 1993 年 11 月与墨西哥和加拿大签订的"北美自由贸易协议"，还有 1994 年末在乌拉圭回合贸易谈判中通过关税和贸易总协定——现在是世界贸易组织——放宽对世界贸易的限制。然而，在这一时期内，美国与其亚洲、墨西哥和加拿大的贸易逆差激增，造成它拥有工业化世界的最大逆差（目前保持在 8 000 亿美元以上）。

2003 年世界贸易组织"多哈回合"贸易谈判并没有导致全球贸易的自由化明显更大。有利于与互联网有关的企业的技术变革助长了有关财富和就业创造的不现实的期望，欺骗了期盼巨额利润的许多投资者。许多"互联网百万富翁"是年轻人，对商业世界一无所知，随着"互联网泡沫"的爆裂，在太平洋周围和其他地方，许多人损失惨重。

2001 年 9 月 11 日恐怖分子的攻击在全球政治动荡中引入了一股不祥的新趋势，随着乔治·W. 布什总统把朝鲜、伊拉克和伊朗归结为"邪恶轴心"，太平洋卷入其中。布什政府也拒绝批准早先在日本京都就全球气候变化谈判达成的协议，而他的坏榜样随后被太平洋周围的其他保守派政府仿效。因为世界上第二大污染国中国不受京都议定书的约束（由于它的欠发达国家的身份），所以布什政府宣称不可能实现京都议定书的温室气体减排目标，因此美国没有义务采取减少其排放比重的任何行动。虽然有"北美自由贸易协议"所提供的稳定，但美国与其在南方的说西班牙语的邻居的关系跌宕起伏。布什政府与直言不讳的委内瑞拉总统乌戈·查韦斯之间的敌视助长了反美情绪，查韦斯使自己与年迈的古巴领导者菲德尔·卡斯特罗和其他"左倾"领导人结盟，如巴西的卢拉·达·席尔瓦。共和党人选举失败，民主党的巴拉克·奥巴马当选并在 2009 年就任总统，可能会在太平洋环带引入一个合作与缓和紧张关系的新时代，逆转在其邻国中拒绝美国价值观并且不相信美国的趋势。

3. 太平洋海盆内新的环境挑战

虽然太平洋微型岛国面对许多困难，但一些国家还有发展中国家通常不会遭遇的其他问题。处于如此不利境地的太平洋岛国的一个生动例子就是基里巴斯，它由散布 350 万平方公里的环礁组成，处于横跨赤道的大洋两侧。它先前是受英国保护的领地，即吉尔伯特群岛。随着全球气候变化造成海平面上升，人们普遍预计这种上升会在不远的将来加速，基里巴斯的全部或部分领土被淹没的前景非常现实，那是许多小岛国家面对的发展问题之外的挑战。基里巴斯的约 33 个低矮岛屿已经经历了海水渗透和地下水的盐污染，岛上人口依赖地下水为生，而环礁上的海岸侵蚀导致许多村庄被废弃，那些村庄先前沿着受影响的海岸而建。平均而言，那些环礁的最高点仅仅高于平均海平面 2 到 3 米。1999 年两个小环礁完全消失，即塔拉瓦（Tebua）和阿巴尼亚（Abanuea）。基里巴斯的主岛是塔拉瓦岛，那是第二次世界大战期间残酷战斗的舞台，目前人口过多：基里巴斯的 10.7 万名居民大多数拥挤在这个升高的珊瑚平台上。失业和贫穷比比皆是，而其主要出口产品是干椰子仁、鱼和海草，这个密克罗尼西亚小国每年仅挣得 500 万美元。补充这笔菲薄收入的是外国援助，还有来自 4 亿美元的信托基金的收入，这笔资金基于从现已不复存在的巴纳巴岛磷酸盐矿场上收取的特许费，而巴纳巴岛是该群岛中新近无人居住的岛屿之一。

　　基里巴斯政府在探索改善对其青年人的技能教育的途径，以使他们为移居国外做好准备。当其母岛不再适合居住的时候，他们必然会向诸如新西兰和澳大利亚这样的其他太平洋国家迁徙。按照目前海水侵蚀的速度计算，这种迁徙和基里巴斯国家的消亡将在未来 50 年内发生。基里巴斯的命运也是其他太平洋国家的命运，它们正在非常严肃地讨论海平面上升的威胁。在 2008 年 12 月联合国在波兰召开的气候会议上，40 多个小岛国家签署了一份请愿书，要求工业化国家到 2020 年将温室气体排放量减少到 1990 年水平的 40％ 以下，而对到 2050 年的削减要求甚至更严厉，希望以此避免它们整个国家被淹没的朦胧前景。

　　生态开发和旅游业：加拉帕戈斯群岛的例子

　　在太平洋的许多岛屿，沿着澳大利亚的大堡礁，旅游业已经成为一条收入的主要来源，在许多情况下是首要的经济部门，提供了迫切需要的外汇。然而，随着旅游业迅速发展而来的严重问题与环境的可持续能力有关。在努力调和旅游者和当地居民的愿望并同时保护自然环境的过程中，一些政府和商业旅游经营者引入了一种形式相对新颖的旅游。它被称为生态旅游，旨在结合创造就业岗位和增加岛民收入的目标，注重保护岛屿生态、海洋资源和野生动植物，正是这些方面吸引了数以千计的旅游者来到这些地区。面对平衡环境的可持续能力和当地岛民与旅游者需求的问题，加拉帕戈斯群岛提供了一个依托生态旅游的榜样。

　　加拉帕戈斯群岛常常被称为生态旅游的诞生地，它最出名之处在于作为激发查尔斯·达尔文形成其物种起源的革命理论的地方。19世纪英国博物学家托马斯·亨利·赫胥黎将这些地方作为生态宝库——而且作为值得受过良好教育并具有科学头脑的精英旅游者前往的目的地——加以宣传。在近一个世纪里，相对而言，13个主要岛屿的环境依然未被人类改变：只有四处群岛（圣克鲁斯、伊莎贝尔、圣克里斯托瓦尔和费洛雷纳群岛）住着少数渔民和勉强谋生的居民。1959年，厄瓜多尔政府在这些岛屿中划出约100万公顷作为国家公园，而且立法保护其独特的野生动植物。此后几十年里，来访的旅游者急剧增加，大多数乘坐主岛和外国旅游公司经营的小型游轮，由训练有素的博物学家陪同上岸游览。将一个赚取收入的行业——旅游业——与保护野生动植物种及其生活环境的目标相结合，起初看来进展得十分顺利。生态旅游者支付的费用有助于为这个国家公园提供资金，支付导游和公园管理人员的薪资，而且这种活动符合科学的实地研究的目标。1986年，政府确定其周边水域为"加拉帕戈斯海洋资源保护区"，而在1998年该保护区的范围扩大到这些岛屿以外40英里。

　　不过，外国旅游者带来的外汇吸引了收入菲薄的主岛居民迁徙至这些岛屿，常住人口激增到近两万，而在21世纪头十年里每年来访的生态旅游者超过十万人。大多数常住人口和旅游宾馆集中在主要城镇波多阿约拉。随着当地渔民群体开始侵入这片海洋保护区，以便搜寻数量日益减少的海参和鲨鱼，他们捕获鲨鱼所用的延钓绳伤及受保护的海洋生物，而且渔夫顺带捕捉鸟类，在外国旅游经营者和当地渔民群体之间出现了摩擦。旅游公司抱怨非法捕鱼危及吸引旅游者的野生动植物种，破坏整个生态系统的健康和可持续能力。渔民群体变得在政治上活跃起来，游说放宽那些保护性法律的限制，甚至对旅游公司和研究人员威胁使用暴力。

与此同时，游轮的规模越来越大，数量越来越多，而更多游客乘坐飞机到来，意味着废物和偶尔泄油事件造成的污染日益严重。结果是加拉帕戈斯群岛的当地渔民群体取得各种各样的胜利，他们控制了导游业，撇开主岛和外国旅游运营商，因此，现在大多数旅游公司的员工都是岛民。这样做的目的是形成某种当地人拥有生态旅游业的感觉，推动当地人更加关注保护和环境可持续能力。

然而，迄今为止的证据表明，这种由当地利益攸关方控制生态旅游业的尝试并不像最初所希望的那样成功，而加拉帕戈斯群岛的环境退化正在加速。面对人口和经济压力以及环境退化，这种令人不安的例子在太平洋并不鲜见，许多研究人员对整个太平洋地区的未来抱有严重的疑虑。

后　记

进入 21 世纪的第二个 10 年，展现在人类面前的是变革和复兴的前景。在两个至关重要的领域——环境和经济——中迫切需要进行根本的变革，正如本书所指出的，没有其他地方比太平洋地区的这种要求更为迫切：这个地区覆盖了地球的三分之一，养活了四分之一以上的人类。美国和中国是温室气体排放量最大的两个国家，现在可以在美国甚至在中国看到认真致力于应对气候变化的令人鼓舞的迹象，而这可能对太平洋环境及其居民造成长远的益处。这也预示着该地区出现一个经济与政治合作的新时代。至少在某些领域里，人们对转向新凯恩斯主义原则将恢复繁荣的乐观情绪开始取代无以为继的新保守主义经济学承诺在 2008－2009 年如此惊人地破灭所造成的失望。在这个动荡的时期内，监管不力的全球市场并没有表现出一只"看不见的手"，而是非常明显的阿喀琉斯之踵。直至最近，强大的商业利益集团对公共财政支持的拐杖大加讥讽，在跟跟跄跄度过几十年来的最严重危机的过程中，先前自由市场和社会主义经济体急切地抓住这根拐杖。在太平洋地区，长期以来分裂诸如美国和日本以及中国和越南这样的国家的意识形态隔阂实际上不复存在。这些国家最近奉行实用主义，现在认识到它们全都在同一条船上，必须共同致力于化解近期历史上最大的经济和生态危机。

随着全球经济复苏，其动力来自世界上最大的债务国（美国）和债权国（中国）之间的新型伙伴关系，这一次也许是反映能够（而且无疑应该）从历史书上吸取的教训的机会，尤其是从讨论太平洋的那些章节中吸取的教训。例如，在这里可以找到过去 20 年内发生的两次非常相似的经济危机的细节：20 世纪 90 年代初的日本金融崩溃和 1997－1998 年的"亚洲经济灾难"。虽然 2008 年开始的这次全球衰退在许多方面规模更大，但其成因和影响与先前这两次危机的相似程度惊人，为这句愤世嫉俗的话语"每一次历史复现，物价上涨"增添了可信度（Wright 2004：107）。

然而，如果应对当前深度衰退的变革并未及时落实，对未来的乐观将无立锥之地。其他隐现的危机加剧了这次经济衰退，比如说全球变暖、鱼类资源的枯竭、滥伐森林、污染、水供给的耗尽、濒危物种有可能绝迹。我们能够希望，像拉帕努伊（复活节岛）砍伐森林和太平洋沙丁鱼和鳀鱼业崩溃这样的环境灾难的教训可能终究会激发人们采取措施拯救剩余的印度尼西亚柚木林和萨摩亚金枪鱼群。太平洋史充满了类似的教训，涉及过去人类的荒唐和胜利、错误观念和来之不易的智慧，在寻找确保未来更为光明的战略中，很值得研究这些经验教训。本书触及其中一些巨大的问题，它综合了之前许多作家的论著，从而阐明人类定居、勘察、资源开发、帝国主义竞争、生态和经济发展影响辽阔而多样的太平洋海洋环境的突出方面——并且受其影响——的方式。

关于太平洋史，或许最引人瞩目的是，谈到这个水半球及其在人类历史上的作用，我们理解的发展与成熟有多么晚。正如在本书前几章里所解释的，人类对太平洋的规模和特性的理解耗费了几个世纪才成形，对其环境、地理的科学知识以及人类定居耗费了几个世纪才替代了无知、想象和误解。相对而言，板块构造、大气和洋流循环、海洋生态系统发展的概念全都是我们对太平洋环境的新增知识，它们现在使我们对这些方面如何互动以及几个世纪来对太平洋人民的影响有了更为清晰的观念。然而，在本书作者的一生之中，关于这些大陆的严格静止、干旱和洪水的完全不可预测性、土著人民的来源、存在文化层级的"自然顺序"的假设、白人殖民者在生理上不适合热带太平洋的错误学说和扭曲观念依然普遍。

根据谨慎积累的数据和分析而在最近展开的多学科研究使我们对太平洋地区的这些和其他方面有了新的认识，驱散了谜团并加深了我们对这个复杂地区的理解。但是，正如在第二章所谈到的，对诸如移民、征服、自相残杀的纷争、和谐发展贸易和文化交流的时机与空间模式之类的问题依然存有争议。古往今来，这些方面如流水般浸没太平洋周边岛屿和岛屿领域，造成了高度多样化的人类环境。新近的考古和人种学研究揭示这个辽阔地区的几乎每一个部分都在欧洲人到达之前有人居住，但我们对这个定居过程的了解依然存在许多空白点。

尤其是在密克罗尼西亚，许多岛屿社会在自然环境和政治上与世隔绝，这依然是一种生活的现实。它可能是凶险的周边珊瑚礁阻碍了水手安全地停泊，或者是盛行风和洋流的逆向，或者是过去促使一些岛民回避外来人口的不信任和生客恐惧的结果。然而，尽管他们与世隔绝，许多太平洋人民一直欢迎陌生人，对他们很慷慨：尤其是欧洲人感到这些品性着实令人倾倒。波利尼西亚文化的榜样显示了引人瞩目的事例，在其中一些太平洋人民克服和战胜了物理的距离，增进了当前对文化团结的感觉。图帕伊埃这位塔希提的冒险家自愿随詹姆斯·库克向西航行，在遥远的奥特亚罗瓦，他能够理解毛利人并与之交谈。他的故事感召了许多人，他们现在渴望全体波利尼西亚人的团结。岛民目前向新西兰、澳大利亚和美国的移民再现了过去的这种动态。然而，与之形成鲜明对比的是，正如第二章所揭示的，很多相邻的美拉尼西亚社群拥有相互之间无法理解的语言，生活方式的差异非常大，他们并非隔绝于巨大的水平距离，而是在新几内亚或新不列颠因几公里的山地森林而隔离；在一些地区里，分裂主义的情绪依然强烈。

几个世纪以来，欧洲人在太平洋探险的进程主要就是消除古老的有关"南方大陆"和西北航道的太平洋谜团，还有纠正导航和制图表的严重错误（就像在第三章和第四章中所讨论的那样）。这些问题的真正解决只不过在大约一个半世纪以前。事实上，只是到差不多詹姆斯·库克出航之际，水手才逐渐认识到太平洋不仅仅是一个坏血病肆虐的障碍，为了到达丰富的货物源头而必须加以克服，而是构成了一个宝贵产品的丰富来源。此后，导航、图表制作和船舶设计的技术进步（在第四章中讨论）有助于克服"路程阻力"，有效地缩小了这个大洋半球，使欧洲实现殖民统治，获取先前无法得到的太平洋资源。正如第五章所述，太平洋出产利润丰厚的鲸油和鲸须、海獭和海豹的皮毛、鱼、海参和珍珠，而它的岛屿和周边土地提供了木材、檀香木、椰子、面包果、用作肥料的海鸟粪，还有肥沃的土壤和廉价的劳动力，用以生产诸如咖啡、可可和糖之类的热带作物。

奇怪的是，最早的一些欧洲探险家未能充分利用其侵入太平洋的机会。例如，荷兰人得出的结论是在太平洋上没有利润丰厚的贸易，而西班牙人只对金、银、香料和宗教皈依感兴趣，禁止传播他们所获得的任何知识，以免它们会吸引欧洲的竞争对手向"西班牙湖"扩张。后来在太平洋的欧洲探险者，主要是英国，他们是西班牙人的掠夺者或太平洋资源的剥削者，一旦他们撬开环太平洋亚洲地带的一些港口，其中的一些资源用于供给永不满足的中国市场。20世纪初日本在贸易和军事上成为一个重要的太平洋强国，更早的时期内它几乎没有参与海洋勘察和贸易。自从15世纪初中国的海上力量在明朝皇帝朱棣及其伟大的舰队司令郑和的指挥下达到巅峰以来，中国也无意发展正式的国际贸易关系，然而，对于外国船只运载的太平洋水獭毛皮、檀香木、海参、鸦片和香料货物来说，它是一个利润丰厚的市场。在随后的岁月里，太平洋吸引了成千上万名欧洲和亚洲的矿工，他们寻找金、银、铜、镍、铁和铝之类的矿产，这些矿物位于在太平洋周边散布的冈瓦纳古陆的结晶岩石之中。在同一个时期，随着敏锐的头脑寻求解答由太平洋构成的令人困惑的难题，科学的和商业上有用的知识开始积聚。

在 19 世纪，达尔文、华莱士、赫胥黎和其他人运用他们在太平洋的观察彻底改变了我们对这个物质世界的看法和认识。正如第七章所述，由像高更、梅尔维尔、康拉德和史蒂文森这样著名人物完成的涉及太平洋的艺术和文学作品有助于满足西方对太平洋范围内的人民和环境永不满足的好奇心。

然而，从 19 世纪初到 20 世纪中期，欧洲、美国、俄罗斯和日本的帝国主义在太平洋历史上写下了黑暗的一章。虽然帝国主义斗争的动机是多方面的，但一般包括：

- 垄断贸易商品的新来源或具有农业潜力的土地
- 获得木材、鱼类、皮毛或矿产的宝贵储量
- 确保港口、海峡和航道的安全
- 不让竞争对手利用具有军事价值的土地和海上航线
- 发现廉价劳动力的来源，或者是安置罪犯的遥远场所
- 在现代，寻找实施像核武器这种东西的危险试验的地点

正如之前章节所指出的，帝国的冒险事业有时误入歧途，例如当他们寻求传说中的金矿、奴役人民、用暴力实施宗教垄断或借口"命运天定论"表明领土要求的合理性。对战略通道和军事基地的要求往往导致帝国主义强国驱逐和镇压太平洋人民。因此，巴拿马运河的完

成牺牲了哥伦比亚的主权，在巩固太平洋殖民据点的竞赛中，使美国拥有相对其竞争对手的战略优势。从墨西哥到智利，西班牙前殖民地之间的斗争也与获取太平洋的资源和贸易有一定的关系：在争夺沿海港口和磷酸盐矿藏的过程中，智利对其北方邻国发动了被称为"太平洋之战"的战争。正如本书所阐明的，历史上破坏性最大的一些冲突就是 20 世纪在太平洋内及其周边发生的。

太平洋地区在 21 世纪作为全球经济增长的引擎而崛起，为研究这个大洋半球的历史作用的这本书提供了一篇鼓舞人心的后记。第八章讨论了环太平洋亚洲地带的新兴经济体在刺激与北美自由贸易区以及与欧盟的工业经济体的活跃贸易中的作用，比如说中国、日本、越南、印度尼西亚和菲律宾。这种贸易互补的概念也延伸到区域性的资源流动，包括的货物有铁、铝、镍、铜、煤炭、液化天然气、木材、木质纸浆、用作农业肥料的磷酸盐，还有来自澳大利亚、东南亚、加拿大和太平洋其他地方的原材料。正如这些事态发展所表明的，虽然"路程阻力"阻碍了长途的散货运输，但航运、空运和通信的重大技术进步，还有因规模而提高的效率和经济性，不仅使太平洋贸易比以往任何时候更为可行，而且更为有利可图。但是，同样的事态发展损害着本已脆弱的太平洋生态系统。中国拥有从几十年盈利贸易中积聚的巨额现金储备，它抓住了当前全球经济衰退的机会，廉价地购买太平洋周边的资源储藏，确保它拥有甚至进一步扩张其碳排放产业所需的原材料，从而在太平洋领先于其债务缠身的先前的竞争对手，即美国和日本。

虽然我们在未来十年里应该看到这些经济巨人重现繁荣，但对一些太平洋岛群就无法抱有同样的期望，在过去它们是帝国主义觊觎和激烈争夺的对象，包括新几内亚、所罗门群岛和斐济，还有法属波利尼西亚、密克罗尼西亚、菲律宾和印度尼西亚的部分地区。由全球变

暖造成的海平面上升也许已经注定了地势低的图瓦卢、基里巴斯和马
绍尔群岛的命运。在其他太平洋微型国家，长期的经济和政治问题的
症状令其前殖民宗主国的期望落空。在太平洋历史上尚未写下的章节
也许是先前错误的再现或一连串的新灾难，也有可能讲述的是更为鼓
舞人心的事态。虽然过去的教训发人深省，而现在的形势艰难，但我
们依然有理由对未来保持乐观：这个未来肯定会被誉为"太平洋
世纪"。

参 考 书 目

Allen, J. (1967) *The Sea Years of Joseph Conrad*, London: Methuen.

Baker, S. (2002) *The Ship: Retracing Cook's Endeavour Voyage*, London: BBC Worldwide.

Ballantyne, T. (ed.) (2004) *Science, Empire and the Exploration of the Pacific*, Aldershot: Ashgate.

Beaglehole, J. C. (ed.) (1968) *The Journals of Captain James Cook*, Cambridge: Hakluyt Society.

Belich, J. (1996) *Making Peoples: A History of the New Zealanders fiom Polynesian Settlement to the End of the Nineteenth Century*, Honolulu: University of Hawaii Press.

Broecker, W. S. and Peng, T. H. (1982) *Tracers in the Sea*, Palisades, NY: Eldigio Press.

Campbell, I. C. (1990) *A History of the Pacific Islands*, Brisbane: University of Queensland Press.

Campbell, S. (2008) 'Origins: the Peopling of Polynesia', *Polynesian Triptych*, Online: < http: //www. zeco. com/library/polynesia = triptich. asp> (accessed 12 June 2009).

Clark, M. (ed.) (1971) *Sources of Australian History*, London:

Oxford University Press.

Conrad, J. (1900) *Lord Jim: A Tale*, London: Blackwood.

—— (1903) *Typhoon and Other Stories*, London: Heinemann.

Corris, P. (ed.) (1973) *William T. Wawn*, *The South Sea Islanders and the Q ~ eensland Labour Trade*, Canberra: Australian National University Press.

Craven, T. (2007) *Modern Art: The Men*, *the Movements*, *the Meaning*, New York: Simon and Schuster.

Cronin, K. (1982) *Colonial Casualties: Chinese in Early Victoria*, Melbourne: Melbourne University Press.

Dalrymple, A. (1996) Facsimile of the 1767 edition of *An Account of the Discoveries Made in the South Pacifick Ocean*, *Previous to 1764*, Australian Maritime Series No. 3, Potts Point: Hordern Press.

Darwin, C. (1845) *Journal of Researches into the Natural History and Geology of the Countries visited during the Voyage of HMS Beagle*, *2nd edn*, London: John Murray.

—— (1859) *On the Origin of Species by Means of Natural Selection*, *or the Preservation of Favoured Races in the Struggle for Life*, London: John Murray.

Dening, G. (1992) *Mr Bligh's Bad Language: Passion*, *Power and Theatre on the Bounty*, Cambridge: Cambridge University Press.

Docker, E. W. (1970) *The Blackbirders: The Recruiting of South Seas Labour for Queensland*, *1863 – 1907*, London: Angus and Robertson.

Economist (2008) *Pocket World in Figures: 2009 edn*, London:

Profile Books.

Ellison, J. (1953) *Tusitaler of the South Seas: The Story of Robert Louis Stevenson's Life in the South Pacific*, New York: Hastings House.

Emanuel, K. (2005) *Divine Wind: The History and Science of Hurricanes*, New York: Oxford University Press.

Evans, R., Moore, D., Saunders, K. and Jamison, B. (1997) *1901: Our Future's Past*, Sydney: Macmillan.

Farrier, D. (2007) Unsettled Narratives: *The Pacific Writings of Stevenson, Ellis, Melville and London*, New York and London: Routledge.

Fernández-Armesto, F. (2003) *The Americas: History of a Hemisphere*, London: Weidenfeld and Nicolson.

Firth, R. (1936) *We the Tikopia: A Sociological Study of Kinship in Primitive Polynesia*, London: Routledge.

Fischer, S. R. (2002) *A History of the Pacific Islands*, Basingstoke: Palgrave Macmillan.

Flavin, C. and Gardner, G. (2006) 'China, India and the New World Order', Chapter 1 in *State of the World 2006*, Washington: World-Watch Institute.

Freeman, D. (1983) *Margaret Mead and Samoa: The Making and Unmaking of an Anthropological Myth*, Boston, Mass.: Harvard University Press.

Freeman, D. B. (2003) *The Straits of Malacca: Gateway or Gauntlet?* Kingston and Montreal: McGill-Queen's University Press.

Frost, E. L. (2008) *Asia's New Regionalism*, Boulder: Lynne

Rienner.

Gauguin, P. (1985) Noa Noa: *The Tahitian Journal of Paul Gauguin*, New York: Dover.

Glover, L. K. and Earle, S. A. (eds) (2004) *Defying Ocean's End: An Agenda for Action*, Washington: Island Press.

Goodman, J. (2005) The Rattlesnake: *A Voyage of Discovery to the Coral Sea*, London: Faber and Faber.

Gray, W. (2004) Robert Louis Stevenson: A Literary Life, Basingstoke: Palgrave Macmillan.

Grenfell Price, A. (ed.) (1971) *The Explorations of Captain James Cook in the Pacific as told by Selections of his own Journals 1768 – 1779*, Sydney: Angus and Robertson.

Griffith, S. W. (1884) 'Correspondence Respecting Proposed Introduction of Labourers from British India', *Queensland Parliamentary Papers*, Brisbane: Government Printer.

Harley, J. B., Woodward, D. and Lewis, G. M. (1998) *The History of Cartography*, Chicago: University of Chicago Press.

Heylyn, P. (1674) *Cosmography*, London: Anne Seile and Philip Chetwind.

Hooper, B. (ed.) (1975) With Captain James *Cook in the Antarctic and Pacific: the Private Journal of James Burney, Second Lieutenant of the Adventure, on Cook's Second Voyage, 1772 – 3*, Canberra: National Library of Australia.

Im Thurn, E. and Wharton, L. (eds) (1922) *The Journal of William Lockerby*, London: Hakluyt Society, Second Series No. LII.

Katz, R. W. (2002) 'Sir Gilbert Walker and a connection between El

Nifio and Statistics', *Statistical Science*, 17: 97 – 112.

Lewis, D. (1977) *From Maul to Cook: The Discovery and Settlement of the Pacific*, Sydney: Doubleday.

Linden, E. (2006) *The Winds of Change: Climate, Weather, and the Destruction of Civilizations*, New York: Simon and Schuster.

London, J. (1911) *South Sea Tales*, New York: Macmillan.

—— (1913) *The Cruise of the Snark*, New York: Macmillan.

MacDonald, G., Coupland G. and Archer, D. (1987) 'The Coast Tsimshian circa 1750', Plate 13 in Harris, R. C. (ed.) *Historical Atlas of Canada*, Vol. 1, Toronto: University of Toronto Press.

Malinowski, B. (1922) *Argonauts of the Western Pacific: An Account of Native Enterprise and Adventure in the Archipelagoes of Melanesian New Guinea*, London: Routledge.

Mannering, D. (1995) *Great Works of Japanese Graphic Art*, Bristol: Paragon.

Mason, C. (2000) *A Short History of Asia*, Basingstoke: Macmillan.

Matthewman, S. (2002) 'Floods, Famines and Emperors: El Niño and the Fate of Civilizations' (Review), *Journal of World History*, 13: 1, Spring, 196 – 199.

Mead, M. (1928) *A Coming of Age in Samoa*, New York: William Morrow.

—— (1972) *Blackberry Winter: My Earlier Years*, New York: William Morrow.

Melville, H. (1846) *Typee: A Peep at Polynesian Life*, London: John Murray.

—— (1847) *Omoo: A Narrative of Adventures in the South Seas*,

London: John Murray.

—— (1850) *White Jacket*, *or the World in a Man-o-War*, London: Richard Bentley.

—— (1851) *Moby Dick*, *or the Whale*, New York: Harper and Brothers.

Menzies, G. (2002) *1421: The Year China Discovered the World*, London: Bantam Books.

Michener, J. A. (1949) *Tales of the South Pacific*, New York: Macmillan.

—— (1959) *Hawaii*, New York: Random House.

—— (1988) *Alaska*, New York: Random House.

Miller, C. (1971) *The Lunatic Express*, New York: Ballantine Books.

Morris, E. (2001) *Theodore Rex*, New York: Random House.

National Geographic Society (1989) *Exploring Your World: The Adventure of Geography*, Washington: NGS Special Publications Division.

Northrup, D. (1995) *Indentured Labour in the Age of Imperialism*, *1834 - 1922*, Cambridge: Cambridge University Press.

O'Neill, B. E. (2008) 'Investigations', *University of Chicago Magazine*, 100: 3, 24 - 7.

Otfinoski, S. (2005) *Vasco Núñez de Balboa: Explorer of the Pacific*, New York: Benchmark.

Parker, G. (ed.) (2005) *Cambridge History of Warfare*, New York: Cambridge University Press.

Philbrick, N. (2000) *In the Heart of the Sea*, London: Viking Penguin.

Polo, M. (1979) (trans. R. Latham) *The Travels*, London: Penguin Classics.

Reclus, E. (1891) (trans. A. H. Keane) *The Universal Geography: The Earth and its Inhabitants*, Vol. 14: *Australasia*, London: J. S. Virtue.

Regas, D. (2009) 'Ocean conservationists celebrate President Bush's decision to create three new marine national monuments in the central Pacific Ocean', Environmental Defense Fund. Online: <http://www. edf. org/pressrelease. cfm? contentID = 9042 > (accessed 9 January 2009).

Sahlins, M. (1981) *Historical Metaphors and Mythical Realities: Structure in the Early History of the Sandwich Islands*, Ann Arbor: University of Michigan Press.

Scammell, G. V. (1982) *The World Encompassed: The First European Maritime Empires*, Berkeley and Los Angeles: University of California Press.

—— (1989) *The First Imperial Age: European Overseas Expansion 1400 - 1715*, London: Unwin Hyman.

—— (1995) *Ships, Oceans and Empires*, London: Variorum.

Simpson, K. and Day, N. (1999) *Field Guide to the Birds of Australia*, *6th edn*, Ringwood, Victoria: Penguin Books Australia.

Smith, A. C. (1892) *The Kanaka Labour Question with Special Reference to Missionary Efforts in the Plantations of Queensland*, Brisbane: Alex Muir and Morcom.

Spate, O. H. K. (1978) 'The Pacific as an Artefact', pp. 32 - 45 in Gunson, N. (ed.) *The Changing Pacific: Essays in Honour Of*

H. E. Maude, Melbourne: Oxford University Press.

—— (2004) 'From South Sea to Pacifc Ocean', in Ballantyne, T. (ed.), *Science, Empire and the Exploration of the Pacific*, Aldershot: Ashgate.

Steinbeck, J. (1945) *Cannery Row*, New York: Viking Press.

Stevenson, R. L. (1886) *The Strange Case of Dr Jekyll and Mr Hyde*, New York: Scribner.

—— (1895) *Vailima Letters: Being correspondence addressed by Robert Louis Stevenson to Sidney Colvin, Nov. 1890 – Oct. 1894*, Chicago: Stone and Kimball.

Stevenson, R. L. and Osborne, L. (1892) *The Wrecker*, London: Cassell.

Storey, A. (2006) 'Layers of Discovery', *Terrae Incognitae*, 38: 4 – 18.

Strahler, A. (1963) *The Earth Sciences*, New York: Harper and Row.

USGS (1999) This Dynamic Earth. Online: http: //pubs. usgs. gov/publications/text/fire. html (accessed 28 January 2009).

Vernon, D. (2005) 'The Panguna Mine', in Regan, A. J. and Griffin, H. M. (eds), *Bougainville before the Conflict*, Canberra: Pandanus.

Vitale, J. L. (1993) *Spanish Appraisal of the Northwest Coast of North America: The Second Bucareli Expedition, 1775*, Department of Geography Discussion Paper 43, Toronto: York University.

White, M. (2000) *Running Down: Water in a Changing Land*, Sydney: Kangaroo Press.

Williams, G. (ed.) (2004) *Captain Cook: Explorations and*

Reassessments, Woodbridge: Boydell Press.

Windschuttle, K. (2000) *The Killing of History: How Literary Critics and Social Theorists are Murdering our Past*, San Francisco: Encounter Books.

Windschuttle, K. and Gillin, T. (2005) 'The Extinction of the Australian Pygmies', Sydneyline, Online: < http: //www. sydneyline. com/ PygmiesExtinction. htm > (accessed 12 January 2009).

Woodruff, W. (2005) *A Concise History of the Modern World: 1500 to the Present*, 5th edn, Basingstoke: Palgrave Macmillan.

Wright, R. (2004) *A Short History of Progress*, Toronto: Anansi Press.